高职高专"十三五"电类专业规划教材

数字电子技术基础与实验应用教程

主　编　彭丽娟　张邦凤　张　岑
主　审　彭克发

U0289287

西安电子科技大学出版社

内 容 简 介

　　本书以现代数字电子技术的基本知识、基本理论为主线,将数字电子技术的基本理论与各种新技术、新器件有机结合在一起,以应用为目的,在保证科学性的前提下,从工程观点考虑,删繁就简,使理论分析重点突出、概念清楚、实用性强。在内容安排上,以培养学生的应用能力为目的,将理论知识的讲授、作业与技能训练有机结合,将能力培养贯穿于整个教学过程中。

　　本书共9章,内容包括绪论、数字逻辑电路基础、逻辑门电路、组合逻辑电路、集成触发器与波形变换电路、时序逻辑电路、数/模和模/数转换、数字电子技术的应用举例、实验技能训练项目等。本书内容丰富,实用性强,注重基础知识的介绍。书中按各章顺序列举了难度不同、规格不同的实验课题,供学生巩固理论知识、训练专业技能,为学习电子类专业的各门专业课程打下良好的基础。

　　本书可作为高职高专电子类专业的基础理论课教材,也可作为相关工程技术人员的参考书。

图书在版编目(CIP)数据

　　数字电子技术基础与实验应用教程(高职)/彭丽娟,张邦凤,张岑主编 . —西安:
西安电子科技大学出版社,2017.8
高职高专"十三五"电类专业规划教材
ISBN 978 - 7 - 5606 - 4561 - 2

　　Ⅰ. ① 数… 　Ⅱ. ① 彭… 　② 张… 　③ 张… 　Ⅲ. ① 数字电路—电子技术—教材
Ⅳ. ① TN79

中国版本图书馆 CIP 数据核字(2017)第 171752 号

策　　划	邵汉平
责任编辑	邵汉平　杨　薇
出版发行	西安电子科技大学出版社(西安市太白南路2号)
电　　话	(029)88242885　88201467　　　　邮　编　710071
网　　址	www.xduph.com　　　　电子邮箱　xdupfxb001@163.com
经　　销	新华书店
印刷单位	陕西华沐印刷科技有限责任公司
版　　次	2017年8月第4版　2017年8月第1次印刷
开　　本	787毫米×1092毫米　1/16　印张16
字　　数	374千字
印　　数	3000册
定　　价	30.00元

ISBN 978 - 7 - 5606 - 4561 - 2/TN

XDUP485300 1 - 1

＊＊＊如有印装问题可调换＊＊＊

前　　言

　　高职高专教育所培养的人才是面向设计、生产、管理的技术型人才，基础课程的绩效应以必需、够用、实用为原则，以掌握基本概念、强化知识应用为教学重点，注重岗位能力的培养。本书在编写过程中严格按照"保证基础知识，突出基本概念，注重技能训练，强调理论联系实际，加强实践性教学环节"的原则，力求避免复杂的数学推导和计算，使读者易学易懂，易于掌握。

　　本书根据国家教育部最新制定颁布的高职高专院校电子类专业规划教材电子技术基础教学基本要求，在多年教学改革与实践的基础上，以国家对电子类专业高、中级人才的要求和市场对电子类专业人才的需求为依据编写而成。

　　本书在编写中突出以下特点。

　　(1) 重点突出了教材的实用性。面向现代化，根据21世纪各行业对电子类专业人才的要求，体现以能力为本位的职教特色，在保证基础知识传授和基本技能训练的基础上，选择实用内容，不过分强调学科知识的系统性和严密性。

　　(2) 内容丰富、全面、翔实，涵盖高职高专电子类专业学生必须掌握的各种基础知识和基本技能。如从电路原理的分析、电子产品的设计、元器件的作用及选择、印制电路板制作到电路调试一应俱全。

　　(3) 兼顾了国家相关专业高、中级人才技能考核标准，适应"双证制"考核。本书在知识、技能要求的深度和广度上，以国家技能鉴定中心颁发的相关专业高、中级技能鉴定要求为依据，突出这部分知识的传授和专业技能训练，力求使学生取得毕业证的同时，又能获取本专业的高、中级技术等级证。

　　(4) 增加了教材使用的弹性。本书分为两部分：一部分是必修内容，各地、校必须完成的教学任务；另一部分为选修内容，提供给条件较好的地区或学校选用，在书中用"※"注明。

　　(5) 深入浅出，易学易懂。根据当前及今后较长时间高职高专学生的实际情况及国外教材的编写经验，本书删去了较深的理论推导和繁难的数学运算，内容浅显，叙述深入浅出，使学生易于接受，便于实施教学。

为了便于学生深入学习和理解书中内容，各章后都附有思考与练习题。

本课程教学时数为 80 学时左右，各章课时安排建议如下表：

教学课时分配建议表

章　序	课时数	章　序	课时数
1	1	6	10
2	10	7	4
3	10	8	7
4	12	9	18
5	8	总课时	80

本书由重庆电子工程职业学院彭丽娟老师、张邦凤老师和重庆房地产职业学院张岑老师任主编，其中，第 2～4 章由彭丽娟老师编写，第 1、5、6 章由张岑老师编写，第 7～9 章由张邦凤老师编写。重庆电子工程职业学院彭克发教授负责制订编写大纲以及统稿和编审工作，并担任主审。

在送审以前，中国高等学校电子教育学会会长黄庆元教授对本书进行了认真细致的审阅，并提出了许多修改意见。本书在编写过程中，还得到了不少同志的帮助，在此一并致以诚挚的谢意。

由于作者水平有限，对新大纲领会不够深入，在编写中难免存在错误和疏漏，恳请读者多提宝贵意见，以便进一步修改完善。

编者

2017 年 5 月

目　　　录

第 1 章　绪　　论

本章导言

随着社会的进步和发展，信息技术已将我们完全带入了一个数字时代，而数字时代是建立在数字电子技术的基础上的。如今，数字电子技术已经渗透到了各个领域，极大地改变了人们的生活面貌。本章将对数字电子技术的发展、应用及优势进行简单的介绍。

教学目标

(1) 了解数字电子技术的发展应用。

(2) 理解数字电子技术和模拟电子技术的区别。

(3) 理解数字信号与模拟信号的区别。

本章主要概述了数字电子技术的发展以及数字电子技术与模拟电子技术的差别，分析了数字电子技术的优点。

随着信息时代的到来，数字化已成为当今电子技术发展的潮流。数字电子技术不仅广泛应用于现代数字通信、雷达、自动控制、遥测、遥控、数字计算机和数字测量仪等领域，而且还进入了千家万户的日常生活。数字电路是数字电子技术的核心，是计算机和数字通信的硬件基础。现代电子技术中，数字电路应用十分广泛，在我们熟悉的电子产品中，如电视机、DVD 机、电冰箱、洗衣机、数码照相机、电子手表等都广泛采用了数字电路。

1.1　数字电路概述

电子技术是在 19 世纪末、20 世纪初开始发展起来的新技术，是近代科学技术发展的一个重要标志。

1.1.1　电子技术的发展

第一代电子产品是以电子管为核心的。20 世纪 40 年代末，世界上诞生了第一只半导体三极管，它以小巧、轻便、省电及寿命长等特点，很快地被各国应用起来，在很大范围内取代了电子管。20 世纪 50 年代末，世界上出现了第一块集成电路，它把许多晶体管等电子元器件集成在一块硅芯片上，使电子产品向更小型化发展。集成电路从小规模集成电路迅速发展到大规模集成电路和超大规模集成电路，从而使电子产品朝着高效能、低功耗、高精度、高稳定和智能化的方向发展。

1.1.2　数字信号

模拟信号和数字信号是电子技术中的两大信号。

1. 模拟信号和数字信号

模拟信号和数字信号如图 1-1 所示。模拟信号是指时间、数值均连续的信号,即模拟信号通常是指模拟真实世界物理量的信号形式,如正弦交流电的电压、电流和温度等。数字信号是指时间、数值均离散的信号。数字信号采用"通""断"来表示,通常取两种状态,即有一定数值要求的高电平和低电平,分别用"1"和"0"表示。典型的数字信号波形是具有一定幅度的矩形波,它作用于电路或器件上,会使电路或器件相应截止或导通(饱和)。这与模拟信号作用于电路或器件上会使其工作在线性放大状态相比有根本的不同。例如,电子表的秒信号、生产流水线上记录零件个数的计数信号等都是数字信号。要判断是哪种电路,可根据其处理的信号是哪一种信号来确定。处理模拟信号的电路被称为模拟电路,而处理数字信号的电路被称为数字电路。

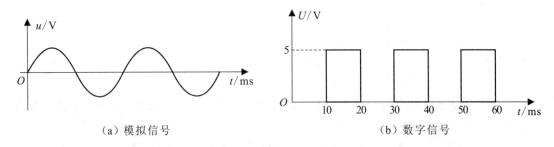

(a) 模拟信号   (b) 数字信号

图 1-1   模拟信号和数字信号

2. 正逻辑和负逻辑

数字信号只有两个离散值,通常用数字 0 和 1 来表示。这里的 0 和 1 代表两种状态,而不代表具体数值,称为逻辑 0 和逻辑 1,也称为二值数字逻辑。不同半导体器件的数字电路中逻辑 0 和逻辑 1 对应的逻辑电平值将在后续章节中介绍。

当规定高电平为逻辑 1,低电平为逻辑 0 时,称为正逻辑。

当规定低电平为逻辑 1,高电平为逻辑 0 时,称为负逻辑。

图 1-2 所示为采用正逻辑体制的逻辑信号。

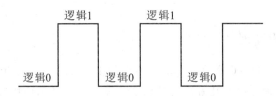

图 1-2   采用正逻辑体制的逻辑信号

3. 脉冲信号

数字信号在电路中表现为脉冲信号,其特点是它属于一种跃变信号,持续时间短。常见的脉冲信号有矩形波和尖顶波,理想的周期性矩形脉冲信号如图 1-3 所示。其主要参数有:U_{m} 为信号幅度;T 为信号周期;t_{w} 为脉冲宽度;q 为占空比,表示脉冲宽度 t_{w} 占整个周期 T 的百分比,其定义为 $q(\%) = \dfrac{t_{w}}{T} \times 100\%$。

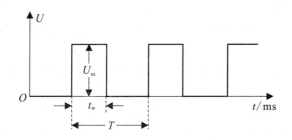

图 1-3 理想的周期性矩形脉冲信号

1.1.3 数字电路

人们把工作于数字信号下的电子电路称为数字电路；把使用数字量来传递、处理和加工信息的实际工程系统，称为数字系统。

与模拟电路相比，数字电路主要有以下优点：

(1) 数字电路实现的是逻辑关系，只有 0 和 1 两个状态，易于用电路实现，如用三极管的导通与截止来表示逻辑 0 和逻辑 1。

(2) 数字电路的系统工作可靠，精度较高，抗干扰能力强。

(3) 数字电路能进行逻辑判断和运算，在控制系统中不可缺少。

(4) 数字信息便于长期保存，如可存储于磁盘、光盘等介质。

(5) 数字集成电路产品系列多、通用性强、成本低。

以上这些优点也正是数字电路得到广泛应用的原因。

1.2 电路的分类和学习方法

下面来了解一下数字电路的分类及学习数字电路时应注意的一些问题。

1. 数字电路的分类

数字电路的基本构成单元主要有电阻、电容、二极管和三极管等元器件。按电路组成结构，它分为分立组件电路和集成电路两类。其中，按集成电路在一块硅片上包含的逻辑门电路或组件的数量，即集成度，集成电路分为小规模集成(SSI)、中规模集成(MSI)、大规模集成(LSI)和超大规模集成(VLSI)电路。按数字电路所用器件的不同，又可分为双极型(DTL、TTL、ECL、I2L 和 HTL 型)电路和单极型(NMOS、PMOS 和 CMOS 型)电路两类。从逻辑功能上来看，数字电路可分为组合逻辑电路和时序逻辑电路两大类，具体内容将在后续章节中进行介绍。

2. 数字电路的学习方法

学习数字电路时，应注意以下几点：

(1) 逻辑代数是分析和设计数字电路的工具，熟练掌握和运用好这一工具才能使学习顺利进行。

(2) 应当重点掌握各种常用数字逻辑电路的逻辑功能、外部特性及典型应用。对其内部电路结构和工作原理进行学习，主要是为了加强对数字逻辑电路外部特性和逻辑功能的正确理解，不必过于深究。

（3）数字电路的种类虽然繁多，但只要掌握基本的分析方法，便能得心应手地分析各种逻辑电路。

（4）数字电子技术是一门实践性很强的技术基础课，学习时必须重视实验和实训等实践环节。

（5）数字电子技术发展十分迅速，数字集成电路的种类和型号越来越多，应逐步提高查阅有关技术资料和数字集成电路产品手册的能力，以便从中获取更多更新的知识和信息。

第 2 章　数字逻辑电路基础

本章导言

当今社会已经进入了数字时代。数字电子技术在近 40 年来得到了迅速发展，并且渗透到了各个领域，极大地改变了世界的面貌。为什么数字电子技术有如此大的魔力？其奥妙在哪里呢？先让我们来认识一下数字逻辑代数，它虽然是一门有着近 200 年历史的数学学科，却又是指导和设计数字逻辑电路的理论基础和工具，掌握了数字逻辑代数的基本知识之后，你将会发现，原本枯燥无味的数字竟然如此奇妙。数字逻辑代数将为你开启一扇分析和设计数字电路的大门，带你进入数字电子世界的殿堂。

教学目标

(1) 熟悉各种进制的表示及其相互转换的方法。

(2) 掌握逻辑代数的基本运算。

(3) 掌握逻辑函数的五种表示方法及其相互转换方法。

(4) 掌握逻辑代数的基本概念、公式和定律。

(5) 掌握逻辑函数的公式化简方法。

(6) 了解逻辑函数的卡诺图化简方法。

本章主要介绍数制、码制以及相互转换的基本理论，逻辑代数的概念、基本公式以及规则，实现逻辑代数简化的常用方法。通过本章的学习，可以掌握分析、表示和化简逻辑函数式的方法。

1. 数字化的概念

所谓数字化就是将模拟信号转化为数字信号，并利用数字电路完成对信号的处理和传输。

2. 数字电路的组成

数字电路也是由晶体管、场效应管及其相关的外围元件组成的。它与模拟电路的区别是：电路中的晶体管不工作在放大状态，一般都工作在截止和饱和的开关状态。因此，电路的输入和输出状态只有两种，"高"电平和"低"电平。"高"电平通常用"1"表示，"低"电平用"0"表示。

3. 数字电路的主要特点

(1) 数字电路采用二进制数字信号。这种信号无论是时间上还是数值上都是不连续变化的，即只有"0"和"1"两个基本数字，用这两个数字表示电路的关断和接通状态，同时也表示电平的"低"和"高"。

(2) 数字电路中的晶体管或场效应管，在正常情况下都工作在开关状态。

（3）数字电路中主要研究输入和输出信号的状态（即"0"和"1"两种状态），它们之间的关系为逻辑关系，即电路的逻辑功能。

（4）数字电路所使用的数学工具是逻辑代数，也叫布尔代数。

（5）数字电路已经产生了许多具有某种功能或某些功能的中、大规模集成电路。这些集成电路有多个输入和输出端，使用时要注意按要求连接好外围元件，从而完成需要完成的电路功能。

4. 数字电路的分析方法

数字电路主要研究电路的输出信号与输入信号之间的状态关系，即所谓的逻辑关系。通常，数字电路用逻辑代数、真值表、逻辑图等方法进行分析。

数字电路和模拟电路是电子电路的两个分支，在实际中，两者常配合使用。例如，用传感器得到的信号大多是模拟信号，实际使用的信号也往往需要模拟信号，因此，常需要将数字信号与模拟信号进行转换，即 D/A（数/模）或 A/D（模/数）变换。此外，由于采用集成电路，输出功率有限，所以在控制系统中，也必须配置驱动电路，才能驱动执行机构动作。

2.1　数　制　及　代　码

2.1.1　数制

所谓数制，就是计数体制，即数制就是计数的进位制度。按照进位方法的不同，常用的数制有十进制、二进制、八进制、十六进制等。日常生活中，人们最习惯使用十进制数——"逢十进一"。而在数字系统中常采用二进制数，有时也使用八进制数和十六进制数。本节将通过对十进制数的分析和扩展，掌握其他 N 进制数的概念。

1. 十进制（D）

十进制数采用十个不同的数码 $0,1,2,3,\cdots,9$ 来表示某个数值，即十进制数的计数基数为 10。十进制数的进位规律是"逢十进一"，如 $9+3=12$。这种数制我们非常熟悉，但在数字电路中使用时，由于数码较多，电路很难处理和运算。

任意十进制整数的数值可以表示为，各数码与所处数位的权乘积之和，即

$$[N]_{10} = \sum_{-m}^{n-1} k_i \times 10^i$$

$$= k_{n-1} \times 10^{n-1} + k_{n-2} \times 10^{n-2} + \cdots + k_0 \times 10^0 + k_{-1} \times 10^{-1} + \cdots + k_{-m} \times 10^{-m}$$

式中，n 表示整数的位数，m 表示小数的位数，i 表示当前的数码所在位置，k_i 为第 i 位上的数码，10^i 表示十进制数第 i 位上的权。N_{10} 中的下标表示数制，10 表示的是十进制，如果没有写明下标通常表示的是十进制。

【例 2-1】 如十进制数 2010 可以表示为

$$[2010]_{10} = 2 \times 10^3 + 0 \times 10^2 + 1 \times 10^1 + 0 \times 10^0$$

2. 二进制（B）

与十进制数相对应，二进制数采用两个不同的数码 0,1 来表示数。因其基数为 2，所以称为

二进制数。二进制数的进位规律是"逢二进一"，即 $1+1=10$。任意二进制的数值可以表示为

$$[N]_2 = \sum_{-\infty}^{\infty} K_i \times 2^i$$

式中，K_i 表示二进制数第 i 位数码。二进制数的下标为 2。

【例 2 - 2】　$[1001.101]_2 = 1 \times 2^3 + 0 \times 2^2 + 0 \times 2^1 + 1 \times 2^0 + 1 \times 2^{-1} + 0 \times 2^{-2} + 1 \times 2^{-3}$
$$= [9.625]_{10}$$

二进制只有两个数字符号，运算规则简单，很容易在电路中实现处理和运算，因此数字系统广泛采用二进制。但是二进制需要用的位数比较多，在上例中，四位十进制就需要用到七位二进制来表示。如果数值更大一些，则需要的二进制位数会更多。这也带来了书写和记忆的麻烦。所以在数字系统中有时候也使用八进制和十六进制。

3. 八进制数

在八进制中，有 $0 \sim 7$ 八个数字符号，分别表示八种不同的状态，计数的基数为 8，低位和相邻高位的进位关系为"逢八进一"，即 $7+1=10$。任意八进制的数值可以表示为

$$[N]_8 = \sum_{i=0}^{n-1} K_i \times 8^i$$

式中，K_i 表示八进制数第 i 位数码。八进制数的下标为 8。

【例 2 - 3】　$[703.67]_8 = 7 \times 8^2 + 0 \times 8^1 + 3 \times 8^0 + 6 \times 8^{-1} + 7 \times 8^{-2}$
$$= [451.859\ 375]_{10}$$

4. 十六进制(H)

十六进制中共有十六种不同的数码，采用十六个基本数码：0、1、2、3、4、5、6、7、8、9、A(10)、B(11)、C(12)、D(13)、E(14)、F(15)。其中前十个数码与十进制相同，是 $0 \sim 9$ 的数字码，后六个是 $A \sim F$ 的六个英文字母。十六进制的基数是 16，进位规律是"逢十六进一"，每个数位的权是 16^i。任意十六进制的数值可以表示为

$$[N]_{16} = \sum_{i=0}^{n-1} K_i \times 16^i$$

式中，K_i 表示十六进制数第 i 位数码。十六进制数的下标为 16。

【例 2 - 4】　$[AB3.8]_{16} = 10 \times 16^2 + 11 \times 16^1 + 3 \times 16^0 + 8 \times 16^{-1}$
$$= [2739.5]_{10}$$

从例 2-3、例 2-4 两个例子可以看出，用八进制和十六进制表示同一数值要比二进制简单得多，而二进制与八进制和十六进制的转换很容易，所以在数字系统中也常常使用八进制和十六进制。

2.1.2　数制的转换

人们传统习惯采用十进制数来表示和计数，而计算机采用的是二进制、八进制和十六进制，因此这几种进制之间往往需要进行转换。

1. 十进制数转换为二进制数、八进制数和十六进制数

1）由十进制数转换成二进制数

由十进制数转换成二进制数一般采用"除二取余倒列法"。具体方法为：将已知的十进

制数反复除2，若余数为0，则相应二进制数码记为0；若余数为1，则相应二进制数码记为1；直到商为0为止。第一个余数为最低位(最右边的数码)，最后一个余数为最高位(最左边的数码)，依次排列起来，就得到相应的二进制数。

【例2-5】 将十进制数$(99)_D$转换为二进制数。

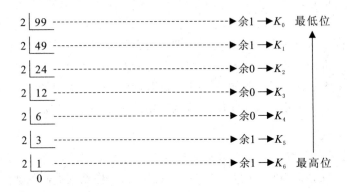

所以，十进制数$(99)_D$转换成二进制数为：$(99)_D = (1100011)_B$。

小数部分的转换方法是：将十进制数小数部分逐次乘以2，每次相乘，将所得结果的整数部分取出(1或者0)，该整数就是转换后该相应位的二进制数(1或者0)，然后再将去掉整数位的剩下的小数部分继续乘以2，再次将结果的整数部分作为次位的二进制位。以此类推，直到达到所要求的精度为止。在依次取出的整数位中，第一次得到的整数位为转换部分的最高位，最后得到的整数部分为转换部分的最低位。

【例2-6】 将十进制数0.625转换为对应的二进制数。

$$
\begin{array}{r}
0.625 \\
\times 2 \\
\hline
1.25 \\
0.25 \\
\times 2 \\
\hline
0.5 \\
\times 2 \\
\hline
1.0
\end{array}
$$ ----------- 取出整数部分1
----------- 取出整数部分0
----------- 取出整数部分1

所以，$[0.625]_{10} = [0.101]_2$。

2) 十进制数转换成八进制数、十六进制数

十进制数转换为八进制数，需要将十进制数的整数部分和小数部分分别进行转换，最后再将转换结果相加即可得到完整的结果。整数部分的转换方法是：将需要转换的十进制数逐次除以8，并记录每次相除所得的余数，逐次相除，直到商为0为止。最后一次得到的余数为转换后的最高整数位，第一次相除得到的余数为转换后的最低整数位。

【例2-7】 将$[153.513]_{10}$转换为八进制数，要求误差小于$1/8^5$。

整数部分：

$$
\begin{array}{r}
8\,|\,153 \quad ----------- \quad 1 \\
8\,|\,19 \quad ----------- \quad 3 \\
8\,|\,2 \quad ----------- \quad 2 \\
0
\end{array}
$$

小数部分：

$$0.513 \times 8 = 4.104 \cdots\cdots\cdots\cdots\cdots\cdots 4$$
$$0.104 \times 8 = 0.832 \cdots\cdots\cdots\cdots\cdots\cdots 0$$
$$0.832 \times 8 = 6.656 \cdots\cdots\cdots\cdots\cdots\cdots 6$$
$$0.656 \times 8 = 5.248 \cdots\cdots\cdots\cdots\cdots\cdots 5$$
$$0.248 \times 8 = 1.984 \cdots\cdots\cdots\cdots\cdots\cdots 1$$

所以：

$$[153.513]_{10} = [231.40651]_8$$

以上通过一个例子说明了怎样将一个十进制数转换为八进制数，如果我们要将一个十进制数转换为十六进制数，方法也类似，在此不再赘述。

2. 二进制数、八进制数和十六进制数转换为十进制数

1）将二进制数转换成十进制数

二进制数转换成十进制数一般采用"乘权相加法"。具体方法为：把二进制数按权位展开，然后把所有各项的数值按十进制相加即可得到等值的十进制数。

【例 2 - 8】　将二进制数$(1100011)_B$转换成十进制数。

$$(1100011)_B = 1 \times 2^6 + 1 \times 2^5 + 0 \times 2^4 + 0 \times 2^3 + 0 \times 2^2 + 1 \times 2^1 + 1 \times 2^0$$
$$= 64 + 32 + 0 + 0 + 0 + 2 + 1 = 99$$

所以，二进制数$(1100011)_B$转换成十进制数为$(99)_D$。

2）八进制、十六进制数转换为十进制数

这两种进制与十进制之间的转换举两个例子就可以知道，转换方法就是将每一位 N 进制的数分别写出其按位的权展开式，数位和位权值的乘积称为加权系数。各位加权系数相加的和便为对应的十进制数。

【例 2 - 9】　将八进制数$[267.31]_8$转换成十进制数。

$$[267.31]_8 = 2 \times 8^2 + 6 \times 8^1 + 7 \times 8^0 + 3 \times 8^{-1} + 1 \times 8^{-2} = [183.390\,625]_{10}$$

【例 2 - 10】　将十六进制数$[7B.CF]_{16}$转换成十进制数。

$$[7B.CF]_{16} = 7 \times 16^1 + 11 \times 16^0 + 12 \times 16^{-1} + 15 \times 16^{-2} = [123.808\,593\,75]_{10}$$

3. 二进制数与八进制数和十六进制数之间的转换

1）二进制数转换为八进制数

二进制数转换为八进制数的转换方法：以小数点为中心，向两边计数，每三位二进制数为一组，不足三位的向外端方向补 0；之后把每组二进制数直接转换为相应的八进制数即可。如果要将八进制数转换为二进制数，只需要将八进制数的每一位转换为对应的三位二进制即可。

【例 2 - 11】　二进制数转换为八进制数

$$[1100101.11]_2 = [\underline{001}\ \underline{100}\ \underline{101}.\ \underline{110}]_2 = [145.6]_8$$

八进制数转换为二进制数

$$[217.3]_8 = [\underline{010}\ \underline{001}\ \underline{111}.\ \underline{011}]_2$$

2）二进制数转换为十六进制数

二进制数转换为十六进制数的转换方法：以小数点为中心，向两边计数，每四位二进制数为一组，不足四位的向外端方向补 0；把每组二进制数转换为相应的十六进制数即可。如果要将十六进制数转换为二进制数，只需要将十六进制数的每一位转换为对应的四位二进制即可。

【例 2 - 12】　　二进制数转换为十六进制数

$$[1100101.11]_2 = [\underline{0110}\ \underline{0101}.\ \underline{1100}]_2 = [65.C]_{16}$$

十六进制数转换为二进制数

$$[5D8.6]_{16} = [\underline{0101}\ \underline{1101}\ \underline{1000}.\ \underline{0110}]_2$$

十进制数与十六、八进制数的转换，可以先进行十进制数与二进制数的转换，再进行二进制数与十六、八进制数的转换。

2.1.3　代码

在数字系统中，数字、符号、文字、字母、汉字等通常都是用二进制数码来表示的，不同位数（例如 k 位）的二进制代码可以组合成 2^k 种不同的组合形式。当我们将某种信息用一定位数的二进制数值表示时，这个特定的二进制码称为代码。代码的方式有任意多种，但常用的代码有 BCD 码、ASCII 码和格雷码。

1. BCD 码

BCD 码也叫二-十进制代码，就是用四位二进制码代替一位十进制数码（0～9），然后按十进制数的次序排列。即二-十进制码，是用四位二进制数码 $b_3 b_2 b_1 b_0$ 表示一位十进制数的数码，简称 BCD 码。

BCD 码具有二进制数的形式，却有十进制数的特点。四位二进制码有 16 种取值组合，可以选择其中的 10 种表示 0～9 这 10 个数字，选择不同的组合便可产生不同的 BCD 码。因而有多种二-十进制代码可选，其中最常用的是 8421 BCD 码、5421 BCD 码，以后书中未作特殊说明，均指的是 8421 BCD 码。

例如：十进制数 125 的 8421BCD 码是：0001 0010 0101；

　　　　十进制数 24.6 的 8421BCD 码是：0010 0100. 0110。

需要注意的是，8421BCD 码与一般的二进制数码不一样，它在每四位二进制数码间应留有空格。

8421BCD 码与二进制码、十进制码之间的关系如表 2 - 1 所示。

表 2 - 1　8421BCD 码与二进制码、十进制码之间的关系

8421BCD 码	二进制码	十进制码	8421BCD 码	二进制码	十进制码
0000	0000	0	1001	1001	9
0001	0001	1	0001 0000	1010	10
0010	0010	2	0001 0001	1011	11
0011	0011	3	0001 0010	1100	12
0100	0100	4	0001 0011	1101	13
0101	0101	5	0001 0100	1110	14
0110	0110	6	0001 0101	1111	15
0111	0111	7	0001 0110	00010000	16
1000	1000	8	1001 1001	01100011	99

2. ASCII 码

ASCII 码最早是美国国家信息交换的一种标准码，后来作为计算机信息交换的标准码。

它是将某些数字、英文字母、数学符号和某些图形用七位二进制码表示。

例如：数字 0 的 ASCII 码是 30H；　　数字 1 的 ASCII 码是 31H；

数字 5 的 ASCII 码是 35H；　　数字 9 的 ASCII 码是 39H。

英文大写字母 A ～ Z 的 ASCII 码是 41H ～ 5AH；英文小写字母 a ～ z 的 ASCII 码是 61H ～7AH；"?"的 ASCII 码是 3FH；"％"的 ASCII 码是 25H；"＝"的 ASCII 码是 3DH 等。

3. 格雷码

格雷码(Gray Code)是可靠性代码之一，属于无权编码，它是一种可以减少差错的二进制代码，又称反射循环码。格雷码有多种形式，其中典型的也称为循环码。格雷码的共同特点是：任意两个相邻数的代码只有一位二进制数不同，即这一位一个数为 1，另一个数为 0，其余各位都相同。格雷码的这个特点使它在代码形成时引起的误差最小，可以减少差错的出现。在后续的卡诺图化简中应用到格雷码的这一特性。在数字电路中，数的出现往往有一定的顺序，如果相邻的数对应的码组只有一位不相同，那么从一个数过渡到相邻数时，不会出现其他的码组，避免了瞬间的出错，因此得到了普遍的应用。

常见的三位以内的格雷码的排列如表 2-2 所示。

表 2-2　三位以内格雷码的排列

顺　　序	1	2	3	4	5	6	7	8
1 位格雷码	0	1						
2 位格雷码	00	01	11	10				
3 位格雷码	000	001	011	010	110	111	101	100

2.2　逻辑代数运算

2.2.1　逻辑代数的基本概念

1. 逻辑代数

逻辑代数起源于 19 世纪 50 年代，是英国数学家乔治·布尔(George Boole)首先提出的描述客观事物逻辑关系的数学方法，又称为布尔代数。1938 年，克劳德·香农(Claude E Shanon)又将布尔代数直接应用于分析开关电路。这门数学之后被广泛地应用于数字逻辑电路的分析与设计上，故也称为逻辑代数。逻辑代数是按一定逻辑关系进行运算的代数。逻辑代数中，用来表示变量的逻辑值被称为逻辑变量。

我们知道，事物往往包含了相互对立又相互联系的两个方面，例如：事件的发生与不发生，电路的接通与断开，一个电灯的亮与灭等等。因此在逻辑代数中，为了描述事物两种对立的逻辑状态，采用的是仅有两个取值的变量，这种变量就是逻辑变量。逻辑变量可以采用字母来表示，例如变量 A 或者变量 B。在数字电路中逻辑变量的值常表现为低电平和高电平，并常用二元常量 0 和 1 来表述。此时，0 和 1 不表示数量的大小，而是表示两种对立的逻辑状态，所以逻辑变量的取值只能是 0 或 1。表 2-3 中列出了常见的对立逻辑状态。

表 2-3　常见对立逻辑状态举例

类别＼状态	判断	开关	灯泡	晶体管	输出		逻辑值
一种	真	通	亮	截止	高电位	有脉冲	1
二种	假	断	灭	饱和	低电位	无脉冲	0

逻辑代数和普通代数有相似之处，但也有不少不同的地方。

相似点：在逻辑代数和普通代数中，都是用字母表示变量，用函数、用代数式描述客观事物间的关系，且有些运算规则和定律相同。

不同点：普通代数描述的是客观事物间的数量关系，而逻辑代数描述的是客观事物间的逻辑关系，相应的函数称为逻辑函数（逻辑函数通常用大写字母 Y、Z 等表示），变量则称为逻辑变量（逻辑变量通常用大写字母 A、B、C、D 等表示）。

此外，逻辑代数还具有不同于普通代数的运算规则和运算定律。在本节中，就将介绍逻辑代数的基本运算、基本定律和运算规则。

2. 逻辑函数

决定事件因果关系的逻辑变量称为逻辑自变量，与事件结果对应的逻辑变量被称为逻辑因变量。由逻辑变量构成的代数式 $Y = F(A、B、C、\cdots)$ 反映的是逻辑变量 Y 与逻辑变量 A、B、C、$\cdots$ 的逻辑关系，所以 Y 又称为逻辑函数，F 表示输入与输出之间的逻辑关系。逻辑代数就是研究逻辑代数的基本运算、基本运算规律和代数化简的代数。

逻辑函数是从生活和时间中抽象出来的，但是只有那些可以明确地用"是"或"否"作出回应的事物，才能用逻辑函数描述和定义。而数字电路是一种开关电路，是通过开关的两种状态"开"和"关"，电子器件的"导通"与"截止"来实现，并用"0"和"1"来表示。数字电路的输出变量与输入变量之间的关系是一种因果关系，它可以用逻辑表达式来描述，同时生活和实践中抽象出来的逻辑函数也可以用数字电路来实现。

2.2.2　基本逻辑(与、或、非)关系

基本逻辑电路实质上是一种开关电路，它主要由工作在开关状态的二极管或三极管以及相应的外围元件组成。如果用门电路来实现某种因果关系，其"因"一定是门电路的输入信号，而"果"则一定是门电路的输出信号，这就是后面要介绍的逻辑门电路。

基本逻辑关系包括："与"逻辑关系、"或"逻辑关系、"非"逻辑关系。与之对应的逻辑运算为："与"逻辑运算（称逻辑乘）、"或"逻辑运算（称逻辑加）、"非"逻辑运算。

1."与"逻辑关系

"与"逻辑关系是指，当决定某种结果的全部条件同时发生时，结果才会发生。如果用 Y 代表结果，用 A、B 等代表各个条件，则"与"逻辑关系可以用以下关系式表示：

$$Y = A \cdot B$$

可以用图 2-1 所示的电路说明"与"逻辑关系。从图 2-1 中可以看出，要想使灯泡 Y 发

光，两个开关 A、B 必须同时闭合。如果两个开关中有一个不闭合（A 或 B），灯泡 Y 都不会发光。这就充分说明，使灯泡 Y 发光的全部条件（开关 A 闭合、开关 B 闭合）必须同时满足时结果才会发生，即灯泡 Y 发光。

　　"与"逻辑符号如图 2-2 所示。

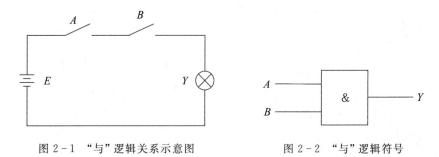

图 2-1　"与"逻辑关系示意图　　　　　　　图 2-2　"与"逻辑符号

2. "或"逻辑关系

　　"或"逻辑关系是指，当决定某种结果的全部条件中有一个或一个以上的条件发生时，结果就会发生。如果用 Y 代表结果，用 A、B 等代表各个条件，则"与"逻辑关系可以用以下关系式表示：

$$Y = A + B$$

　　上式中的"+"读作"或"，而不能读作"加"。

　　可以用图 2-3 所示的电路说明"或"逻辑关系。从图 2-3 中可以看出，要想使灯泡 Y 发光，两个开关 A、B 只要有一个闭合（A 或 B）就行。如果两个开关都不闭合，灯泡就不会发光。这就充分说明，要使灯泡 Y 发光的全部条件（开关 A 闭合，或开关 B 闭合）中只要有一个条件满足，结果就会发生，即灯泡 Y 发光。

　　"或"逻辑符号如图 2-4 所示。

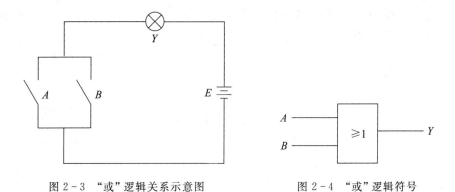

图 2-3　"或"逻辑关系示意图　　　　　　　图 2-4　"或"逻辑符号

3. "非"逻辑关系

　　"非"逻辑关系是指，如果结果的发生是对条件在逻辑上给予否定，这种特殊的逻辑关系称为"非"逻辑关系。

　　如果用 Y 代表结果，A 代表条件，则"非"逻辑关系可以用以下关系式表示。

$$Y = \overline{A}$$

　　可以用图 2-5 所示的电路说明"非"的逻辑关系。从图 2-5 中可以看出，开关 A 与灯

泡 Y 并联,当开关 A 断开时,灯泡 Y 发光。当开关 A 闭合时,灯泡 Y 不发光。这就是说,灯泡发光这个结果与开关闭合这个条件是呈相反状态的。

"非"逻辑符号如图 2-6 所示。

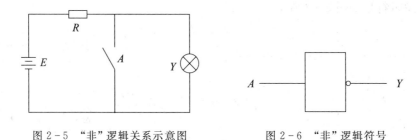

图 2-5　"非"逻辑关系示意图　　　　图 2-6　"非"逻辑符号

2.2.3　复合逻辑运算

在逻辑代数中,除了最基本的与、或、非运算外,还常采用一些复合逻辑运算。

1. 与非运算、或非运算、与或非运算

与非运算是与逻辑运算和非逻辑运算的复合,它是将输入变量先进行与运算,然后再进行非运算,其逻辑表达式为

$$Y = \overline{A \cdot B} \tag{2-1}$$

或非运算是或逻辑运算和非逻辑运算的复合,它是将输入变量先进行或运算,然后再进行非运算,其逻辑表达式为

$$Y = \overline{A + B} \tag{2-2}$$

与或非运算是与逻辑运算和或非逻辑运算的复合,它是将输入变量 A、B 及 C、D 先进行与运算,然后再进行或非运算,其逻辑表达式为

$$Y = \overline{A \cdot B + C \cdot D} \tag{2-3}$$

实现与非运算、或非运算、与或非运算的电路分别为与非门、或非门、与或非门,它们的逻辑符号如图 2-7 所示。

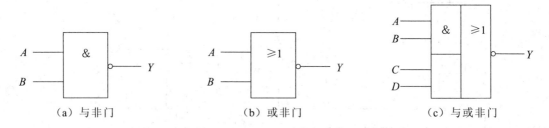

(a) 与非门　　　　　　(b) 或非门　　　　　　(c) 与或非门

图 2-7　几种复合逻辑运算的门电路

2. 异或运算和同或运算

异或运算和同或运算都是二变量的逻辑运算。设输入逻辑变量为 A、B,输出逻辑函数为 Y。

异或运算的逻辑关系可描述为:当输入 A、B 不同时,输出 Y 为 1;当输入 A、B 相同时,输出 Y 为 0。即两个输入不同时,输出为 1;相同时,输出为 0。由于它与二进制数的加

法规则一致,故异或运算也称为模 2 加运算。

异或运算的逻辑表达式为

$$Y = \overline{A}B + A\overline{B} = A \oplus B \qquad (2-4)$$

式中的"⊕"符号为异或运算符号。

异或逻辑运算的逻辑真值表如表 2-4 所示。所谓真值表就是指表明逻辑门电路输出端状态和输入端状态的逻辑对应关系的表格。

实现异或运算的电路为异或门。图 2-8 为异或门的逻辑符号。

表 2-4　异或逻辑真值表

A	B	Y
0	0	0
0	1	1
1	0	1
1	1	0

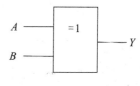

图 2-8　异或门逻辑符号

同或运算的逻辑关系可描述为:当输入 A、B 相同时,输出 Y 为 1;当输入 A、B 相异时,输出 Y 为 0。即两个输入不同时,输出为 0;相同时,输出为 1。

同或运算的逻辑表达式为

$$Y = \overline{AB} + AB = A \odot B \qquad (2-5)$$

式中的"⊙"符号为同或运算符号。

同或逻辑运算的逻辑真值表如表 2-5 所示。

实现同或运算的电路为同或门。图 2-9 为同或门的逻辑符号。

表 2-5　同或逻辑真值表

A	B	Y
0	0	1
0	1	0
1	0	0
1	1	1

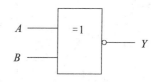

图 2-9　同或门逻辑符号

比较异或逻辑运算和同或逻辑运算的真值表,可知对于输入逻辑变量 A、B 的任意一组取值,异或逻辑的输出和同或逻辑的输出正好相反,因而异或函数与同或函数在逻辑上互为反函数,即

$$A \odot B = \overline{A \oplus B} \qquad (2-6)$$

$$A \oplus B = \overline{A \odot B} \qquad (2-7)$$

3. 组合逻辑运算

三种基本逻辑运算与、或、非组合在一起,就形成组合逻辑运算,其运算顺序为:

(1) 算式中有与运算和或运算时,优先计算与(逻辑乘),然后计算或(逻辑加)。

(2) 算式中有括号时,优先计算括号内的算式。

(3) 算式中有非运算时,优先计算非运算符下的表达式,然后进行非运算。

如计算 $A+B \cdot C$ 时，应先算与运算符，后算或运算符。计算 $A \cdot (B+C)$ 应先算括号内的或运算，后算括号外的与运算。计算 $\overline{A+B \cdot C}$ 应先算与运算符，后算或运算符，最后算非运算。而计算 $A+\overline{B} \cdot C$ 时应先算与运算符，后算非运算符，最后算或运算。几种常用的组合逻辑运算如表 2-6。

表 2-6　　常见的几种复合逻辑运算

名　　称	逻辑符号	表达式	运算规则
与非运算		$Y = \overline{A \cdot B}$	先与后非
或非运算		$Y = \overline{A+B}$	先或后非
与或非运算		$Y = \overline{A \cdot B \cdot C + D \cdot E \cdot F}$	先与再或后非
异或运算		$Y = \overline{A}B + A\overline{B} = A \oplus B$	输入不同出1，输入相同出0
同或运算		$Y = \overline{AB} + AB = A \odot B$	输入相同出1，输入不同出0

2.3　逻辑代数的基本公式

与代数运算相似，逻辑代数的运算也存在一些基本定律、定理、规则和有关公式。

2.3.1　逻辑代数的基本定律与定理

1. 逻辑代数的基本定律

逻辑代数除了有与普通代数类似的交换律、结合律和分配律等基本运算法则外，还有其自身特有的运算规律。表 2-7 列出了逻辑代数的基本定律公式。

表 2 - 7　逻辑代数的基本定律

名　称	定　律	
0—1律	$A \cdot 0 = 0$	$A + 1 = 1$
自等律	$A \cdot 1 = A$	$A + 0 = A$
等幂律(重叠律)	$A \cdot A = A$	$A + A = A$
互补律	$A \cdot \overline{A} = 0$	$A + \overline{A} = 1$
交换律	$A \cdot B = B \cdot A$	$A + B = B + A$
结合律	$A \cdot (B \cdot C) = (A \cdot B) \cdot C$	$A + (B + C) = (A + B) + C$
分配律	$A \cdot (B + C) = A \cdot B + A \cdot C$	$A + B \cdot C = (A + B) \cdot (A + C)$
吸收律	$A \cdot (A + B) = A$	$A + A \cdot B = A$
非非律	$\overline{\overline{A}} = A$	

　　以上的定律，最有效的证明方法是检验等式两边函数的真值表是否相同。除此以外，也可以采用穷举法证明等式两边相等。

　　【例 2 - 13】　证明分配律 $A + B \cdot C = (A + B)(A + C)$。

　　证明　采用真值表方式来证明，由表 2 - 8 可知，等式左边与右边是相等的。

表 2 - 8　真值表证明等式

A	B	C	等式左边	等式右边
0	0	0	0	0
0	0	1	0	0
0	1	0	0	0
0	1	1	1	1
1	0	0	1	1
1	0	1	1	1
1	1	0	1	1
1	1	1	1	1

　　因此，等式成立。

　　【例 2 - 14】　证明反演律 $\overline{A + B} = \overline{A} \cdot \overline{B}$。

　　证明　我们可以得到如表 2 - 9 所示的真值表。

表 2 - 9　真值表证明等式

A	B	等式左边	等式右边
0	0	1	1
0	1	0	0
1	0	0	0
1	1	0	0

　　由表 2 - 9 可知，等式左边与右边是相等的。因此，等式成立。

2. 逻辑代数的基本定理

逻辑代数的基本定理就是摩根定理，即

(1) $\overline{A \cdot B \cdot C \cdot \cdots} = \overline{A} + \overline{B} + \overline{C} + \cdots$

(2) $\overline{A + B + C + \cdots} = \overline{A} \cdot \overline{B} \cdot \overline{C} \cdots$

以上两个定理可以用逻辑电路证明，也可以用真值表来证明。读者可以根据实际情况选择证明方式，这里就不再讲述。

3. 逻辑代数常用公式

逻辑代数中常用的公式有以下五种。

(1) 公式 1：$A \cdot B + A \cdot \overline{B} = A$

证明：$\qquad A \cdot B + A \cdot \overline{B} = A \cdot (B + \overline{B}) = A \cdot 1 = A$

结论：如果两个乘积项分别包含同一因子的原变量和反变量，而其他因子相同时，则两个乘积项相加可以合并为一项，并消去互为反变量的因子。

(2) 公式 2：$A + A \cdot B = A$

证明：$\qquad A + A \cdot B = A \cdot (1 + B) = A \cdot 1 = A$

结论：在与或表达式中，如果一项是另一项的乘积因子，则该乘积项是多余的，可以去掉。

(3) 公式 3：$A + \overline{A} \cdot B = A + B$

证明：$\qquad A + \overline{A} \cdot B = (A + \overline{A}) \cdot (A + B) = 1(A + B) = A + B$

结论：在异或表达式中，如果一项的反变量是另一项的乘积因子，则该因子是多余的，可以消去。

(4) 公式 4：$A \cdot B + \overline{A} \cdot C + B \cdot C = A \cdot B + \overline{A} \cdot C$

证明：
$$A \cdot B + \overline{A} \cdot C + B \cdot C = A \cdot B + \overline{A} \cdot C + B \cdot C(A + \overline{A})$$
$$= A \cdot B + \overline{A} \cdot C + A \cdot B \cdot C + \overline{A} \cdot B \cdot C$$
$$= A \cdot B(1 + C) + \overline{A} \cdot C(1 + B) = A \cdot B + \overline{A} \cdot C$$

结论：与或表达式中，两个乘积项分别包含同一因子的原变量和反变量，而两项的剩余因子正好组成第三项，则第三项是多余的，可以去掉。

(5) 公式 5：$\overline{A \oplus B} = A \odot B$

证明：

$$\overline{A \oplus B} = \overline{A \cdot \overline{B} + \overline{A} \cdot B} = \overline{A \cdot \overline{B}} \cdot \overline{\overline{A} \cdot B} = \overline{A} \cdot B + A \cdot B = A \odot B$$

结论：异或运算的反等于同或。同样也可以证明，同或运算的反等于异或。

值得注意的是，逻辑代数运算也有相应的运算规则：

(1) 逻辑运算顺序应该先算括号内的部分，然后再算乘积，最后算逻辑加法；

(2) 先算或后算与的运算式，或运算应该要加括号，例如，$(A + B) \cdot (C + D)$ 不能写成 $A + B \cdot C + D$。

2.3.2 逻辑代数运算法则

逻辑代数的基本规则有三个：代入规则、反演规则和对偶规则。

1. 代入规则

在任何一个逻辑等式中，如果将等式两边出现的同一个变量用一个逻辑函数式来代替，则等式依然成立，这就是代入规则。

【例 2 - 15】 证明等式 $\overline{A + X + Y} = \overline{A} \cdot \overline{X} \cdot \overline{Y}$。

证明：根据反演规则，有

$$\overline{A + B} = \overline{A} \cdot \overline{B}$$

如果用逻辑函数 $F = X + Y$ 来代替两边的 B，则等式为

$$\overline{A + X + Y} = \overline{A} \cdot \overline{X + Y} = \overline{A} \cdot \overline{X} \cdot \overline{Y}$$

等式成立。

因此

$$\overline{A + X + Y} = \overline{A} \cdot \overline{X} \cdot \overline{Y}$$

2. 反演规则

对于任意一个逻辑函数 F，如果将式中的所有 "·" 换成 "+"，"+" 换成 "·"；0 换成 1，1 换成 0；原变量换为反变量，反变量换为原变量，并维持应有的运算顺序不变，那么所得到的函数式就是原来函数式的反函数 $\overline{F}$。注意，使用反演规则时，必须保证原有的运算顺序不能变，而且不是单个变量上的反号应该保留不变。

【例 2 - 16】 已知 $Y = \overline{AB} + CD + 0$，求反函数 $\overline{Y}$。

解 按照反演规则，得

$$\overline{Y} = (A + B) \cdot (\overline{C} + \overline{D}) \cdot 1 = (A + B) \cdot (\overline{C} + \overline{D})$$

【例 2 - 17】 求 $Y = A + B(C + D)(E + F)$ 的反函数 $\overline{Y}$。

解 用反演规则可以得出

$$\overline{Y} = A \cdot [\overline{B} + C \cdot \overline{D} + \overline{E} \cdot F]$$

3. 对偶规则

任意一个逻辑函数 F，如果将式中的所有 "·" 换成 "+"，"+" 换成 "·"；0 换成 1，1 换成 0，并维持应有的运算顺序不变，那么所得到的函数式就是原来函数式的对偶函数 F。例如，公式 $A + 1 = 1$ 的对偶式是 $A \cdot 0 = 0$；公式 $\overline{A + B} = \overline{A} \cdot \overline{B}$ 的对偶式是 $\overline{A \cdot B} = \overline{A} + \overline{B}$；公式 $A \cdot (B + C) = (A \cdot B) + (A \cdot C)$ 的对偶式是 $A + (B \cdot C) = (A + B) \cdot (A + C)$。

2.3.3 利用代数公式和定理化简逻辑函数

逻辑函数的化简通常有两种方法，一种是代数化简法，就是利用代数公式和定理进行化简；另一种就是卡诺图化简法。

逻辑函数的标准表达式又称为逻辑函数的规范形式，这是一种将"与-或"表达式和"或-与"表达式进一步规范化的形式。逻辑函数的标准表达式是进行逻辑函数化简的基础，为分析研究逻辑函数带来方便。

如前所述，一个逻辑函数表达式除了与-或表达式和或-与表达式之外，还有或非-或非表达式、与非-与非表达式和与-或-非表达式等形式。我们通过以下式子来说明常见的这几种逻辑函数表达式。

$$Y = AB + \overline{B}C \text{ 与或表达式}$$

$$Y = (A + \overline{B}) \cdot (B + C) \text{ 或与表达式}$$

$$Y = \overline{\overline{AB} \cdot \overline{\overline{B}C}} \text{ 与非表达式}$$

$$Y = \overline{\overline{A + \overline{B}} + \overline{\overline{B} + C}} \text{ 或非表达式}$$

$$Y = \overline{\overline{AB} + \overline{\overline{B}C}} \text{ 与或非表达式}$$

在研究逻辑函数时，经常使用的是标准与或表达式或者标准或与表达式。

1. 化简的判别标准

在逻辑代数中，化简有以下两个判别标准：

(1) 函数的项数最少；

(2) 在项数最少的条件下，每项内的变量最少。

2. 化简的方法

1) 并项法

思路：利用 $A + \overline{A} = 1$，$AB + A\overline{B} = A$ 等式将两项合并为一项，并消去一个变量。

如：

$$\overline{AB}C + \overline{AB}\overline{C} = \overline{AB}(C + \overline{C}) = \overline{AB}$$

【例 2 - 18】　化简函数 $\overline{A}BC + \overline{A}\overline{B}C = \overline{A}C \cdot (B + \overline{B}) = \overline{A}C$。

解　利用并项法可得

$$\overline{A}B\overline{C} + \overline{A}BC + \overline{A}\overline{B}\overline{C} + \overline{A}\overline{B}C = \overline{A}B(\overline{C} + C) + \overline{A}\overline{B}(C + \overline{C})$$

$$= \overline{A}B + \overline{A}\overline{B} = \overline{A}(B + \overline{B}) = \overline{A}$$

2) 吸收法

思路：利用公式 $A + AB = A$ 吸收多余的 AB 项。

如：

$$\overline{A}B + \overline{A}BCD = \overline{A}B$$

【例 2 - 19】　利用吸收法化简 $Y = \overline{A}B + \overline{A}BCD(E + F)$。

解　利用吸收法可得：

$$Y = \overline{A}B + \overline{A}BCD(E + F) = \overline{A}B$$

3) 消去法

思路：利用 $A + \overline{A}B = A + B$，消去多余的因子 $\overline{A}$。

因为 $A + \overline{A}B = (A + \overline{A})(A + B) = 1 \cdot (A + B) = A + B$，也可以利用 $A + \overline{A}B = A + B$ 消去多余的项。

如：

$$AB + \overline{A}C + \overline{B}C = AB + (\overline{A} + \overline{B})C = AB + \overline{AB}C = AB + C$$

【例 2 - 20】　利用消去法化简 $Y = AB + AC + BC$。

解　利用消去法可得：

$$Y = AB + AC + BC = AB + C(\overline{A} + \overline{B})$$

$$= AB + \overline{AB}C = AB + C$$

4）配项法

思路：利用公式 $A = A(B + \overline{B})$ 或者 $A + A = A$，在函数中某一项乘以 $A + \overline{A} = 1$ 或在函数中重复写入某一项如 $B\overline{B} = 0$，来进一步化简。

一般是在适当项中配上 $A + \overline{A} = 1$，同其他项的因子进行化简。

如：
$$
\begin{aligned}
A\overline{B} + B\overline{C} + \overline{B}C + \overline{A}B &= A\overline{B} + B\overline{C} + (A + \overline{A})\overline{B}C + (C + \overline{C})\overline{A}B \\
&= A\overline{B} + A\overline{B}C + B\overline{C} + \overline{A}\overline{B}C + \overline{A}BC + \overline{A}B\overline{C} \\
&= A\overline{B} + B\overline{C} + \overline{A}C
\end{aligned}
$$

【例 2 - 21】　化简函数 $Y = \overline{ABC} + AB\overline{C} + A\overline{B}C$。

解　利用基本公式，在函数中重复加入 $A\overline{B}\overline{C}$，得到
$$
\begin{aligned}
Y &= \overline{ABC} + AB\overline{C} + A\overline{B}C = (\overline{ABC} + A\overline{B}C) + (AB\overline{C} + A\overline{B}\overline{C}) \\
&= \overline{B}C + A\overline{C}
\end{aligned}
$$

【例 2 - 22】　用公式法化简函数 $Y = A\overline{B} + B\overline{C} + \overline{B}C + \overline{A}B$。

解　(1) 利用配项法得
$$
\begin{aligned}
Y &= A\overline{B}(C + \overline{C}) + B\overline{C}(A + \overline{A}) + \overline{B}C(A + \overline{A}) + \overline{A}B(C + \overline{C}) \\
&= A\overline{B}C + A\overline{B}\overline{C} + AB\overline{C} + \overline{A}B\overline{C} + A\overline{B}C + \overline{A}\overline{B}C + \overline{A}BC + \overline{A}B\overline{C}
\end{aligned}
$$

(2) 利用 $A + A = A$，消去 $\overline{A}B\overline{C}$、$A\overline{B}C$
$$
Y = A\overline{B}C + A\overline{B}\overline{C} + AB\overline{C} + \overline{A}B\overline{C} + \overline{A}\overline{B}C + \overline{A}BC
$$

(3) 利用 $A + \overline{A} = 1$，合并某些项，则有两种情况：
$$
Y = \overline{A}C(B + \overline{B}) + A\overline{B}(C + \overline{C}) + B\overline{C}(A + \overline{A}) = \overline{A}C + A\overline{B} + B\overline{C}
$$
$$
Y = \overline{B}C(A + A) + \overline{A}B(C + C) + A\overline{C}(B + B) = \overline{B}C + \overline{A}B + A\overline{C}
$$

由上例可知，逻辑函数的化简结果不是唯一的。代数化简法的优点是不受变量数目的限制，但它没有固定的步骤，需要熟练地运用多种公式和定理，需要一定的技巧和经验，有时也很难判定化简的结果是否最简。

2.3.4　知识拓展：逻辑函数的卡诺图化简法

逻辑函数的代数化简法由于没有统一的规范，通常需要个人的经验和技巧。因此，对于较复杂的逻辑函数用代数法化简往往很麻烦，而且化简的逻辑函数是否为最简式有时也不容易判断。下面介绍的逻辑函数化简方法是由美国工程师卡诺（Karnaugh）在 1953 年首先提出的，故称为卡诺图法。利用卡诺图化简逻辑函数比较直观方便，容易化为最简形式。因此，在逻辑电路设计中被广泛应用。

1. 最小项和最小项标准式

1）最小项

n 个变量 X^1、X^2、$\cdots$、X^n 的最小项，是 n 个变量的逻辑乘，每一个变量既可以是原变量 X^i，也可以是反变量 $\overline{X_i}$，每一个变量均不可缺少。如有 A、B 两个变量时，最小项为 $\overline{AB}$、$\overline{A}B$、$A\overline{B}$、AB，共有 $2^2 = 4$ 个最小项。以此类推，3 个变量就有 8 个最小项，4 个变量就有 16 个最小项。

最小项用小写字母 m 表示，它们的下标的数字为二进制数所对应的十进制数的数值。

将最小项中的原变量视为 1，反变量视为 0，按高低位排列，这样得到了一个二进制数。例如，对于最小项 $A\overline{B}C$，C 为最低位，A 为最高位，对应的二进制数是 101，它的十进制数值为

$$1 \times 2^2 + 0 \times 2^1 + 1 \times 2^0 = 4 + 1 = 5$$

因此，最小项 $A\overline{B}C$ 的符号是 m_5。

最小项具有如下性质：

(1) 在输入变量的任何取值下必有一个最小项，而且仅有一个最小项的值为 1。

(2) 全体最小项之和为 1。

(3) 任意两个最小项的乘积为 0。

(4) 若两个最小项只有一个变量取值不同，其他都相同，称这两个最小项相邻。如三变量最小项 ABC 和 $AB\overline{C}$ 互为逻辑相邻，而最小项 $\overline{A}BC$ 和 $A\overline{B}C$ 则不是相邻最小项。

两个逻辑相邻的最小项相加合并时，可以消去不相同的变量，而留下相同的变量，例如，$\overline{A}BC + \overline{A}B\overline{C} = \overline{A}B$。

2）最小项标准式

全部由最小项组成的"与或"式，称为逻辑函数最小项标准式。利用公式 $A + \overline{A} = 1$ 可以把任何一个逻辑函数化为最小项之和的标准形式。

【例 2 - 23】　将 $Y = \overline{A}B\overline{C} + AB$ 展开为最小项标准形式。

解　最小项标准形式为

$$Y = \overline{A}B\overline{C} + AB = \overline{A}B\overline{C} + AB(C + \overline{C}) = \overline{A}B\overline{C} + AB\overline{C} + ABC$$

$$= \sum m(2, 6, 7)$$

【例 2 - 24】　用卡诺图表示下列函数。

$$Y_1 = A\overline{B} + \overline{A}B$$

$$Y_2 = \overline{A + B} \cdot C + A\overline{B}$$

$$Y_3 = \overline{A}B\overline{C} + ABD + A\overline{C}D + \overline{A}CD$$

解　(1) 函数 Y_1 为两变量函数，均为最小项表达式，写成简化形式为

$$Y_1 = A\overline{B} + \overline{A}B = m_1 + m_2$$

(2) 画出两变量卡诺图，如图 2 - 10 所示。

(3) 将最小项填入卡诺图。有最小项的方格填入 1，没有最小项的方格填入 0，也可不填。

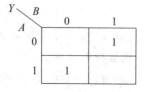

图 2 - 10　Y_1 的卡诺图

按照以上方法，画出如图 2－11 和图 2－12 所示的卡诺图。

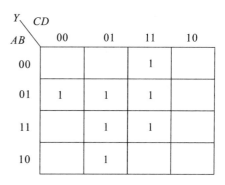

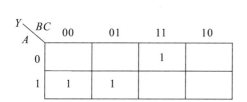

A \ BC	00	01	11	10
0			1	
1	1	1		

图 2－11　Y_2 的卡诺图

AB \ CD	00	01	11	10
00			1	
01	1	1	1	
11		1	1	
10		1		

图 2－12　Y_3 的卡诺图

【例 2－25】　用卡诺图表示逻辑函数 $Y_{(A,B,C)}=AB+\bar{A}C+BC$。

解　先求出标准与或表达式

$$\begin{aligned}Y_{(A,B,C)}&=AB+\bar{A}C+BC\\&=AB(C+\bar{C})+\bar{A}(B+\bar{B})C+(A+\bar{A})BC\\&=ABC+AB\bar{C}+\bar{A}BC+\bar{A}\bar{B}C\\&=\sum m(1,3,6,7)\end{aligned}$$

再在卡诺图中对应的编号的小方格填入 1，如图 2－13 所示。

A \ BC	00	01	11	10
0		1	1	
1			1	1

图 2－13　$Y_{(A,B,C)}$ 的卡诺图

2. 用卡诺图表示逻辑函数

将 n 个变量的全部最小项各用一个小方块表示，并将小方块按逻辑相邻性与几何位置也相邻的原则而排列起来的方块图，就称为 n 变量的卡诺图。因为最小项的数目与变量数有关，设变量数为 n，则最小项的数目为 2^n。两变量的情况如图 2－14(a) 所示。图中第一行表示 $\bar{A}$，第二行表示 A；第一列表示 $\bar{B}$，第二列表示 B。这样 4 个小方格就由 4 个最小项分别对号占有，行和列的符号相交就以最小项的与逻辑形式记入该方格中。

有时为了更简便，用 1 表示原变量，用 0 表示反变量，这样就可以将图 2－14(a) 改画成图 2－14(b) 的形式，4 个小方格中心的数字 0、1、2、3 就代表最小项的编号。

	$\bar{B}$	B
$\bar{A}$	$\bar{A}\bar{B}$	$\bar{A}B$
A	$A\bar{B}$	AB

(a)

A \ B	0	1
0	00 (0)	01 (1)
1	10 (2)	11 (3)

(b)

图 2－14　两变量卡诺图

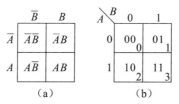

三变量卡诺图如图 2-15 所示，方格编号即最小项编号。最小项的排列要求每对几何相邻方格之间仅有一个变量变化成它的反变量，或仅有一个反变量变化成它的原变量，这样的相邻又称为逻辑相邻。逻辑相邻的小方格相比较时，仅有一对变量互为反变量，其他变量都相同，且要循环相邻。

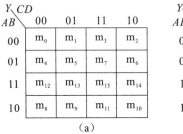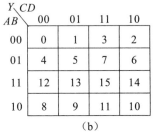

图 2-15 三变量卡诺图

四变量的卡诺图如图 2-16 所示，四变量的卡诺图有十六个最小项，分别记为：$m_0 \sim m_{15}$。

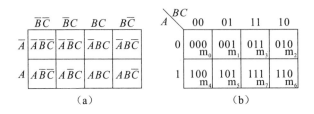

图 2-16 四变量的卡诺图

由以上的图表观察可知，卡诺图具有很强的相邻性，只要小方格在几何位置上相邻（不管上下左右），它代表的最小项在逻辑上一定是相邻的。并且是对边相邻性，即与中心轴对称的左右两边和上下两边的小方格也具有相邻性。对于五变量的卡诺图，由于复杂且应用也少，这里不作介绍。

3. 用卡诺图化简逻辑函数

用卡诺图化简逻辑函数是利用卡诺图的相邻性，对相邻最小项进行合并，消去互反变量，以达到简化的目的。在讲述最小项的时候，曾经讲过将 2 个最小项合并可以消去 1 个不同的变量，留下相同的变量，即由 3 个变量变成 2 个变量，消去 1 个变量；依此类推，4 个相邻最小项合并可以消去 2 个变量；8 个相邻最小项合并可以消去 3 个变量。即 2^n 个相邻最小项合并可以消去 n 个变量。

根据上述原理，利用卡诺图化简逻辑函数可以按以下步骤进行。

(1) 将逻辑函数变换为与或表达式。

(2) 画出逻辑函数的卡诺图。

(3) 合并最小项。在合并画圈时，每个圈所包括的含有 1 的方格数目必须为 2^n 个，并可根据需要将一些方格同时画在几个圈内，但每个圈都要有新的方格，否则它就是多余的，同时不能漏掉任何一个方格。此外，要求圈的个数最少，并且每个圈所包围的含有 1 的方格数目最多，这样化简后函数的乘积项最少，且每个乘积项的变量也最少，即化简后的逻辑函数才是最简的。

（4）将整理后的乘积项加起来，就是化简后的最简与或表达式。

（5）在利用卡诺图进行逻辑函数化简时应注意遵循下列几项原则，以保证化简结果准确、无遗漏。

① 所谓 2^n 个含有 1 的方格数相邻画一个圈是指，$n = 0、1、2、3$ 时分别为一个 1、两个 1、四个 1、八个 1 相邻的方格构成方形（或矩形），可以用包围圈将这些 1 圈起来，形成方格群，这包括上下、左右、相对边界、四角等各种相邻的情况（把卡诺图看成是封闭的图形，几何相邻的最小项也是逻辑相邻的），如图 2-17 所示，其中图（a）、图（b）、图（e）、图（i）所示为两个相邻最小项的化简，图（c）、图（d）、图（f）、图（h）、图（l）所示为 4 个相邻最小项的化简，图（g）、图（j）、图（k）所示为 8 个相邻最小项的化简。

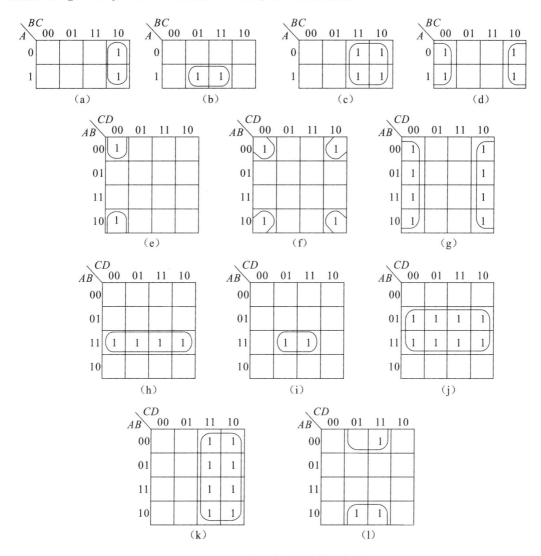

图 2-17　相邻最小项的化简示意图

② 包围圈越大，即方格群中包含的最小项越多，公因子越少，化简结果越简单。

③ 在画包围圈时，最小项可以被重复包围，但每个方格群至少要有一个最小项与其他

方格群不重复，以保证该化简项的独立性。

④ 必须把组成函数的全部最小项都圈完，为了不遗漏，一般应先圈定孤立项，再圈只有一种合并方式的最小项。

⑤ 方格群的个数越少，化简后的乘积项就越少。

正确圈组的原则有以下四点：

① 圈越大越好。合并最小项时，圈中的最小项越多，消去的变量就越多，因而得到的由这些最小项的公因子构成的乘积项也就越简单。

② 每一个圈至少应包含一个新的最小项。合并时，任何一个最小项都可以重复使用，但是每一个圈至少都应包含一个新的最小项，否则它就是多余的。

③ 必须把组成函数的全部最小项圈完。每一个圈中最小项的公因子就构成一个乘积项，一般来说，把这些乘积项加起来，就是该函数的最简与或表达式。

④ 在有些情况下，最小项的圈法不唯一，最简表达式也不唯一。

下面举几个例子来说明卡诺图化简的过程。

【例 2 - 26】　化简 $Y = A\overline{C} + \overline{A}C + \overline{B}C + B\overline{C}$。

解　如图 2 - 18 所示，于是有

$$Y = A\overline{B} + \overline{A}C + B\overline{C}$$

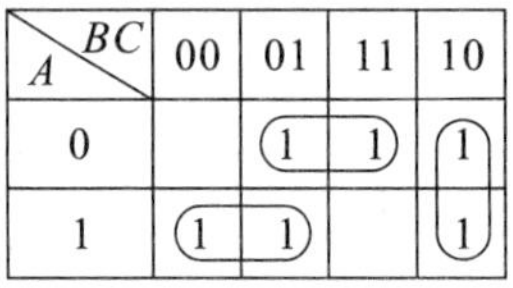

A＼BC	00	01	11	10
0		1	1	1
1	1	1		1

图 2 - 18　例 2 - 25 解

【例 2 - 27】　化简 $Y = \sum m(0, 2, 5, 7, 8, 10, 13, 15)$。

解　如图 2 - 19 所示，于是有

$$Y = BD + \overline{BD}$$

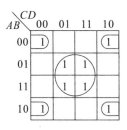

AB＼CD	00	01	11	10
00	1			1
01		1	1	
11		1	1	
10	1			1

图 2 - 19　例 2 - 26 解

【例 2 - 28】　利用图形法化简函数 $F = \sum m(3, 4, 6, 7, 10, 13, 14, 15)$。

解　（1）先把函数 F 填入四变量卡诺图，如图 2 - 20 所示。

该卡诺图中方格右上角的数字为每个最小项的下标，使用者熟练掌握卡诺图应用以后，该数字可以不必标出。

（2）画包围圈。从图 2 - 56 中看出，m(6, 7, 14, 15) 不必再圈了，尽管这个包围圈最大，但它不是独立的，这 4 个最小项已被其他 4 个方格群全圈过了。

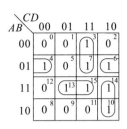

图 2 - 20　例 2 - 27 的卡诺图

（3）提取每个包围圈中最小项的公因子构成乘积项，然后将这些乘积项相加，得到最简与或表达式为

$$F = \overline{A}CD + \overline{A}B\overline{D} + ABD + AC\overline{D}$$

需要说明的是，圈画的不同，得到的简化表达式也不同，但表达同一逻辑思想的目的是一样的。也就是说，表达同一个逻辑目的可以有不同的逻辑表达式。

【例 2 - 29】　利用卡诺图法将下式化为最简与或表达式。

$$F = ABC + ABD + A\overline{C}D + \overline{C}D + A\overline{B}C + AC\overline{D} + \overline{\overline{A}BC} + \overline{A}BCD$$

解　（1）首先将函数 F 填入四变量卡诺图，如图 2 - 21 所示。

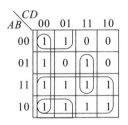

图 2 - 21　例 2 - 28 的卡诺图

（2）合并画圈。

（3）整理每个圈中的公因子作为乘积项。

（4）将上一步骤中各乘积项加起来，得到最简与或表达式为 $F = \overline{C}D + \overline{B}C + A + BCD$。

【例 2 - 30】　将 $Y = \sum m(0, 2, 4, 6, 8, \cdots, 15)$ 化简为最简与或式。

解　把 $Y = \sum m(0, 2, 4, 6, 8, \cdots, 15)$ 的最小项填入如图 2 - 22 中。

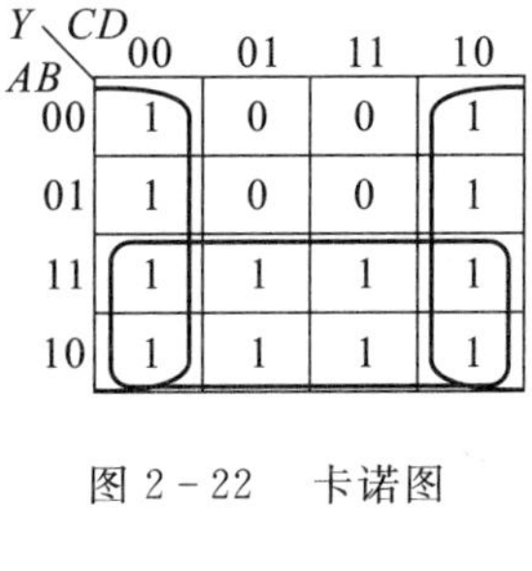

图 2 - 22　卡诺图

化简结果为：

$$Y = A + \overline{D}$$

【例 2 - 31】　用卡诺图化简函数 $Y = \overline{A}C + A\overline{B} + BC + A\overline{C}$。

解　将函数式化简为最简与或表达式，然后填到图 2 - 23 中。

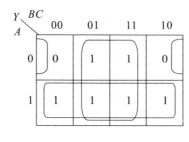

图 2 - 23　卡诺图

【**例 2 - 32**】　将逻辑函数 $Y = \sum m(1, 5, 6, 7, 11, 12, 13, 15)$ 化为最简与或表达式。

解　该函数本应该按照"用尽可能少的圈覆盖逻辑函数最小项"的原则将 m_5，m_7，m_{13}，m_{15} 四个最小项包含在一个圈内，但由于剩下四个最小项均为孤立的一个最小项，因此按照以下的方法画圈更加合理，如图 2 - 24 所示。

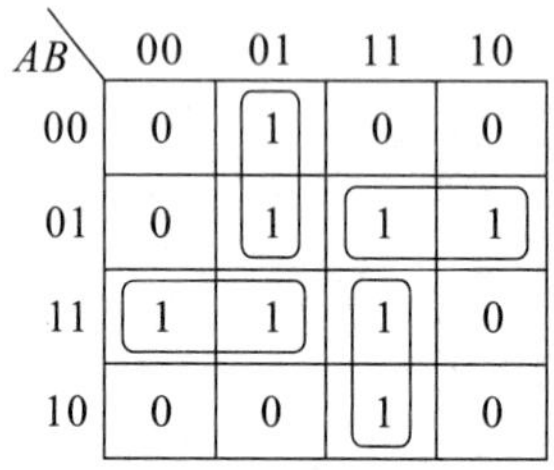

图 2 - 24　例 2 - 32 卡诺图

化简结果为

$$Y = \overline{ACD} + \overline{A}BC + AB\overline{C} + ACD$$

2.3.5　具有约束项的逻辑函数化简

1. 约束项

在有些逻辑函数中，输入变量的某些取值组合不会出现，或者一旦出现，逻辑值可以是任意的。这样的取值组合所对应的最小项称为约束项或任意项，在卡诺图中用符号 × 来表示其逻辑值。约束项的意义在于，它的值可以取 0 或取 1，具体取什么值以使函数尽量得到简化为原则。例如一个电路的输入为 8421BCD 码，则其输入变量中的 16 种组合中 $1010 \sim 1111$ 始终不会出现。由于这些输入组合不可能出现或输出在这些组合的情况下不管为 0 还是为 1 无所谓，将这些输入组合的每一项称为约束项，合称为约束条件。

【**例 2 - 33**】　某水库在低水位、中等水位和高水位的三个位置安装传感器，在控制室用三个指示灯白、黄、红分别代表水位的低、中和高。试分析水库的中等水位与三色信号灯之间逻辑关系。

解　设白、黄、红灯分别用 A、B、C 表示，且灯亮为 1，灯灭为 0。水库水位中等运行用 Y 表示，中等水位时 $Y = 1$，非中等水位时 $Y = 0$。列出该函数的真值表如表 2 - 10 所示。

表 2 - 10 带有约束项的逻辑函数真值表

白灯 A	黄灯 B	红灯 C	中等水位 Y
0	0	0	×（不可能出现）
0	0	1	0
0	1	0	1
0	1	1	×（不可能出现）
1	0	0	0
1	0	1	×（不可能出现）
1	1	0	×（不可能出现）
1	1	1	×（不可能出现）

显而易见，在这个反映实际工程问题的逻辑函数中，有 5 个最小项是不会出现的，如 ABC（三个灯同时亮）等。因为一个水库水位运行指示系统不可能出现这些情况，即逻辑值任意。

带有无关项的逻辑函数的最小项表达式为

$$Y = \sum m(\quad) + \sum d(\quad)$$

故水库的中等水位与三色信号灯之间逻辑关系可以写为

$$Y = \sum m(2) + \sum d(0, 3, 5, 6, 7)$$

2. 带有约束项的逻辑函数的化简

化简具有无关项的逻辑函数时，要充分利用无关项可以当 0 也可以当 1 的特点，尽量扩大卡诺图中圈的范围，减少圈的个数，使逻辑函数达到最简。

【**例 2 - 34**】 化简函数 $Y_{(A, B, C, D)} = \sum m(0, 1, 4, 7, 9, 10, 13) + \sum d(2, 5, 6, 8, 12, 15)$。

解 （1）在卡诺图 2 - 25 中，在约束项对应的小方格填入"×"。

（2）在卡诺图中画圈时，把能让圈画得更大的约束项"×"看成"1"（如 m_2，m_5，m_8，m_{12}，m_{15}），否则看成"0"（如 m_6），不必使用完所有的约束项"×"。

（3）按未含约束项的卡诺图化简方法进行化简。

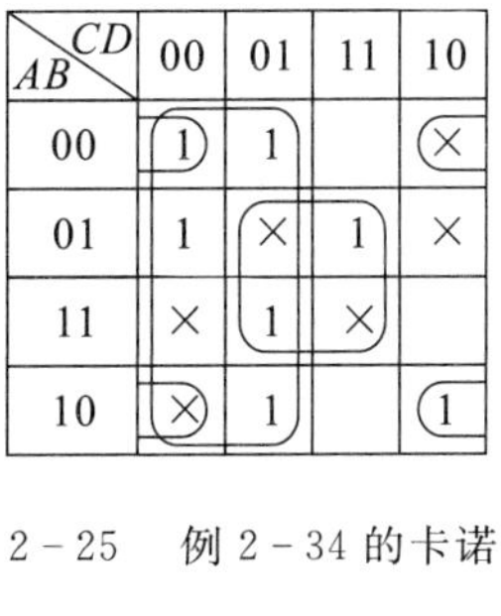

AB＼CD	00	01	11	10
00	1	1		×
01	1	×	1	×
11	×	1	×	
10	×	1		1

图 2 - 25 例 2 - 34 的卡诺图

2.4　逻辑电路图、逻辑表达式与真值表之间的互换

2.4.1　逻辑电路的表示方法

逻辑电路有多种表示方法：逻辑电路图、真值表、逻辑表达式、波形图、状态图、卡诺图等。其中最常用的是逻辑电路图、逻辑表达式、真值表三种方法。这三种表示方法之间可以互相转换。

2.4.2　逻辑电路图与逻辑表达式之间的相互转换

1. 由逻辑电路图转换为逻辑表达式

由逻辑电路图转换为逻辑表达式的方法是：从逻辑电路图的输入端开始，逐级写出各门电路的逻辑表达式，一直到输出端。

【例 2-35】　将图 2-26 所示电路转化为逻辑表达式。

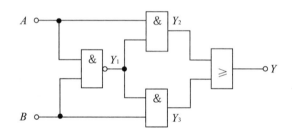

图 2-26　例 2-35 图

解　（1）依次写出 Y_1、Y_2、Y_3 的逻辑表达式：

$$Y_1 = \overline{AB} \qquad\qquad Y_2 = AY_1 = A\,\overline{AB} \qquad\qquad Y_3 = Y_1 B = \overline{AB}\,B$$

（2）写出 Y 的表达式：

$$Y = Y_2 + Y_3 = A\,\overline{AB} + \overline{AB}\,B$$

2. 由逻辑表达式转换为逻辑电路图

由逻辑表达式转换为逻辑电路图的方法是：根据逻辑表达式中逻辑运算的优先级（逻辑运算的优先级是非 → 与 → 或，有括号先算括号）用相应的门电路实现对应的逻辑运算。

【例 2-36】　根据逻辑表达式 $Y = (A + B) \cdot \overline{A + B}$ 画出逻辑电路图。

解　（1）先分析逻辑表达式的优先级。

$$Y = (A + B) \cdot \overline{A + B}$$

（2）根据分析结果，画出逻辑电路图。第一级有两种运算，"或"运算和"或非"运算可以同时完成；第二级有一种运算，第一级的两种运算结果参与第二级的"与"运算。如图 2-27 所示。

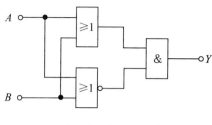

图 2 - 27　例 2 - 36 图

2.4.3　逻辑表达式与真值表的相互转换

1. 由逻辑表达式转换为真值表

由逻辑表达式转换为真值表的方法是：

(1) 确定输入端的状态组合数：若输入端数为 n，则输入端所有状态组合数为 2^n。

(2) 列真值表时，输入状态按 n 列加输出共 $n+1$ 列、2^n 行加两行(项目行) 共 2^n+2 行画好表格，然后将输入端状态从右到左第一列从上到下填入 0、1、0、1、0、1 填满为止，第二列从上到下填入 0、0、1、1、0、0、1、1 填满为止，第三列从上到下填入 0、0、0、0、1、1、1、1 填满为止，依次类推，直到填满所有列中的所有表格。

(3) 最后将每一行中的输入状态分别代入表达式中，计算出结果并填入真值表 2-11 的输出状态相应位置。

【例 2 - 37】 要列出 $Y = (A+B)\overline{AB}$ 的真值表。

表 2 - 11　$Y = (A+B)\overline{AB}$ 的真值表

输入		输出
A	B	Y
0	0	0
0	1	1
1	0	1
1	1	1

解　(1) 输入端数为 2(A、B)，输入端所有状态组合数为 $2^2 = 4$。

(2) 输入端有两个，真值表的输入有两列加上输出一列共三列、($2^2 = 4$) 四行加两行(项目行) 共 6 行，画出真值表。并按输入状态从右到左第一列从上到下填入 0、1、0、1，第二列填入 0、0、1、1。

(3) 根据表达式 $Y = (A+B)\overline{AB}$ 计算出每一行输出状态填入表中，$A = 0$、$B = 0$ 时 $Y = 0$；$A = 0$、$B = 1$ 时 $Y = 1$；$A = 1$、$B = 0$ 时 $Y = 1$；$A = 1$、$B = 1$ 时 $Y = 1$。

2. 由真值表转换为逻辑表达式

由真值表转换为逻辑表达式的方法是：

(1) 从真值表中找出输出为"1"的各行，把每行的输入变量写成乘积项，若输入状态为"0"则写成"非"的形式，否则为原变量。

(2) 相加各乘积项就得到逻辑表达式。

【例 2 - 38】 将表 2 - 12 转化为逻辑表达式。

表 2 - 12　真　值　表

输　　　入			输出
A	B	C	Y
0	0	0	0
0	0	1	1
0	1	0	0
0	1	1	1
1	0	0	0
1	0	1	0
1	1	0	0
1	1	1	1

←── 输出为 1：$\overline{A}\,\overline{B}C$

←── 输出为 1：$\overline{A}BC$

←── 输出为 1：ABC

解　（1）从真值表中找出输出为"1"的各行，共有三行（2、5、8 行），把每一行的输入变量写成表 2 - 12 所示的乘积项。

（2）相加各乘积项就得到逻辑表达式，为

$$Y = \overline{A}\,\overline{B}C + \overline{A}BC + ABC$$

本 章 小 结

1. 数制就是计数的制度。本章主要介绍了十进制和二进制数的表示方法以及它们之间的相互转换。十进制转换成二进制用"除 2 取余倒列法"；二进制转换成十进制用"乘权相加法"。在数字电路中主要采用二进制。

8421BCD 码是二 — 十进制编码（BCD 码）中的一种，它用 4 位二进制数码来表示一位十进制数码。

2. 逻辑代数是分析和设计数字电路的重要工具。利用逻辑代数可以把实际的逻辑问题抽象为逻辑函数，并且可用逻辑运算的方法来解决逻辑电路的分析和设计问题。与、或、非是 3 种基本逻辑关系。与非、或非、与或非、与或则是由与、或、非 3 种基本逻辑运算复合而成的 4 种常用逻辑运算。

常见逻辑门及其逻辑功能

逻辑关系	逻辑功能
"与"门	有低出高，全高出低
"或"门	有高出高，全低出低
"非"门	取反
"与非"门	有低出高，全高出低
"或非"门	有高出低，全低出高
"与或非"门	当两组输入中有一组（或两组）同时为高电平时，输出为低电平；当两组输入中各有一个低电平（或都为低电平）输入时，输出为高电平
"异或"门	输入相异输出为高，输入相同输出为低

3. 逻辑代数是用来描述逻辑函数的，它反映逻辑变量运算的规律。数字逻辑变量是用来表示逻辑关系的两个数值量，它的取值只有两种："0"和"1"。它代表不同的逻辑状态，而不是代表数量的大小。

4. 逻辑电路有多种表示方法：逻辑电路图、真值表、逻辑表达式、波形图、状态图、卡诺图等。其中最常用的是逻辑电路图、逻辑表达式、真值表三种方法。这三种表示方法之间可以互相转换。由真值表到逻辑电路图和由逻辑电路图到真值表的转换，直接涉及数字电路的分析和设计问题，因此它们之间的转换显得非常重要。

5. 逻辑函数的化简有公式法和卡诺图法两种。用公式法化简不仅需要熟练运用基本公式，而且要掌握一定的技巧。公式法是利用逻辑代数的公式、定理和规则来对逻辑函数进行化简，这种方法适用于各种复杂的逻辑函数；卡诺图法则是利用函数的卡诺图来对逻辑函数进行化简，这种方法简单直观，容易掌握。因此，要求掌握这两种逻辑函数化简方法和技巧。

思 考 与 练 习

1. 我们熟悉的十进制数的规律是：＿＿＿＿＿＿＿＿＿＿＿＿＿，而二进制数的规律则是：＿＿＿＿＿＿＿＿＿＿＿。

2. 十进制数 $(65)_D$ 转换为二进制数是（　　　　）$_B$。

3. 二进制数 $(10001)_B$ 转换成十进制数是（　　　　）$_D$。

4. 一个逻辑电路有 6 个输入端，则输入端不同的状态组合数目为＿＿＿＿个。

5. $A + \overline{A} =$ ＿＿＿＿＿，$A(A + B) =$ ＿＿＿＿＿。

6. 判断下列式子是否正确，正确的打"√"，错误的打"×"。

(1) $111 = 7$ 　　　　　　　　　　　　　　　　　　　　　　　　（　　　）

(2) $A + A = 1$ 　　　　　　　　　　　　　　　　　　　　　　　（　　　）

(3) $AA = 1$ 　　　　　　　　　　　　　　　　　　　　　　　　（　　　）

(4) $\overline{A + B} = \overline{A} \cdot \overline{B}$ 　　　　　　　　　　　　　　　　　　　　　　（　　　）

7. 从下列各选项中选出正确答案将编号填入括号中。

(1) 下列各式中正确的是（　　　）。

A. $A + CA = C$ 　　　　　　　　　　　B. $\overline{AB + \overline{A} \cdot \overline{B}} = A\overline{B} + \overline{A}B$

C. $\overline{AB} = \overline{A}\overline{B}$ 　　　　　　　　　　　　D. $\overline{A + B} = \overline{A} + \overline{B}$

(2) 下列逻辑代数的基本公式中正确的是（　　　）。

A. $A + \overline{A} = A$ 　　　　　　　　　　B. $A \cdot \overline{A} = 1$

C. $A \cdot A = 1$ 　　　　　　　　　　　　D. $A \cdot \overline{A} = 0$

(3) 下列表达式中错误的是（　　　）。

A. $A \cdot (A + B + C) = A$ 　　　　　　B. $\overline{A}B + \overline{A}BEF = \overline{A}B$

C. $\overline{E} + \overline{F} + EF = 1$ 　　　　　　　　D. $(A + B)(\overline{A} + B) = A$

(4) 化简 $A(\overline{A} + B) + B(B + C) + B$ 可得到（　　　）。

A. 1 　　　　　B. 0 　　　　　C. A 　　　　　D. B

8. 用卡诺图化简下列逻辑函数。

(1) $Y_{(A, B, C, D)} = \sum m(0, 2, 4, 6, 8, 9, 10, 11, 12, 13, 14, 15)$

(2) $Y_{(A, B, C, D)} = \sum m(1, 7, 8) + \sum d(3, 5, 9, 10, 12, 14, 15)$

(3) $Y_{(A, B, C)} = \sum m(0, 2, 4, 7)$

(4) $Y_{(A, B, C, D)} = \sum m(2, 6, 7, 8, 9, 10, 11, 13, 14, 15)$

(5) $Y_{(A, B, C, D)} = \sum m(1, 5, 6, 7, 11, 12, 13, 15)$

(6) $Y = \overline{ABC} + \overline{A}B\overline{C} + \overline{A}C$

(7) $Y = \overline{\overline{\overline{ABC} + A\overline{B}C + AB\overline{C}}}$

(8) $Y_{(A, B, C)} = \sum m(0, 1, 2, 3, 4) + \sum d(5, 7, 8)$

(9) $Y_{(A, B, C, D)} = \sum m(2, 3, 5, 7, 8, 9) + \sum d(10, 11, 12, 13, 14, 15)$

9. 画出逻辑表达式 $Y = (\overline{A} + \overline{B}) \cdot \overline{A \cdot B}$ 的逻辑电路图。

10. "与非"门的逻辑功能是什么?

11. "与或非"门的逻辑功能是什么?

第3章　逻辑门电路

本章导言

前面介绍了与、或、非、与非、或非等各种逻辑运算，这些运算关系都是用逻辑符号来表示的，而在工程中每一个逻辑符号都对应着一种电路，这种电路称为逻辑门电路。逻辑门电路是组合电路中的基本单元电路，通过对逻辑门电路的设计可以实现各种逻辑函数。

教学目标

(1) 掌握基本逻辑门电路的构成、逻辑功能和相应的逻辑符号。

(2) 了解集成 TTL 门电路的特点及参数。

(3) 了解集成 CMOS 门电路的特点及参数。

3.1　二极管和三极管的开关特性

数字电路中的二极管和三极管工作在开关状态。它们在脉冲信号的作用下，不是工作在饱和导通状态就是工作在截止状态，相当于开关的闭合状态和断开状态。

3.1.1　二极管的开关特性

在数字电路中，二极管工作在开关状态。

1. 二极管开关的动态特性

当二极管两端加正向电压时，二极管导通，如果管压降可忽略，二极管相当于一个闭合的开关；当二极管两端加反向电压时，二极管截止，如果反向电流忽略，二极管相当于一个断开的开关。

可见，二极管在电路中表现为一个受外加电压控制的开关，当外加电压为一脉冲信号时，二极管将随着脉冲电压的变化在“开”态与“关”态之间转换。这个转换过程就是二极管开关的动态特性。

2. 二极管开关的特性分析

给如图 3-1(a)所示的二极管电路加上一个方波信号，得到如图 3-1(b)和图 3-1(c)所示的理想开关特性。而实际上，二极管从正向导通转为反向截止，要经过一个反向恢复过程，如图 3-1(d)所示，图中 t_s 为存储时间，t_t 称为渡越时间，$t_{re} = t_s + t_t$ 称为反向恢复时间。

反向恢复过程是由二极管正向导通时的电荷存储效应引起的，反向恢复时间就是存储电荷消失所需要的时间，它的存在使二极管的开关速度受到限制。

同理，二极管从截止转为正向导通也需要时间，这段时间称为开通时间。开通时间比反向恢复时间要小得多，一般可以忽略不计。

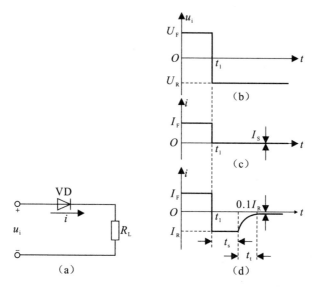

图 3-1　二极管开关的动态特性

3.1.2　三极管的开关特性

在不同电压条件下，三极管可进入三种工作状态：截止状态、放大状态和饱和状态。可见，如果给三极管加上脉冲信号，它就会时而截止，时而饱和导通。三极管在任意两种状态之间相互转换时，其内部电荷也有一个"消散"和"建立"的过程，也需要一定的时间。三极管开关的输入电压波形、理想的集电极电流波形和实际的集电极电流波形如图3-2所示。

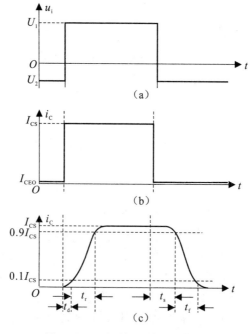

图 3-2　三极管开关的动态特性

三极管开关动态过程的参数如表 3－1 所示。

表 3－1 三极管开关动态过程的参数

名称	符号	意义
延迟时间	t_d	t_d 是从输入信号（v_i）正跳变的瞬间开始，到集电极电流（i_C）上升到 $0.1I_{CS}$ 所需的时间。 延迟时间是给发射结的结电容充电，使空间电荷区逐渐由宽变窄所需要的时间
上升时间	t_r	t_r 是集电极电流从 $0.1I_{CS}$ 上升到 $0.9I_{CS}$ 所需的时间。 上升时间是给发射结的扩散电容充电，即在基区逐渐积累电子，形成一定的浓度梯度所需的时间
存储时间	t_s	t_s 是从输入信号（v_i）下跳变的瞬间开始，到集电极电流（i_C）下降到 $0.9I_{CS}$ 所需的时间。 存储时间是消散超量存储电荷所需的时间
下降时间	t_f	t_f 集电极电流从 $0.9I_{CS}$ 下降到 $0.1I_{CS}$ 所需的时间。 下降时间是继续消散临界饱和状态时为建立浓度梯度而在基区中积累的电荷，即给发射结的扩散电容放电所需的时间
开通时间	t_{on}	$t_{on} = t_d + t_r$。开通时间反映了三极管从截止到饱和所需要的时间，这是建立基区电荷的时间
关闭时间	t_{off}	$t_{off} = t_s + t_f$。关闭时间反映了三极管从饱和到截止所需要的时间，是存储电荷消散的时间

三极管的开通时间和关闭时间总称为三极管的开关时间，一般为几个到几十纳秒。三极管的开关时间对电路的开关速度影响很大，开关时间越小，电路的开关速度越快。

3.2 基本逻辑门电路

能够实现逻辑运算的电路称为逻辑门电路。在用分立元件电路实现逻辑运算时，用输入端的电压或电平表示自变量，用输出端的电压或电平表示因变量。基本逻辑门电路包括与门、或门、非门(反相器)、与非门、或非门、异或门和同或门等门电路。此处只讨论常用的与门、或门、非门、与非门四种逻辑门电路。

3.2.1 二极管与门电路

二极管与门电路如图 3－3 所示，其工作情况如下：

(1) $U_A = U_B = 0$ V 时，VD_1 和 VD_2 都导通，则 $U_L \approx 0$ V。

(2) $U_A = 0$ V，$U_B = 5$ V 时，VD_1 导通，则 $U_L \approx 0$ V，VD_2 受反向电压而截止。

(3) $U_A = 5$ V，$U_B = 0$ V 时，VD_2 导通，则 $U_L \approx 0$ V，VD_1 受反向电压而截止。

(4) $U_A = U_B = 5$ V 时，VD_1 和 VD_2 都截止，$U_L = U_{CC} = 5$ V。

将上述结果进行归纳，按正逻辑体制，很容易看出该电路实现的逻辑运算为 $L = A \cdot B$。

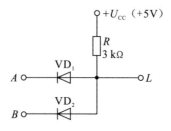

图 3-3   二极管与门电路

增加一个输入端和一个二极管，就可变成三输入端与门。以此类推，可构成更多输入端的与门。

3.2.2   二极管或门电路

二极管或门电路如图 3-4 所示。同理可分析出，该电路实现的逻辑运算为 $L = A + B$。同样，可用增加输入端和二极管的方法，构成有更多输入端的或门。

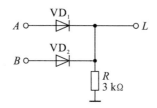

图 3-4   二极管或门电路

3.2.3   三极管非门电路

图 3-5 所示为由三极管组成的非门电路，又称反相器。设输入信号为 +5 V 或 0 V，此电路只有以下两种工作情况。

(1) $U_A = 0$ V 时，三极管的发射极电压小于死区电压，满足截止条件，所以三极管截止，$U_L = U_{CC} = 5$ V。

(2) $U_A = 5$ V 时，三极管的发射极正偏，三极管导通，只要合理选择电路参数，使基极电流满足饱和条件 $I_B > I_{BS}$（饱和电流），三极管就会工作于饱和状态，此时 $U_L = U_{CES} \approx 0$ V(0.3 V)。

此电路无论采用正逻辑体制还是负逻辑体制，都满足非运算的逻辑关系。

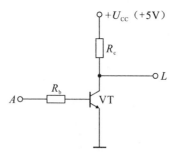

图 3-5   三极管非门电路

3.2.4 DTL 与非门电路

为了消除二极管门电路在串接时产生的电平偏离问题，提高该门电路带负载能力，常将二极管与门和或门与三极管非门组合起来，组成与非门和或非门电路，即 DTL 与非门电路，如图 3-6 所示。

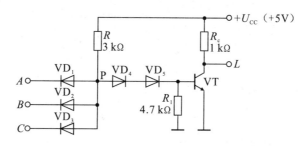

图 3-6 DTL 与非门电路

该电路的逻辑关系如下：

(1) 当 3 个输入端都接高电平(即 $U_A = U_B = U_C = 5$ V) 时，$VD_1 \sim VD_3$ 都截止，而 VD_4、VD_5 和 VT 导通。可以验证，此时三极管饱和，$U_L = U_{CES} \approx 0.3$ V，即输出低电平。

(2) 当 3 个输入端中有一个为低电平(0.3 V)时，阴极接低电平的二极管导通，由于二极管正向导通时的钳位作用，$U_P \approx 1$ V，从而使 VD_4、VD_5 和 VT 都截止，$U_L = U_{CC} = 5$ V，即输出高电平。

可见，该电路满足与非逻辑关系，即

$$L = \overline{A \cdot B \cdot C}$$

3.3 TTL 集成门电路

以双极型半导体管为基本元件，集成在一块硅片上，以实现一定逻辑功能的电路称为双极型数字集成电路。双极型数字集成电路中应用最多的一种是 TTL 电路，即三极管-三极管逻辑电路。

3.3.1 TTL 与非门的基本知识

1. TTL 与非门的结构和原理

认识和使用 TTL 与非门，就必须了解 TTL 与非门的结构和工作原理。

1) TTL 与非门的基本结构

图 3-7 所示为一个典型的 TTL 与非门电路。电路由输入级、中间级、输出级三部分组成。

(1) 输入级。输入级由 VT_1 和 R_{b1} 组成。VT_1 是一个多发射极三极管，可以把它看成是发射极独立而基极和集电极分别并联在一起的三极管。输入级采用多发射极三极管作与门，可以减少存储时间。

(2) 中间级。中间级由 VT_2 和 R_{c2}、R_{e2} 组成(组成倒相放大器)，输出两个相位相反的信号，驱动由 VT_3、VT_4 组成的推拉式输出级。它利用 VT_2 的放大作用，为输出管(VT_3)

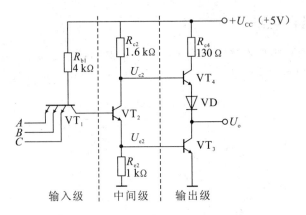

图 3-7 TTL 与非门电路

提供较大的基极电流，加速输出管的导通。

（3）输出级。输出级由 VT_3、VT_4、VD 和 R_{c4} 组成。三极管（VT_4）、二极管（VD）和 R_{c4} 组成 VT_3 的有源负载，互补工作，提高了输出级的带负载能力。

2）TTL 与非门的工作原理

因为该电路输出的高、低电平分别为 3.6 V 和 0.3 V，所以在下面的分析中也假设输入高、低电平分别为 3.6 V 和 0.3 V。

（1）输入全为高电平。输入全为高电平时，VT_2、VT_3 导通，$U_{b1} = 0.7 \text{ V} \times 3 = 2.1 \text{ V}$，从而使 VT_1 的发射极因反偏而截止。此时 VT_1 的发射极反偏，而集电极正偏，称为倒置放大工作状态。

由于 VT_3 饱和导通，输出电压为 $U_o = U_{CES3} \approx 0.3 \text{ V}$。这时 $U_{e2} - U_{b3} = 0.7 \text{ V}$，而 $U_{CE2} = 0.3 \text{ V}$，故有 $U_{c2} = U_{e2} + U_{CE2} = 1 \text{ V}$。1 V 的电压作用于 VT_4 的基极，使 VT_4 和二极管（VD）都截止。可见，此时该电路实现了与非门的逻辑功能之一：输入全为高电平时，输出为低电平。

输入全为高电平时，TTL 与非门工作情况如图 3-8 所示。

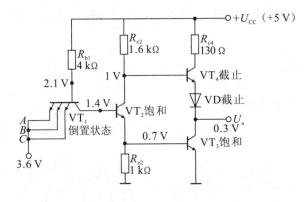

图 3-8 输入全为高电平时的工作情况

（2）输入有低电平。输入有低电平时，发射极导通，VT_1 的基极电位被钳位在 $U_{b1} = 1 \text{ V}$，VT_2、VT_3 都截止。由于 VT_2 截止，流过 R_{c2} 的电流仅为 VT_4 的基极电流，这个电流较小，在 R_{e2} 上产生的压降也较小，可以忽略，所以 $U_{b4} \approx U_{CC} = 5 \text{ V}$，使 VT_4 和 VD 导通，则有：

$$U_{o} \approx U_{CC} - U_{BE4} - U_{D} = 5\ \text{V} - 0.7\ \text{V} - 0.7\ \text{V} = 3.6\ \text{V}$$

可见，此时该电路实现了与非门的另一逻辑功能：输入有低电平时，输出为高电平。

输入有低电平时，TTL 与非门工作情况如图 3 - 9 所示。

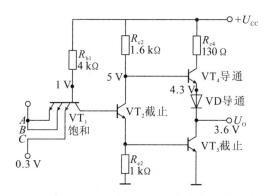

图 3 - 9　输入有低电平时的工作情况

综合上述两种情况可知，该电路是一个与非门电路。

2. TTL 与非门的主要外部工作特性

TTL 与非门的主要外部工作特性有电压传输特性、动态特性、输入特性和输出特性等，在此主要介绍电压传输特性和动态特性中的传输时间。

1）TTL 与非门的电压传输特性

TTL 与非门的电压传输特性是指 TTL 与非门的输出电压与输入电压之间的对应关系曲线，即 $U_{o} = f(U_{i})$，它反映了电路的静态特性。根据 TTL 与非门的电压传输特性所绘制的曲线称为 TTL 与非门的电压传输特性曲线，如图 3 - 10 所示。

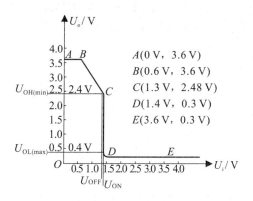

图 3 - 10　TTL 与非门的电压传输特性曲线

图 3 - 10 所示为 TTL 与非门的电压传输特性曲线，该曲线大致分为 4 个区。

（1）AB 段（截止区），输出电压（U_{o}）基本不随输入电压（U_{i}）变化。

（2）BC 段（线性区），输出电压下降。

（3）CD 段（过渡区），输出由高电平转换为低电平。此区中点对应的输入电压称为阈值电压或门槛电压（U_{TH}）。

（4）DE 段（饱和区），U_{o} 不变化。

2）TTL 与非门的传输时间

电路输入电平跳变后，TTL 与非门电路的输出状态从一种稳态过渡到另一种稳态，此过程的快慢是影响电路开关速度的主要因素。当与非门输入一个脉冲波形时，其输出波形有一定的延迟，如图 3-11 所示。

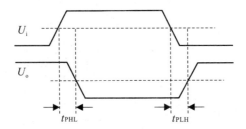

图 3-11　TTL 与非门的传输时间

图 3-11 中，t_{PHL}（导通延迟时间）是指从输入波形上升沿的中点到输出波形下降沿的中点所经历的时间，t_{PLH}（截止延迟时间）是指从输入波形下降沿的中点到输出波形上升沿的中点所经历的时间。与非门的 t_{Pd}（平均传输延迟时间）是 t_{PHL} 和 t_{PLH} 的平均值，即

$$t_{Pd} = \frac{t_{PHL} + t_{PLH}}{2}。$$

一般地，TTL 与非门的 t_{Pd} 的值为几至十几纳秒。

3. TTL 与非门电路的主要参数

TTL 门电路的参数是使用门电路的重要依据。下面介绍 TTL 与非门电路主要参数的物理意义，其他门电路的参数意义也大致相同。

1）输出高电平

与非门的一个或几个输入端接地，门电路处于截止状态，这时的输出电平称为输出高电平（U_{OH}）。U_{OH} 的理论值为 3.6 V，带额定负载时要求 $U_{OH} \geqslant 3$ V，产品规范规定 $U_{OH} \geqslant 2.4$ V。

2）输出低电平

与非门的输入全为高电平时，门电路处于饱和导通状态，这时的输出电平称为输出低电平（U_{OL}）。U_{OL} 的理论值为 0.3 V，带额定负载时要求 $U_{OL} \leqslant 0.35$ V，产品规范规定 $U_{OL} \leqslant 0.4$ V。

由上述规定可以看出，TTL 门电路的输出高、低电平都不是一个值，而是一个范围。

3）关门电平电压

输出电平下降到 U_{OH}(min) 时对应的输入电压为关门电平电压，即输入低电压的最大值，在产品手册中常称为输入低电平电压（U_{OFF}）。产品规范规定 $U_{OFF} = 0.8$ V，典型值为 1 V。

4）开门电平电压

额定负载下，输出电压下降到 U_{OL}(max) 时所需的最低输入电压为开门电平电压，在产品手册中常称为输入高电平电压 U_{ON}。从电压传输特性曲线上可以看出，（U_{ON}）略大于 1.3 V，产品规范规定 $U_{ON} < 2$ V。

5）阈值电压

阈值电压（U_{TH}）是决定电路截止和导通的分界线，也是决定输出高、低电平的分界线。

U_{TH} 是一个很重要的参数，在近似分析和估算时，常把它作为决定与非门工作状态的关键值，即 $U_i < U_{TH}$，与非门开门，输出低电平；$U_i > U_{TH}$，与非门关门，输出高电平。U_{TH} 又常被形象地称为门槛电压。U_{TH} 的值为 $1.3 \sim 1.4 \text{ V}$。

　　6) 噪声容限

　　TTL 门电路的输出高、低电平不是一个值，而是一个范围。同样，它的输入高、低电平也有一个范围，即它的输入信号允许有一定的容差，称为噪声容限，如图 3-12 所示。

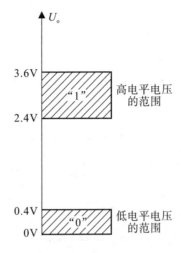

图 3-12　噪声容限

　　如图 3-13 所示，若前一个门 G_1 输出为低电平，则后一个门 G_2 输入也为低电平。如果由于某种干扰，使 G_2 的输入低电平高于输出低电平的最大值 $U_{OL(max)}$，从电压传输特性曲线上看，只要这个值不大于 U_{OFF}，G_2 的输出电平仍大于 $U_{OH(min)}$，即逻辑关系仍是正确的。因此在输入低电平时，把关门电平 (U_{OFF}) 与 $U_{OL(max)}$ 之差称为低电平噪声容限，用 U_{NL} 来表示，即 $U_{NL} = U_{OFF} - U_{OL(max)} = 0.8 \text{ V} - 0.4 \text{ V} = 0.4 \text{ V}$。

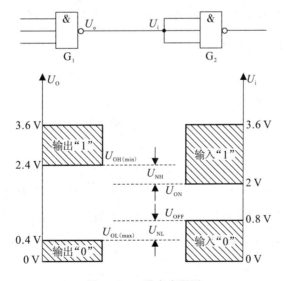

图 3-13　噪声容限图

若前一个门 G_1 输出为高电平，则后一个门 G_2 输入也为高电平。如果由于某种干扰，使 G_2 的输入低电平低于输出高电平的最小值 $U_{OH(min)}$，从电压传输特性曲线上看，只要这个值不小于 U_{ON}，G_2 的输出电平仍小于 $U_{OL(max)}$，即逻辑关系仍是正确的。因此在输入高电平时，把 $U_{OH}(min)$ 与开门电平（U_{ON}）之差称为高电平噪声容限，用 U_{NH} 来表示，即 $U_{NH} = U_{OH(min)} - U_{ON} = 2.4\ V - 2.0\ V = 0.4\ V$。

噪声容限表示门电路的抗干扰能力。噪声容限越大，电路的抗干扰能力越强。

7）**扇出系数**

在保证电路正常逻辑特性的条件下，一个与非门能够负载同类与非门的最大数目，称为扇出系数，用 N_O 表示。对典型电路，$N_O > 8$。

（1）灌电流负载。当驱动门输出低电平时，电流从负载门灌入驱动门，"灌电流"由此得名，如图 3-14 所示。

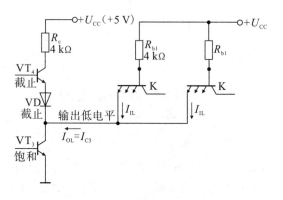

图 3-14　带灌电流负载

很显然，负载门的个数增加，灌电流增大，会使 VT_3 脱离饱和，输出低电平升高。前面提到过输出低电平不得高于 $U_{OL(max)} = 0.4\ V$，因此，把输出低电平时允许灌入输出端的电流定义为输出低电平电流（I_{OL}），这是门电路的一个参数，产品规范规定 $I_{OL} = 16\ mA$。由此可得，输出低电平时能驱动同类门的个数为 $N_{OL} = \dfrac{I_{OL}}{I_{IL}}$，其中 N_{OL} 为输出低电平时的扇出系数。

（2）拉电流负载。当驱动门输出高电平时，电流从驱动门的 VT_4、VD 拉出而流至负载门的输入端，"拉电流"由此得名。拉电流既是驱动门 VT_4 的发射极电流（I_{e4}），同时又是负载门的输入高电平电流（I_{IH}），如图 3-15 所示。负载门的个数增加，拉电流增大，R_{C4} 上的压降增加。当 I_{e4} 增加到一定的数值时，VT_4 进入饱和，输出高电平降低。前面提到过输出高电平不得低于 $U_{OH(min)} = 2.4\ V$，因此，把输出高电平时允许拉出输出端的电流定义为输出高电平电流（I_{OH}），这也是门电路的一个参数，产品规范规定 $I_{OH} = 0.4\ mA$。由此可得，输出高电平时所能驱动同类门的个数为 $N_{OH} = \dfrac{I_{OH}}{I_{IH}}$，其中 N_{OH} 称为输出高电平时的扇出系数。

一般情况下，$N_{OL} \neq N_{OH}$，常取两者中的较小值作为门电路的扇出系数。

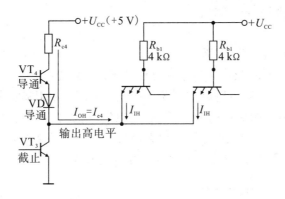

图 3 - 15 带拉电流负载

8) 平均传输延迟时间

平均传输延迟时间(t_{Pd})是反应门电路开关速度的重要参数。t_{Pd} 越小,电路开关性能越好。

3.3.2 TTL 门电路集成芯片介绍

TTL 集成门电路除了与非门,还有与门、或门、或非门、异或门、集电极开路门(OC 门)和三态门等,形成了多种系列,可以灵活地构成各种逻辑功能的数字系统。在此将对集成 TTL 门电路系列作一简单介绍。

1. TTL 集成逻辑门电路系列简介

常见的 TTL 集成逻辑门系列有 74 系列和 54 系列,这两个系列的功能相同,但 54 系列的电源电压和环境温度范围较宽,两者数据对比如表 3 - 2 所示。

表 3 - 2 74 系列、54 系列数据对比

名　　称	电源电压	环境温度范围
74 系列	$5 \times (1 \pm 5\%) V$	$0 \sim 70℃$
54 系列	$5 \times (1 \pm 10\%) V$	$-550 \sim 125℃$

1) 74/54 系列

74/54 系列又称标准 TTL 系列,属中速 TTL 器件,其平均传输延迟时间约为 10 ns,平均功耗约为 10 mW/ 门。

2) 74L/54L 系列

74L/54L 系列为低功耗 TTL 系列,又称 LTTL 系列。可用增加电阻阻值的方法将电路的平均功耗降低为 1 mW/ 门,但平均传输延迟时间较长,约为 33 ns。

3) 74H/54H 系列

74H/54H 系列为高速 TTL 系列,又称 HTTL 系列。该系列的平均传输延迟时间为 6 ns,平均功耗约为 22 MW/ 门。与 74/54 标准系列相比,74H/54H 电路结构上主要作了以下两点改进:

(1) 输出级采用了达林顿结构,进一步减小了门电路输出高电平时的输出电阻,提高了带负载能力,加快了对负载电容的充电速度。

(2) 所有电阻的阻值降低为将近原来的一半,缩短了电路中各节点电位的上升时间和

下降时间,加速了三极管的开关过程。

4)745/545系列

745/545系列为肖特基TTL系列,又称STTL系列。图3-16所示为74S00与非门的电路,与74系列与非门相比较,74S系列电路具有以下特点。

(1)输出级采用了达林顿结构,同样有利于提高速度,也提高了负载能力。

(2)采用了抗饱和三极管(肖特基三极管,如图3-17所示),提高了工作速度。

(3)用VT_6、R_{b6}、R_{c6}组成的有源泄放电路代替了74H系列中的R_{e2},有源泄放电路缩短了门电路的输出延迟时间,改善了门电路的电压传输特性。

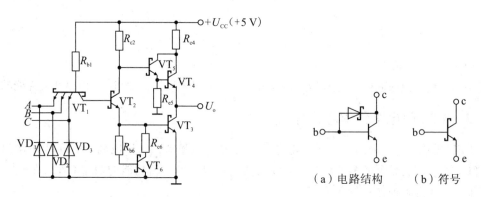

图3-16 74S00与非门的电路   图3-17 抗饱和三极管

另外,输入端的3个二极管(VD_1、VD_2、VD_3)用于抑制输入端出现的负向干扰,起保护作用。由于采取了上述措施,74S系列的延迟时间缩短为3 ns,但电路的平均功耗较大,约为19 mW/门。

5)74LS/54LS系列

74LS/54LS系列为低功耗肖特基系列,又称LSTTL系列。电路中采用了抗饱和三极管和专门的肖特基二极管来提高工作速度,同时通过加大电路中电阻的阻值来降低电路的功耗,从而使电路既具有较高的工作速度,又有较低的平均功耗。其平均传输延迟时间为9 ns,平均功耗约为2 mW/门。

6)74AS/54AS系列

74AS/54AS系列为先进肖特基系列,又称ASTTL系列,是74S系列的后继产品,在74S系列的基础上大大降低了电路中的电阻阻值,从而提高了工作速度。其平均传输延迟时间为1.5 ns,但平均功耗较大,约为20 mW/门。

7)74ALS/54ALS系列

74ALS/54ALS系列为先进低功耗肖特基系列,又称ALSTTL系列,是74LS系列的后继产品,在74LS系列的基础上通过增大电路中的电阻阻值、改进生产工艺和缩小内部器件的尺寸等措施,降低了电路的平均功耗,提高了工作速度。其平均传输延迟时间为4 ns,平均功耗约为1 mW/门。

2. TTL与非门举例(以7400型为例)

7400是一种典型的TTL与非门器件,内部含有4个2输入端与非门,共有14个引脚,引脚排列图如图3-18所示。

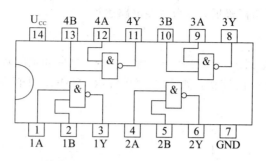

图 3-18 7400 引脚排列图

3.4 CMOS 集成门电路

MOS 逻辑门电路是继 TTL 电路之后发展起来的另一种应用广泛的数字集成电路,具有制造工艺简单,没有电荷存储效应,输入阻抗高,功耗低等特点,在大规模和超大规模集成电路领域中占主导地位。就其发展趋势看,MOS 电路特别是 CMOS 电路有可能超越 TTL 电路成为占统治地位的逻辑器件。

CMOS 集成门电路是以增强型 P 沟道 MOS 管、增强型 N 沟道 MOS 管串联互补(反相器)和并联互补(传输门)为基本单元的组件,因此称为互补型 MOS 器件。

3.4.1 CMOS 非门

CMOS 逻辑门电路由 N 沟道 MOSFET 和 P 沟道 MOSFET 互补而成,通常称为互补型 MOS 逻辑电路,简称 CMOS 逻辑电路。

CMOS 非门电路如图 3-19 所示。要求电源 U_{DD} 大于两管开启电压绝对值之和,即 $U_{DD} > (U_{VT_N} + |U_{VT_P}|)$。

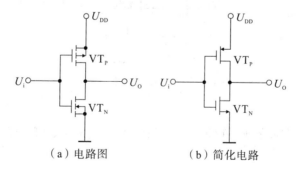

（a）电路图   （b）简化电路

图 3-19 CMOS 非门电路

1. 逻辑关系

(1) 当输入为低电平,即 $U_i = 0$ V 时,VT_N 截止,VT_P 导通,VT_N 的截止电阻约为 500 MΩ,VT_P 的导通电阻约为 750 Ω,所以输出 $U_o \approx U_{DD}$,即 U_o 为高电平。

(2) 当输入为高电平,即 $U_i = U_{DD}$ 时,VT_N 导通,VT_P 截止,VT_N 的导通电阻约为 750 Ω,VT_P 的截止电阻约为 500 MΩ,所以输出 $U_o \approx 0$ V,即 U_o 为低电平。

综上所述,该电路实现了非逻辑,而且无论电路处于何种状态,VT_N、VT_P 中总有一个截止，所以它的静态功耗极低，有微功耗电路之称。

2. 工作速度

由于 CMOS 非门电路工作时总有一个管子导通，且导通电阻较小，所以当带电容负载时，给电容充电和放电都比较快，如图 3 - 20 所示。CMOS 非门的平均传输延迟时间约为 10 ns。

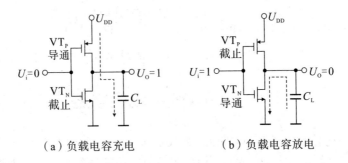

（a）负载电容充电　　　　　　（b）负载电容放电

图 3 - 20　CMOS 非门带电容负载的情况

3.4.2　其他 CMOS 门电路

下面介绍其他 CMOS 门电路。

1. CMOS 与非门

将两个 CMOS 反相器的负载管并联，驱动管串联，可得到与非门电路，如图 3 - 21 所示。

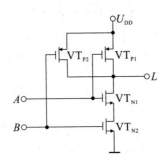

图 3 - 21　CMOS 与非门电路

2. CMOS 或非门

将两个 CMOS 反相器的驱动管并联，负载管串联，可得到或非门电路，如图 3 - 22 所示。

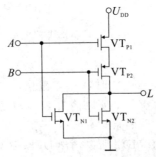

图 3 - 22　CMOS 或非门电路

3. 带缓冲级的门电路

图 3-21 和图 3-22 所示为 CMOS 与非门和或非电路，当输入端数目增加时，对于与非门电路来说，串联的 NMOS 管数目要增加，并联的 PMOS 管数目也要增加，这样会引起输出低电平变高；对于或非门电路来说，并联的 NMOS 管数目要增加，串联的 PMOS 管数目也要增加，这样会引起输出高电平变低。

为了稳定输出高低电平，在目前生产的 CMOS 门电路的输入、输出端分别加了反相器作缓冲级，图 3-23 所示为带缓冲级的二输入端与非门电路。图中 VT_1 和 VT_2、VT_3 和 VT_4、VT_9 和 VT_{10} 分别组成 3 个反相器，VT_5、VT_6、VT_7、VT_8 组成或非门，经过逻辑变换，有

$$\overline{\overline{A}+\overline{B}} = \overline{A \cdot B}$$

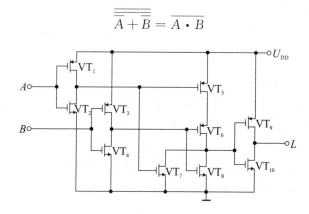

图 3-23　带缓冲级的二输入端与非门电路

3.4.3　CMOS 逻辑门电路系列

CMOS 集成电路诞生于 20 世纪 60 年代末，通过不断改进制造工艺，从总体上说，其技术参数已经达到或接近 TTL 电路的水平，其中功耗、噪声容限、扇出系数等参数都优于 TTL 电路。CMOS 集成电路主要有以下几个系列。

1. 基本的 CMOS 4000 系列

CMOS 4000 系列是早期的 CMOS 集成逻辑门产品，工作电源电压范围为 3~18 V。它具有功耗低、噪声容限大、扇出系数大等优点，缺点是工作速度较低，平均传输延迟时间为几十纳秒，最高工作频率小于 5 MHz。

2. 高速的 CMOS HC 系列与 TTL 电路兼容的高速 CMOS HCT 系列

为减小影响 MOS 管开关速度的寄生电容，CMOS HC/HCT 系列电路主要从制造工艺上作了改进，大大提高了工作速度。其平均传输延迟时间小于 10 ns，最高工作频率可达 50 MHz。HC 系列的电源电压范围为 2~6 V。HCT 系列的主要特点是与 TTL 器件电压兼容，电源电压范围为 4.5~5.5 V，其输入电压参数为 $U_{IH(min)} = 2.0\,V$；$U_{IL(max)} = 0.8\,V$，与 TTL 电路完全相同。另外，CMOS HC/HCT 系列与 74LS 系列的产品，只要最后 3 位数字相同，则两种器件的逻辑功能、外形尺寸、引脚排列顺序也完全相同，这样就为以 CMOS 产品代替 TTL 产品提供了方便。

3. 先进的 CMOS AC/ACT 系列

CMOS AC/ACT 系列的工作频率得到了进一步的提高，同时保持了 CMOS 超低功耗的特点，AC 系列的电源电压范围为 $1.5 \sim 5.5$ V。其中 ACT 系列与 TTL 器件电压兼容，电源电压范围为 $4.5 \sim 5.5$ V。AC/ACT 系列的逻辑功能、引脚排列顺序等都与同型号的 HC/HCT 系列完全相同。

3.5　知识拓展

3.5.1　其他类型 TTL 门电路

这里主要介绍集电极开路门（OC 门）和三态输出门（TS）电路。

1. 集电极开路门

1）集电极开路门的电路结构

虽然推拉式输出电路结构具有带负载能力很强的优点，但是使用时有一定的局限性。

首先，推拉式输出电路的输出端不能并联使用。由图 3 - 24 可见，门 1 的输出为高电平，而门 2 输出的是低电平，当这两个门的输出端并联以后，必然有很大的电流同时流过这两个门的输出级，而且电流的数值远远超过正常的工作电流，可能使门电路损坏。同时，输出端也呈现不高不低的电平，不能实现应有的逻辑功能。

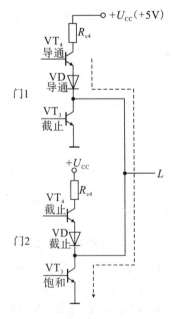

图 3 - 24　推拉式输出级并联的情况

其次，在采用推拉式输出级的门电路中，电源一经确定（通常规定为 5 V），输出的高电平也就固定了，因而无法满足对不同输出高电平的需要。

集电极开路门（OC 门）电路就是为克服以上局限性而设计的一种 TTL 门电路。OC 门的输出级是集电极开路的。

图 3-25 所示为一个集电极开路的 TTL 与非门的电路。图 3-26 所示为集电极开路的 TTL 与非门的逻辑符号，其中"◇"表示集电极开路。

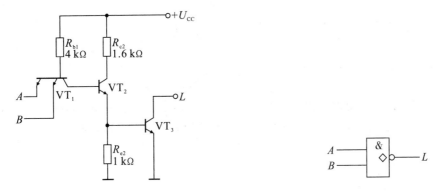

图 3-25 集电极开路的 TTL 与非门的电路 　　 图 3-26 集电极开路的 TTL 与非门的逻辑符号

最后需要强调的是，集电极开路门（OC 门）必须外接集电极负载电阻，才能实现与非门的逻辑功能。

2）集电极开路门的应用

（1）OC 门的输出端并联，实现线与功能。图 3-27 所示电路是两个集电极开路门（OC门）并联使用的实例。R_P 为外接负载电阻。

从图 3-27 可以看出，$L_1 = \overline{AB}$、$L_2 = \overline{CD}$，但 L_1 和 L_2 并联之后，只要 L_1 和 L_2 中有一个是低电平，L 就是低电平；只有 L_1 和 L_2 都为高电平时，L 才是高电平。可见，$L = L_1 \cdot L_2$，L 和 L_1、L_2 之间的连接方式称为"线与"。显然有：

$$L = L_1 \cdot L_2 = \overline{AB} \cdot \overline{CD}$$
$$= \overline{AB + CD}$$

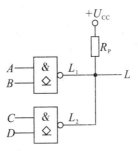

图 3-27 OC 门的输出端并联实现线与功能

也就是说，将两个 OC 门结构的与非门按照线与方式连接之后可以实现与或非逻辑功能。

可以将若干个 OC 门的输出端并联使用，但应考虑各种情况，选择好 R_P 的阻值。

（2）用 OC 门实现电平转换。图 3-28 所示为一个用 OC 门实现电平转换的电路。由于外接负载电阻（R_P）接 +10 V 电源电压，从而使门电路的输出高电平转换为 +10 V。但是，应当强调的是，应该选用输出管耐压比较高的 OC 门电路，否则会因为电压过高造成输出管损坏。

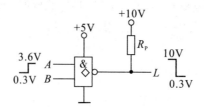

图 3-28　用 OC 门实现电平转换的电路

（3）用 OC 门连接外部电路。OC 门的输出可以连接其他的外部电路，如继电器、脉冲变压器、指示灯、发光二极管。图 3-29 所示为用 OC 门驱动发光二极管的电路。

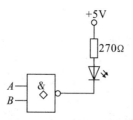

图 3-29　用 OC 门驱动发光二极管的电路

2. 三态输出门

三态输出门（TS 门）是在普通门的基础上附加控制电路而构成的。三态输出门的电路图及逻辑符号如图 3-30 和图 3-31 所示。

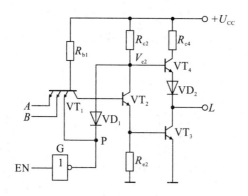

图 3-30　三态输出门的电路图

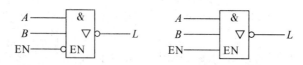

（a）低电平有效的逻辑符号　　（b）高电平有效的逻辑符号

图 3-31　三态输出门电路的逻辑符号

从图 3-30 中可以看出，当控制端（EN）为低电平时，P 点为高电平，二极管（VD_1）截止，电路的工作状态和普通的与非门没有区别，$L = \overline{AB}$，输出的状态由 A、B 的输入状态决定。但是当控制端(EN)为高电平时,P 点为低电平,二极管(VD$_1$)导通,使得 VT$_3$ 和 VT$_4$ 均截止,输出端呈现高阻状态。这样,门电路的输出就有三种可能出现的状态,即高电平、低电平、高阻,因此这种门电路叫做三态输出门。

三态输出门在计算机总线结构中有着广泛的应用,用来实现总线的传输,如图 3-32 所示。图 3-32 中 G$_1$、G$_2$、G$_3$ 均为控制端高电平有效的三态输出与非门。只要保证各门的控制端(EN)轮流为高电平,且在任何时刻只有一个门的控制端为高电平,就可以将各门的输出信号互不干扰地轮流送到公共的传输线上,即数据总线上。

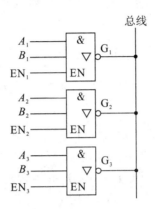

图 3-32 用三态输出门实现总线传输

3.5.2 集成门电路输入、输出的处理

在数字系统中,往往由于工作速度或者功耗指标的要求,需要采用多种逻辑器件混合使用,这样就涉及输入和输出的处理问题。

1. TTL 和 CMOS 电路带负载时的接口问题

在工程实践中,常常需要用 TTL 或 CMOS 电路去驱动指示灯、发光二极管(LED)和继电器等负载。

对于电流较小、电平能够匹配的负载,可以直接驱动。图 3-33(a)所示为用 TTL 门电路驱动发光二极管(LED),这时只要在电路中串接一个约几百欧姆的限流电阻即可。图 3-33(b)所示为用 TTL 门电路驱动 5 V 低电流继电器,其中二极管(VD)起保护作用,用于防止过电压。

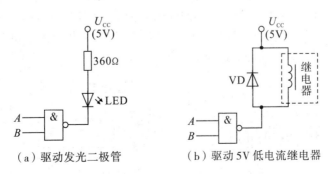

(a)驱动发光二极管　　　　　(b)驱动5V 低电流继电器

图 3-33 门电路带小电流负载

如果负载电流较大，可将同一芯片上的多个门并联作为驱动器，如图 3-34(a)所示；也可在门电路输出端接三极管，以提高负载能力，如图 3-34(b)所示。

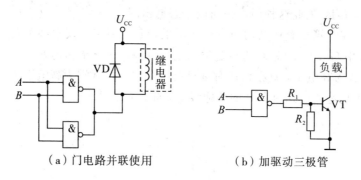

（a）门电路并联使用　　　　　　　　（b）加驱动三极管

图 3-34　门电路带大电流负载

2. 多余输入端的处理

在使用集成门电路时，对多余的输入端可按下述几种方法进行处理。

（1）对于与非门及与门，多余输入端应接高电平，例如，直接接电源正端，如图 2-35(a)所示，或通过一个上拉电阻(1～3 kΩ)接电源正端；在前级驱动能力允许时，也可与有用的输入端并联使用，如图 3-35(b)所示。

（2）对于或非门及或门，多余输入端应接低电平，例如，直接接地，如图 3-36(a)所示；也可以与有用的输入端并联使用，如图 3-36(b)所示。

（a）　　　　　　（b）　　　　　　　　　　（a）　　　　　　（b）

图 3-35　与非门多余输入端的处理　　　　　　　图 3-36　或非门多余输入端的处理

（3）MOS 门的输入端不可悬空，只能将其接 $+U_{CC}$。

3.6　常用集成门电路

如前所述，集成门电路主要有 54/74 系列和 CMOS 4000 系列，其引脚排列有一定规律，一般为双列直插式。若将电路芯片如图 3-37(a)放置，缺口向左，按图 3-37(b)正视图观察，则引脚编号由小到大按逆时针排列，其中 U_{CC} 为上排最左引脚（引脚编号最大），GND 为下排最右引脚（引脚编号为最大编号的一半）。

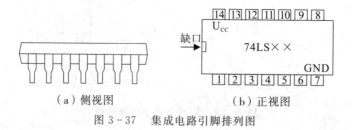

（a）侧视图　　　　　　　　　（b）正视图

图 3-37　集成电路引脚排列图

集成门电路通常在一片芯片中集成多个门电路。常用集成门电路主要有以下几种形式：

（1）2 输入端 4 门电路，即每片集成电路内部有 4 个独立的功能相同的门电路，每个门电路有 2 个输入端。

（2）3 输入端 3 门电路，即每片集成电路内部有 3 个独立的功能相同的门电路，每个门电路有 3 个输入端。

（3）4 输入端 2 门电路，即每片集成电路内部有 2 个独立的功能相同的门电路，每个门电路有 4 个输入端。

为便于认识和熟悉这些集成门电路，下面选择其中一些常用典型芯片进行介绍。

1. 与门和与非门

与门和与非门常用典型芯片有 2 输入端 4 与非门 74LS00、2 输入端 4 与门 74LS08、3 输入端 3 与非门 74LS10、4 输入端 2 与非门 74LS20、8 输入端与非门 74LS30 和 CMOS 2 输入端 4 与非门 CC 4011。其引脚排列如图 3 - 38 所示。

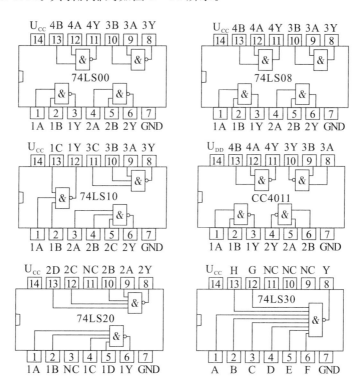

图 3 - 38　常用集成与门和与非门电路引脚排列图

2. 或门和或非门

或门和或非门常用典型芯片有 2 输入端 4 或非门 74LS02、2 输入端 4 或门 74LS32、3 输入端 3 或非门 74LS27 和 CMOS 2 输入端 4 或非门 CC 4001、4 输入端 2 或非门 CC 4002、3 输入端 3 或门 CC 4075。其引脚排列如图 3 - 39 所示。

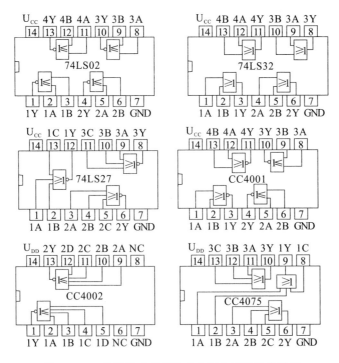

图 3 - 39　常用集成或门和或非门电路引脚排列图

3. 与或非门

74LS54 为 4 路与或非门，其引脚排列如图 3 - 40 所示。内部有 4 个与门，其中两个与门为 2 输入端，另两个与门为 3 输入端，四个与门再输入到一个或非门。

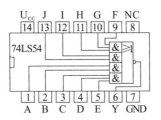

图 3 - 40　与或非门 74LS54

4. 异或门和同或门

74LS86 为 2 输入端 4 异或门，其引脚排列如图 3 - 41 所示。CC4077 为 2 输入端 4 同或门，其引脚排列如图 3 - 42 所示。

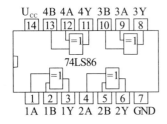

图 3 - 41　异或门 74LS86

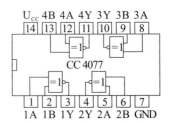

图 3 - 42　同或门 CC4077

5. 反相器

TTL 6 反相器 74LS04 和 CMOS 6 反相器 CC 4069 的引脚排列相同，内部有 6 个非门，如图 3 – 43 所示。

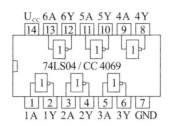

图 3 – 43 TTL6 反相器

上述列举的 74LS 系列和 CMOS 4000 系列门电路芯片表明，门电路品种繁多，应用时可根据需要选择实用芯片构成所需功能电路。

本 章 小 结

（1）在数字电路中，二极管、三极管一般都工作在开关状态，即工作于导通（饱和）和截止两个对立的状态，可用逻辑 1 和逻辑 0 来表示。影响其开关特性的主要因素是管子内部电荷存储和消散的时间。

（2）二极管、三极管组成的分立元件门电路（与门、或门和非门电路）是最简单的门电路，它们是集成逻辑门电路的基础。

（3）目前普遍使用的数字集成电路主要有两大类：一类由 NPN 型三极管组成，简称 TTL 集成电路；另一类由 MOSFET 组成，简称 MOS 集成电路。

（4）TTL 集成逻辑门电路的输入级采用多发射极三极管，输出级采用达林顿结构，这不仅提高了门电路的开关速度，也使电路有较强的驱动负载的能力。

（5）由增强型 N 沟道和 P 沟道 MOSFET 互补构成的 CMOS 门电路，与 TTL 门电路相比，其优点是功耗低，扇出系数大（带负载能力强），噪声容限大，开关速度与 TTL 门电路接近，已成为数字集成电路的发展方向。

（6）由于推拉式输出电路的输出端不能并联使用，同时电源一经确定（通常规定为 5 V），输出的高电平也就固定了，因而无法满足对不同输出高电平的需要，为此设计了集电极开路门（OC 门）。为了实现电路输出的高电平、低电平、高阻三种状态，设计了三态输出门。

（7）为了更好地使用数字集成芯片，应熟悉 TTL 和 CMOS 各个系列产品的外部电气特性及主要参数，还应能正确处理多余输入端，能正确解决不同类型电路间的接口问题及抗干扰问题。

思 考 与 练 习

一、填空题

1. 具有基本逻辑关系的电路称为_____，其中最基本的有_____、_____和非门。

2. 具有"相异出 1，相同出 0"功能的逻辑门是_____门，它的反是_____门。

3. 数字集成门电路按元件的不同可分为 TTL 和 CMOS 两大类。其中 TTL 集成门电路是_____型，CMOS 集成门电路是_____型。集成门电路芯片中，74LS 系列芯片属于_____型集成门电路，CC40 系列芯片属于_____型集成门电路。

4. 功能为"有 0 出 1，全 1 出 0"的门电路是_____门；具有"_____"功能的门电路是或门；实际中集成的_____门的应用最为普遍。

5. 普通的 TTL 与非门具有_____结构，输出只有_____和_____两种状态；经过改造后的三态输出门除了具有_____态和_____态，第三种状态是_____态。

6. 使用_____门可以实现总线结构；使用_____门可实现"线与"逻辑。

7. 一般 TTL 集成门电路和 CMOS 集成门电路相比，_____集成门电路的带负载能力强，_____集成门电路的抗干扰能力强；_____集成门电路的输入端通常不可以悬空。

8. 一个_____管和一个_____管并联时可构成一个传输门，其中两管源极相接作为_____端，两管漏极相连作为_____端，两管的栅极作为_____端。

9. 具有集成结构的 TTL 集成门电路，同一芯片上的输出端，不允许_____联使用同一芯片上的 CMOS 集成门电路，输出端可以_____联使用，但不同芯片上的 CMOS 集成门电路上的输出端是不允许_____联使用的。

10. TTL 门输入端口为_____逻辑关系时，多余的输入端可_____处理；TTL 门输入端口为_____逻辑关系时，多余的输入端应接_____电平；CMOS 门输入端口为"与"逻辑关系时，多余的输入端应接_____电平，具有"或"逻辑端口的 CMOS 门的多余的输入端应接_____电平，即 CMOS 门的输入端不允许_____。

二、判断题

1. 74 系列集成芯片是双极型的，CC40 系列集成芯片是单极型的。（　　）

2. 三态输出门可以实现"线与"功能。（　　）

三、选择题

1. 具有"有 1 出 0，全 0 出 1"功能的逻辑门是（　　）。

A. 与非门　　　　　　　　　　　B. 或非门

C. 异或门　　　　　　　　　　　D. 同或门

2. 一个两输入端的门电路，当输入为 1 和 0 时，输出不是 1 的门是（　　）。

A. 与非门　　　　　　　　　　　B. 或门

C. 或非门　　　　　　　　　　　D. 异或门

3. 多余输入端可以悬空使用的门是（　　）。

A. 与门　　　　　　　　　　　　B. TTL 与非门

C. CMOS 与非门　　　　　　　　D. 或非门

四、分析题

1. 二极管门电路和输入波形如图 3-44 所示,画出输出端 F_1 和 F_2 的波形。设二极管是理想的。

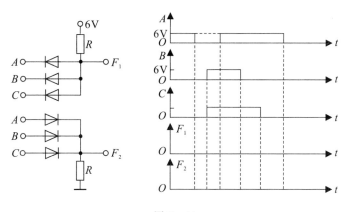

图 3-44

2. 试用与非门、或非门、与或非门和异或门实现非门功能,画出逻辑电路。

3. TTL 门电路中,哪个有效地解决了"线与"问题? 哪个可以实现"总线"结构?

4. 图 3-45 所示为 U_A、U_B 两输入端门的输入波形,试画出对应下列门的输出波形。

门名称	输 出 波 形
与门	
与非门	
或非门	
异或门	

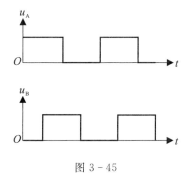

图 3-45

第4章　组合逻辑电路

本章导言

有了逻辑代数和基本逻辑门电路的基础知识，就可以自己动手设计一些简单的逻辑电路了。逻辑电路又分为组合逻辑电路和时序逻辑电路。本章只介绍几种组合逻辑电路的分析和设计方法，通过学习之后就可以设计出简单的各种逻辑电路。

教学目标

(1) 理解组合逻辑电路的定义和特点。

(2) 掌握编码器、译码器、数据选择器等常用组合逻辑电路的工作原理。

(3) 掌握组合逻辑电路的基本分析和设计方法。

(4) 能够采用集成译码器、集成数据选择器等器件设计组合逻辑电路。

前面学习了基本逻辑门，而在实际应用时，还要将这些逻辑门进行组合，比如，在数字计算系统中使用的编码器、译码器、数据分配器等就是比较复杂的组合门电路。而组合逻辑电路通常使用集成电路产品。无论是简单或复杂的组合门电路，它们都遵循各组合门电路的逻辑函数因果关系。

数字电路可分为两大类：一类是组合逻辑电路，也称组合电路；另一类是时序逻辑电路，也称时序电路。本章将运用数字电路的基础知识对组合逻辑电路进行分析和设计。

4.1　组合逻辑电路的定义及分析与设计方法

1. 组合逻辑电路的特点

组合逻辑电路的特点是，任何时刻的输出状态，直接由当时的输入状态决定。也就是说，组合逻辑电路不具备记忆功能，输出与输入信号作用前的电路状态无关，即电路的输出状态不影响输入状态，电路的过去状态不影响现在的输出状态。其组合逻辑电路结构如图 4-1 所示。

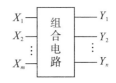

图 4-1　组合逻辑电路结构

所以，组合逻辑电路的输出状态与输入状态呈即时性。

2. 组合逻辑电路的描述方法

从图 4-1 可见：

(1) 组合逻辑电路中不存在输出端到输入端的反馈通路；

(2) 电路中不包含储能元件，它由门电路组成，一般包括若干个输入端、输出端。如式 (4-1) 所示。$X_1 \sim X_m$ 表示有 m 个输入变量；$Y_1 \sim Y_n$ 表示有 n 个输出函数。输入输出间的关系可以表示为：

$$Y_1 = F_1(X_1, X_2, \cdots, X_m)$$
$$Y_2 = F_2(X_1, X_2, \cdots, X_m)$$
$$\vdots$$
$$Y_n = F_n(X_1, X_2, \cdots, X_m)$$

$(4-1)$

3. 组合逻辑电路的分析方法

1) 组合逻辑电路的具体分析方法

组合逻辑电路的分析可按下列步骤进行：

(1) 写出逻辑函数表达式。

根据已知的组合逻辑电路图，由输入到输出逐级写出或者逐级推出输出的逻辑函数表达式。

(2) 化简逻辑表达式。

(3) 列真值表。

由化简后的逻辑表达式列真值表，方法是：设定输入状态，求对应的输出状态，列出最简逻辑表达式对应的真值表。

(4) 判断逻辑功能。

根据真值表分析出该电路所具有的逻辑功能，并用文字作答。

2) 组合逻辑电路的分析举例

【例 4 - 1】　分析图 4 - 2 所示逻辑电路的功能。

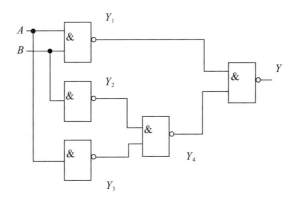

图 4 - 2　例 4 - 1 图

解　(1) 写出逻辑表达式。

$$Y_1 = \overline{AB} \qquad\qquad Y_2 = \overline{B}$$
$$Y_3 = \overline{A} \qquad\qquad Y_4 = \overline{Y_2\,Y_3} = \overline{\overline{A}\,\overline{B}}$$
$$Y = \overline{Y_1\,Y_4} = \overline{\overline{AB}\,\overline{\overline{A}\,\overline{B}}} = AB + \overline{A}\,\overline{B}$$

(2) 对逻辑表达式进行化简。本例已为最简式。

(3) 写出真值表。真值表如表 4 - 1 所示。

(4) 分析该电路的逻辑功能。由表 4 - 1 可知该电路的逻辑功能为：当输入 A、B 取值相同时，输出 Y 为 1；当输入 A、B 取值相异时，输出 Y 为 0，我们称这种电路为"同或"电路。

表 4 - 1   例 4 - 1 真值表

输 入		输出
A	B	Y
0	0	1
0	1	0
1	0	0
1	1	1

【**例 4 - 2**】   试分析如图 4 - 3 所示电路的逻辑功能。

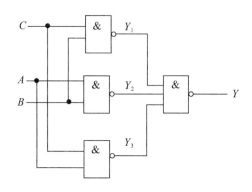

图 4 - 3   组合逻辑电路

解   按照组合逻辑电路的分析方法进行分析。

（1）写出电路的逻辑表达式。

$$Y = \overline{Y_1 Y_2 Y_3} = \overline{\overline{BC}\ \overline{AB}\ \overline{AC}}$$

（2）化简函数。

$$Y = \overline{Y_1 Y_2 Y_3} = \overline{\overline{BC}\ \overline{AB}\ \overline{AC}} = BC + AB + AC$$

（3）列出真值表，如表 4 - 2 所示。

表 4 - 2   函数真值表

输入变量			输出变量
A	B	C	Y
0	0	0	0
0	0	1	0
0	1	0	0
0	1	1	1
1	0	0	0
1	0	1	1
1	1	0	1
1	1	1	1

（4）分析电路功能。

由以上真值表可知，当三个变量中存在两个或两个以上输入变量为高电平时（即为"1"），输出变量为高电平（即为"1"）。因此从这个特点可以知道，该电路是一个实现三位多数表决器的电路。

4. 组合逻辑电路的设计步骤

组合逻辑电路的设计主要是按照产品的具体设计要求，用逻辑函数进行描述，再用具体的电路来加以实现的过程。组合逻辑电路的设计过程与组合逻辑电路的分析过程相反，其设计步骤如下：

(1) 根据电路所需要的功能(或实际问题的逻辑关系)，列出相应的真值表；

(2) 由真值表写出逻辑函数表达式；

(3) 化简逻辑函数表达式；

(4) 根据化简得到的最简逻辑表达式，画出逻辑电路图；

(5) 组装电路并调试。

【例 4-3】　举重比赛时有三个裁判参与评判，一个主裁判 A 和两个副裁判 B、C。运动员杠铃是否完全举起由每个裁判按自己面前的按钮来决定，只有当主裁判和至少一名副裁判判明完全举起时，表明"成功"的灯才亮，试设计这个电路。

解　(1) 由已知条件设 A 为主裁判，B、C 为副裁判，当他们的值为"1"时表明该裁判按下了按钮，为"0"时表明没有按下按钮，设 Y 为指示灯，"1"表示灯亮成功，"0"表示灯灭失败，逻辑电路如图 4-4 所示，实际电路如图 4-5 所示，可见这是一个三输入一输出的逻辑关系，列出真值表，见表 4-3 所示。

(2) 根据真值表写出逻辑表达式。

$$Y = A\bar{B}C + AB\bar{C} + ABC$$

(3) 化简。

$$
\begin{aligned}
Y &= A\bar{B}C + AB\bar{C} + ABC \\
&= A\bar{B}C + AB(C + \bar{C}) \\
&= A\bar{B}C + AB \\
&= A(\bar{B}C + B) \\
&= A(B + C)
\end{aligned}
$$

表 4-3　例 4-3 真值表

输　　　　入			输出
A	B	C	Y
0	0	0	0
0	0	1	0
0	1	0	0
0	1	1	0
1	0	0	0
1	0	1	1
1	1	0	1
1	1	1	1

(4) 由逻辑表达式画出相应的逻辑电路，如图 4-4 所示。

若用电键来实现上述逻辑功能,则可用图 4-5 所示的电路。

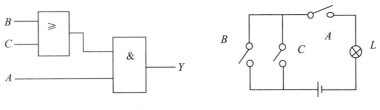

图 4-4　逻辑电路　　　　　　　　图 4-5　实际电路

【例 4-4】　设计一个汽车自动启动控制电路,要求汽车在启动时前门、后门不能打开,并且只有当前门和后门都关闭后,发动机才能打火启动。

解　(1)分析逻辑功能,确定输入变量和输出变量,得出函数功能的真值表。

根据设计要求,假设发动机的工作状态为输出变量,用 Y 表示,前门和后门的状态为输入变量,分别用 A 和 B 表示。$Y=1$ 表示发动机启动,反之为停止状态;变量 A 或者 B 为 1 表示该门处于关闭状态,反之为打开状态。根据分析,可以得到如表 4-4 所示的真值表。

表 4-4　函 数 真 值 表

输入变量		输出变量
A	B	Y
0	0	0
0	1	0
1	0	0
1	1	1

(2)根据真值表写出逻辑函数表达式,将真值表中,输出变量为"1"的最小项写出,并且进行逻辑加,得到逻辑函数表达式为

$$Y = AB$$

由于表达式已经是最简表达式,因此无需化简。

(3)根据最简逻辑函数表达式,画出逻辑电路图。

能够实现逻辑功能的组合电路图如图 4-6 所示。

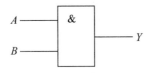

图 4-6　组合逻辑电路

4.2　编　码　器

1. 编码器

在数字系统中,有时需要将某一信息变换为特定的代码,这就需要编码器来完成。而各种信息常常都是以二进制代码的形式表示的。

　　所谓编码，就是把二进制码按一定的规律编排起来，组织不同的码制，并使每组代码具有一特定的含义，这个过程称为编码。具有编码功能的数字逻辑电路称为编码器，如计算机的键盘输入逻辑电路、电视机遥控板的按键输入逻辑电路等均由编码器组成。而编码器是一种常见的组合逻辑器件，主要有二进制编码器、二一十进制编码器和优先编码器等多种类型。

　　在数字电路中，将若干个 0 和 1 按一定规律编排在一起，组成不同代码，并将这些代码赋予特定含义，这就是二进制编码。但根据码制的不同，编码器可分为二进制编码器，二一十进制编码器等。一般都有 M 个编码对象(输入端)，N 个输出端(码)。

　　编码对象只能有唯一的码与之对应，其关系应满足：$2^N \geqslant M$。

2. 二进制编码器

　　一位二进制数有 0、1 两种取值。当有 4 个输入量需要不重复编码时，用两位二进制数的 4 种组合 00、01、10、11 来表示 4 种信息。那么由此可得待编码的个数 N 与二进制编码的位数 n 之间存在 $N \leqslant 2^n$ 的对应关系。用 n 位二进制代码对两个信号进行编码的电路称为二进制编码器。

　　【例 4-5】　用非门和与非门，设计一个能将 I_0、I_1、$\cdots$、I_7 这 8 个输入信号转换为二进制代码输出的编码器。

　　解　(1)分析功能确定变量：根据 $N \leqslant 3$，可以得 $2^3 = 8$，则该编码器有 8 个输入端，3 个输出端。假设各个输入端有编码请求时信号为 1，无编码请求时信号为 0，列出真值表如表 4-5 所示。

表 4-5　例 4-5 真值表

输 入 变 量								输出变量		
I_0	I_1	I_2	I_3	I_4	I_5	I_6	I_7	Y_0	Y_1	Y_2
1	0	0	0	0	0	0	0	0	0	0
0	1	0	0	0	0	0	0	0	0	1
0	0	1	0	0	0	0	0	0	1	0
0	0	0	1	0	0	0	0	0	1	1
0	0	0	0	1	0	0	0	1	0	0
0	0	0	0	0	1	0	0	1	0	1
0	0	0	0	0	0	1	0	1	1	0
0	0	0	0	0	0	0	1	1	1	1

　　(2)由真值表列出逻辑表达式。

$$Y_0 = I_1 + I_3 + I_5 + I_7$$
$$Y_1 = I_2 + I_3 + I_6 + I_7$$
$$Y_2 = I_4 + I_5 + I_6 + I_7$$

　　(3)将以上已经为最简函数式的表达式根据题目要求将其转换为与非形式。

$$Y_0 = \overline{\overline{Y_0}} = \overline{\overline{I_1 + I_3 + I_5 + I_7}} = \overline{\overline{I_1}\ \overline{I_3}\ \overline{I_5}\ \overline{I_7}}$$
$$Y_1 = \overline{\overline{Y_1}} = \overline{\overline{I_2 + I_3 + I_6 + I_7}} = \overline{\overline{I_2}\ \overline{I_3}\ \overline{I_6}\ \overline{I_7}}$$

$$Y_2 = \overline{\overline{Y_2}} = \overline{\overline{I_4 + I_5 + I_6 + I_7}} = \overline{\overline{I_4}\, \overline{I_5}\, \overline{I_6}\, \overline{I_7}}$$

（4）依据最简逻辑表达式画出逻辑电路图，如图 4-7 所示。

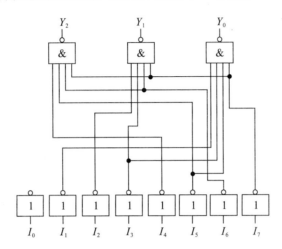

图 4-7　8线-3线编码器电路图

编码器的命名方法是由电路的输入端和输出端的个数来确定的。例如当编码器有 8 个输入端、3 个输出端时称为 8线-3线编码器，同理当电路有 16 个输入端、4 个输出端时，称为 16线-4线编码器。

3. 二—十进制编码器

将十进制数中 0～9 组成的十个数字编成二进制代码的电路叫做二—十进制编码器（也叫 8421BCD 码编码器）。因为二—十进制码自左向右每一位的权分别为 8、4、2、1，根据编码常规，要对十个信号进行编码，至少需要四位二进制代码，即 $2^4 > 10$，所以二—十进制编码器的输出信号为 4 位，其示意图如图 4-8 所示。

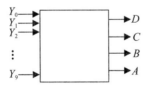

图 4-8　二—十进制编码器示意图

下面以 8421BCD 码的编码器为例，说明编码器的设计方法，这种设计方法对其他编码器也适用。

图 4-9 是用十个按键和门电路组成的 8421BCD 码编码器。数码 0～9 一般用十条数据线表示，十条数据线分别与十个按键相连。当按下某键时，对应的数据线为低电平，电路便可得到 8421BCD 码。按以上设计思路可以列出其真值表，如表 4-6 所示。

本编码器的输入端是 10 条数据线，输出端是 4 条编码线。其约束要求是其一条数据线值为 0 时，其余全为 1，该真值表中只有 10 种变量组合，其他不允许。则：

$$A = \overline{S_8} + \overline{S_9} = \overline{\overline{S_8}\,\overline{S_9}} \qquad B = \overline{S_4} + \overline{S_5} + \overline{S_6} + \overline{S_7} = \overline{\overline{S_4}\,\overline{S_5}\,\overline{S_6}\,\overline{S_7}}$$

$$C = \overline{S_2} + \overline{S_3} + \overline{S_6} + \overline{S_7} = \overline{\overline{S_2}\,\overline{S_3}\,\overline{S_6}\,\overline{S_7}}$$

$$D = \overline{S_1} + \overline{S_3} + \overline{S_5} + \overline{S_7} + \overline{S_9} = \overline{S_1 \, S_3 \, S_5 \, S_7 \, S_9}$$

表 4 - 6 8421BCD 码真值表

输 入										输 出			
0	1	2	3	4	5	6	7	8	9	A	B	C	D
0	1	1	1	1	1	1	1	1	1	0	0	0	0
1	0	1	1	1	1	1	1	1	1	0	0	0	1
1	1	0	1	1	1	1	1	1	1	0	0	1	0
1	1	1	0	1	1	1	1	1	1	0	0	1	1
1	1	1	1	0	1	1	1	1	1	0	1	0	0
1	1	1	1	1	0	1	1	1	1	0	1	0	1
1	1	1	1	1	1	0	1	1	1	0	1	1	0
1	1	1	1	1	1	1	0	1	1	0	1	1	1
1	1	1	1	1	1	1	1	0	1	1	0	0	0
1	1	1	1	1	1	1	1	1	0	1	0	0	1

由上述函数式便可得到图 4 - 9 所示逻辑图，即为 8421BCD 码编码器。

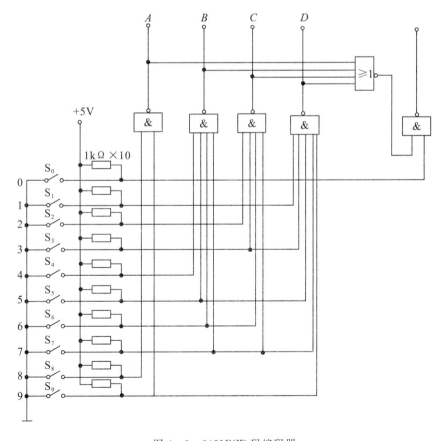

图 4 - 9 8421BCD 码编码器

由图 4 - 9 可见：

当 S_1 闭合时，$A = 0$，$B = 0$，$C = 0$，$D = 1$，其输出为(0000)是 1；

当 S_6 闭合时，$A = 1$，$B = 1$，$C = 1$，$D = 0$，其输出为(0110)是 6；

当 S_0 闭合时，$A = 0$，$B = 0$，$C = 0$，$D = 0$，其输出为(0000)是 0；

由此可见，在键盘上键入相应的数码 $0 \sim 9$，则可在输出端得到对应的 8421BCD 码。

上面例子中的前提条件是每一时刻仅一个输入有效，如果同时有两个或两个以上输入有效时，编码器就无法工作。由于通常情况事件的处理总存在一个优先等级的问题，故在实际的应用中通常用优先编码器。优先编码器的特点在于编码的先后是按优先权进行安排的，当两个或两个以上的输入有效时，仅对优先级别高的输入进行编码，而忽略优先级别低的编码请示。如程控电话中，当私人电话和 110 报警电话同时请求接通时，110 报警电话优先接通。

【例 4 - 6】 用非门和与非门设计一个二—十进制编码器，它能将 I_0、I_1、$\cdots$、I_8、I_9 这 10 个输入信号编成 8421BCD 码输出。

解 （1）分析功能确定变量。

由题意可知，该编码器有 10 个输入端，用 I_0、I_1、$\cdots$、I_8、I_9 表示，根据 $2^n \geqslant N = 10$ 可以求得 $n = 4$，因此有 4 个输出端，用 Y_0、Y_1、Y_2、Y_3 表示。现规定各个输入端有编码请求时信号为 1，没有时为 0，列出真值表如表 4 - 7 所示。

表 4 - 7 例 4 - 6 题的真值表

输 入 变 量										输 出 变 量			
I_0	I_1	I_2	I_3	I_4	I_5	I_6	I_7	I_8	I_9	Y_3	Y_2	Y_1	Y_0
1	0	0	0	0	0	0	0	0	0	0	0	0	0
0	1	0	0	0	0	0	0	0	0	0	0	0	1
0	0	1	0	0	0	0	0	0	0	0	0	1	0
0	0	0	1	0	0	0	0	0	0	0	0	1	1
0	0	0	0	1	0	0	0	0	0	0	1	0	0
0	0	0	0	0	1	0	0	0	0	0	1	0	1
0	0	0	0	0	0	1	0	0	0	0	1	1	0
0	0	0	0	0	0	0	1	0	0	0	1	1	1
0	0	0	0	0	0	0	0	1	0	1	0	0	0
0	0	0	0	0	0	0	0	0	1	1	0	0	1

（2）由真值表列出逻辑表达式，为

$$Y_0 = I_1 + I_3 + I_5 + I_7 + I_9$$

$$Y_1 = I_2 + I_3 + I_6 + I_7$$

$$Y_2 = I_4 + I_5 + I_6 + I_7$$

$$Y_3 = I_8 + I_9$$

（3）在已有的逻辑表达式已为最简表达式的情况下，根据题目要求将其转换为与非形式，由表 4 - 7 可得：

$$Y_0 = I_1 + I_3 + I_5 + I_7 + I_9 = \overline{\overline{I_1}\ \overline{I_3}\ \overline{I_5}\ \overline{I_7}\ \overline{I_9}}$$

$$Y_1 = I_2 + I_3 + I_6 + I_7 = \overline{\overline{I_2}\ \overline{I_3}\ \overline{I_6}\ \overline{I_7}}$$

$$Y_2 = I_4 + I_5 + I_6 + I_7 = \overline{\overline{I_4}\ \overline{I_5}\ \overline{I_6}\ \overline{I_7}}$$

$$Y_3 = I_8 + I_9 = \overline{\overline{I_8}\ \overline{I_9}}$$

（4）依据最简逻辑表达式画出逻辑电路图，如图 4 - 10 所示。

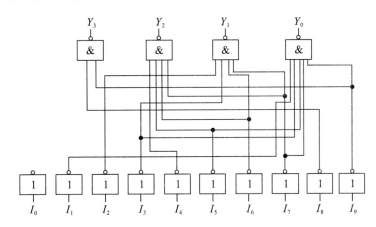

图 4 - 10　二 — 十进制编码器电路图

由真值表 4 - 7 可以看到，当一个输入端信号为高电平时，四个输出端的取值组成对应的四位二进制代码，所以电路能对任一输入信号进行编码。但是该电路要求任何时刻只允许一个输入端有信号输入，其余输入端无信号。否则，电路不能正常工作，输出码将发生错误。输入变量之间具有一定的约束关系。

4. 优先编码器

为了解决如前所述的问题，在二进制编码器的基础上产生了优先编码器。优先编码器给所有的输入信号规定了优先顺序，当电路中同时有多个输入信号出现时，只对其中优先级最高的一个进行编码输出。在优先编码器中优先级别高的信号可以屏蔽掉优先级别低的信号，信号之间的优先级别是由设计者根据实际的需要人为规定的。

【例 4 - 7】　电信局要对三种电话进行编码，其中紧急的次序为火警、急救和普通电话。要求电话编码依次为 00、01、10。试设计电话编码控制电路。

解　设火警、急救和普通电话分别用 A_2、A_1、A_0 表示，且 1 表示有电话接入，0 表示没有电话，× 为任意值，表示可能有可能无。Y_1、Y_0 为输出编码。

（1）依题意，列出真值表如表 4 - 8 所示。

（2）由真值表写出逻辑表达式，为

$$Y_1 = \overline{A_2}\ \overline{A_1} A_0$$

$$Y_0 = \overline{A_2} A_1$$

表 4-8　例 4-7 题的真值表

输　入			输　出	
A_2	A_1	A_0	Y_1	Y_0
1	×	×	0	0
0	1	×	0	1
0	0	1	1	0

（3）由逻辑表达式画出编码器逻辑图如图 4-11 所示。

表 4-8 中，"×"表示任意值，即 0、1 均可。当最高位 A_2 为 1，即有效时，低位 A_1、A_0 取任意值结果都是 00，表示优先对 A_2 编码。

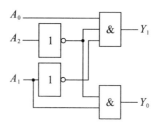

图 4-11　例 4-7 题中的优先编码器逻辑图

综上所述，优先编码器中优先级别低的输入信号只有在优先级别高的输入信号没有编码请求时才会被电路识别并输出编码结果。因此电路中允许同时存在多个输入端有编码请求信号。

5. 集成优先编码器 74LS148

常用的集成电路中，8 线-3 线优先编码器常见型号为 54/74LS148。

1）逻辑符号图和引脚图

74LS148 优先编码器的逻辑符号图和引脚图如图 4-12 所示，它的功能如表 4-9 所示。

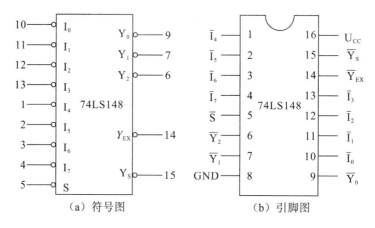

（a）符号图　　　　　（b）引脚图

图 4-12　74LS148 优先编码器

表 4 - 9　74LS148 优先编码器的功能表

输入使能端	输入								输出			扩展输出	使能输出
$\overline{S}$	$\overline{I}_7$	$\overline{I}_6$	$\overline{I}_5$	$\overline{I}_4$	$\overline{I}_3$	$\overline{I}_2$	$\overline{I}_1$	$\overline{I}_0$	$\overline{Y}_2$	$\overline{Y}_1$	$\overline{Y}_0$	$\overline{Y}_{EX}$	$\overline{Y}_S$
1	×	×	×	×	×	×	×	×	1	1	1	1	1
0	1	1	1	1	1	1	1	1	1	1	1	1	0
0	0	×	×	×	×	×	×	×	0	0	0	0	1
0	1	0	×	×	×	×	×	×	0	0	1	0	1
0	1	1	0	×	×	×	×	×	0	1	0	0	1
0	1	1	1	0	×	×	×	×	0	1	1	0	1
0	1	1	1	1	0	×	×	×	1	0	0	0	1
0	1	1	1	1	1	0	×	×	1	0	1	0	1
0	1	1	1	1	1	1	0	×	1	1	0	0	1
0	1	1	1	1	1	1	1	0	1	1	1	0	1

表 4-9 中非号表示低电平有效。$\overline{I}_7 \sim \overline{I}_0$ 为输入端，$\overline{Y}_2 \sim \overline{Y}_0$ 是输出端。输入 $\overline{I}_7$ 为最高优先级，即只要 $\overline{I}_7 = 0$，不管其他输入端输入 0 或 1，输出只对 $\overline{I}_7$ 编码。输出因为是低电平有效，所以此时输出为 000，为 7 对应的二进制代码的反码。

2）逻辑符号图中各 I/O 端功能说明

（1）$\overline{S}$ 是输入使能端，控制输入信号能否进入。$\overline{S} = 0$ 时，允许 $\overline{I}_7 \sim \overline{I}_0$ 端口接收输入信号，编码器正常工作；$\overline{S} = 1$ 时，编码器的各个门均被封锁，不编码。编码器的所有输出都是高电平。

（2）$\overline{Y}_{EX}$ 是用于扩展功能的输出端，$\overline{Y}_{EX}$ 有效表示编码器有编码输出。当 $\overline{S} = 0$ 时，如果输入端有（低电平）信号输入时 $\overline{Y}_{EX} = 0$；当 $\overline{S} = 0$ 时输入全为高电平，编码器不工作时 $\overline{Y}_{EX} = 1$。利用这个特点，$\overline{Y}_{EX}$ 在多片编码器的串联应用中作为输出位的扩展端。

（3）$\overline{Y}_S$ 也是用于扩展功能的输出端，为选通输出端。当 $\overline{S} = 0$ 时，如果输入端有信号输入（即低电平信号输入），则 $\overline{Y}_S = 0$，否则 $\overline{Y}_S = 1$。利用这个特点，可以将高位的 $\overline{Y}_S$ 和低位的 $\overline{Y}_S$ 相连，高位片无信号输入的情况下，则启动低位片开始工作。

【例 4-8】　利用两个 74LS148 组成一个 16 线-4 线的优先编码器。

解　我们知道，74LS148 是线 8 线-3 线的优先编码器，要将两块这样的编码器组合成 16 线-4 线的优先编码器，必须要借助于编码器的一些控制功能，并采用门电路来完成。

分析过程：两块 74LS148 分别作为低位编码器（$Y_0 \sim Y_7$）和高位编码器（$Y_8 \sim Y_{15}$），当作为高位编码器的引脚（$I_8 \sim I_{15}$）有信号输入时，高位编码器对该输入信号进行编码，与此同时低位编码器无论是否有信号输入，低位编码器都应该输出高电平（等同于输入端无有效输入），这就实现了对十六个引脚（$I_0 \sim I_{15}$）输入的信号进行优先编码的功能。同样，如果高位编码器没有输入，而低位编码器有输入（$I_0 \sim I_7$）时，那么就应该对低位的输入信号进行编码。

实现方法：要实现高位编码器工作时低位编码器不能工作的功能，仅需将高位编码器

的 $\overline{Y}_S$ 扩展输出端连接到低位编码器的 $\overline{S}$ 输入使能端即可实现(原因是当高位编码器工作时 $\overline{Y}_S = 1$，即低位编码器的 $\overline{S} = 1$，则低位编码器不满足工作条件而处于停止状态)。当高位编码器无有效信号输入时，高位编码器停止工作 $\overline{Y}_S = 0$，即低位编码器的 $\overline{S} = 0$，则低位编码器满足工作条件，此时若低位输入端以后信号输入，则低位编码器对信号进行编码。

实现功能的电路连接图如图 4 - 13 所示。

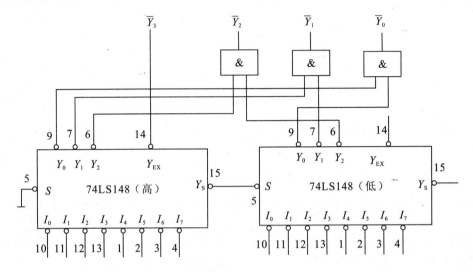

图 4 - 13　两块 74LS148 扩展为 16 线 - 4 线编码器

4.3　译　码　器

1. 译码器

译码器的功能与编码器相反，它是将有特定含义的不同二进制码辨别出来(即把每一组输入的二进制代码翻译成原来的特定信息)，并转换成控制信号。完成译码功能的电路称为译码器。译码器是一种多个输入端和多个输出端的电路，而对应输入信号的任一状态，一般仅有一个输出状态有效，而其他输出状态均无效。与编码器类似，译码器有 n 个输入信号和 N 个输出信号，输入端和输出端满足的条件是 $N \geqslant 2^n$。

译码器分为变量译码器和显示译码器两类，变量译码器一般是一种较少输入变为较多输出的器件，一般分为 2^n 译码和 8421BCD 码译码两类；显示译码器主要解决二进制数显示成对应的十或十六进制数的转换功能，一般可分为驱动 LED 和驱动 LCD 两类。

常用的译码器主要有二进制译码器、二——十进制译码器、显示译码器等，如 3 线 - 8 线译码器表示有 3 个输入端、8 个输出端，4 线 - 10 线译码器表示有 4 个输入端、10 个输出端，其余依此类推。

2. 二进制译码器

二进制译码器是指将二进制代码的各种状态，按其原意"翻译"成对应的输出信号的电路。

二进制译码器的输入与输出为对应关系，如果输入端有 n 位二进制代码，二进制译码

器的输出端就会有 2^n 个输出端(即 $N = 2^n$)。因此两位二进制译码器又称为 2 线-4 线译码器,三位二进制译码器称为 3 线-8 线译码器。

二进制译码器的示意图,如图 4-14 所示。它具有 n 个输入端,2^n 个输出端。对应每一组输入代码,只有其中一个输出端为有效电平,其余输出电平相反。

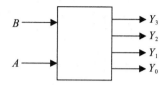

图 4-14 二进制译码器示意图

其真值表如表 4-10 所示。

表 4-10 真 值 表

B	A	Y_3	Y_2	Y_1	Y_0
0	0	0	0	0	1
0	1	0	0	1	0
1	0	0	1	0	0
1	1	1	0	0	0

由真值表可写出表达式,为

$$Y_0 = \overline{B}\,\overline{A}, \quad Y_1 = \overline{B}A, \quad Y_2 = B\overline{A}, \quad Y_3 = BA$$

图 4-15 即为二位二进制译码器的逻辑电路图。图中若 BA 为 0、1 状态时,只有 Y_1 输出为"高"电平,即给出了代表十进制数为 1 的数字信号,其余三个与门,均输出"低"电平。其余可以类推(此译码器的输出为高电平有效)。

可见,译码器实质上是由门电路组成的"条件开关"。对各个门来说,输入信号的组合满足一定条件时,门电路就开启,输出线上就有信号输出;不满足条件,门就关闭,没有信号输出。

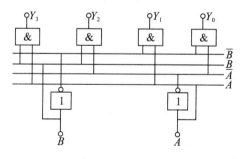

图 4-15 二位二进制译码器的逻辑电路

1)2 线-4 线译码器

在图 4-16 中画出了一个 2 线-4 线译码器的单元逻辑图,A_1、A_0 为二进制代码输入端,译码输出端为 $\overline{Y_0} \sim \overline{Y_3}$。根据单元逻辑图可以写出输出端表达式,为

$$\overline{Y_0} = \overline{\overline{A_1}\,\overline{A_0}}, \quad \overline{Y_1} = \overline{\overline{A_1}A_0}, \quad \overline{Y_2} = \overline{A_1\,\overline{A_0}}, \quad \overline{Y_3} = \overline{A_1A_0}$$

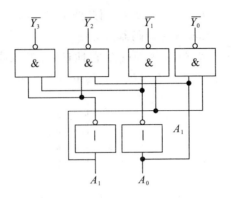

图 4-16 2 线-4 线译码器逻辑图

根据输出端表达式可以写出如表 4-11 所示的真值表。

表 4-11 2 线-4 线译码器真值表

输 入 变 量		输 出 变 量			
A_1	A_0	$\overline{Y_0}$	$\overline{Y_1}$	$\overline{Y_2}$	$\overline{Y_3}$
$\times$	$\times$	1	1	1	1
0	0	0	1	1	1
0	1	1	0	1	1
1	0	1	1	0	1
1	1	1	1	1	0

2）集成二进制 3 线-8 线译码器 74LS138

在译码器实际使用中，通常采用一些集成译码器来实现相应的功能。74LS138 是广泛使用的 3 线-8 线译码器，输入高电平有效，输出低电平有效。图 4-17 所示为 74LS138 译码器的逻辑符号图和引脚功能图。

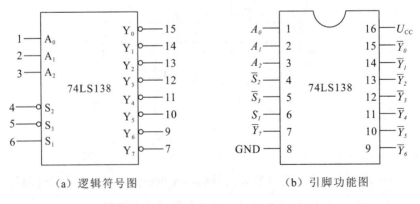

（a）逻辑符号图　　　　　　　　（b）引脚功能图

图 4-17 74LS138 译码器

逻辑符号图中各 I/O 端功能说明如下：

A_0、A_1、A_2 是 3 个二进制代码输入端，高电平有效。

$Y_0 \sim Y_7$ 是 8 个译码输出端，低电平有效。每一个输出端对应一个 3 位二进制代码组合，也就是一个 3 变量最小项。

S_1、$\overline{S_2}$ 和 $\overline{S_3}$ 为使能输入端。当 $S_1 = 1$ 且 $\overline{S_2} = \overline{S_3} = 0$ 时，芯片处于工作状态，此时译码器正常工作。否则译码器不工作，所有的输出端均输出高电平（即表示无效信号）。74LS138 的功能表如表 4 - 12 所示。

表 4 - 12　74LS138 译码器的功能表

输 入 变 量						输 出 变 量							
S_1	$\overline{S_2}$	$\overline{S_3}$	A_2	A_1	A_0	$\overline{Y_7}$	$\overline{Y_6}$	$\overline{Y_5}$	$\overline{Y_4}$	$\overline{Y_3}$	$\overline{Y_2}$	$\overline{Y_1}$	$\overline{Y_0}$
×	1	×	×	×	×	1	1	1	1	1	1	1	1
×	×	1	×	×	×	1	1	1	1	1	1	1	1
0	×	×	×	×	×	1	1	1	1	1	1	1	1
1	0	0	0	0	0	1	1	1	1	1	1	1	0
1	0	0	0	0	1	1	1	1	1	1	1	0	1
1	0	0	0	1	0	1	1	1	1	1	0	1	1
1	0	0	0	1	1	1	1	1	1	0	1	1	1
1	0	0	1	0	0	1	1	1	0	1	1	1	1
1	0	0	1	0	1	1	1	0	1	1	1	1	1
1	0	0	1	1	0	1	0	1	1	1	1	1	1
1	0	0	1	1	1	0	1	1	1	1	1	1	1

由以上真值表得到各输出端的逻辑表达式，为

$$\overline{Y_0} = \overline{\overline{A_2}\,\overline{A_1}\,\overline{A_0} \cdot S_1\,\overline{S_2}\,\overline{S_3}}$$

$$\overline{Y_1} = \overline{\overline{A_2}\,\overline{A_1}A_0 \cdot S_1\,\overline{S_2}\,\overline{S_3}}$$

$$\overline{Y_2} = \overline{\overline{A_2}A_1\,\overline{A_0} \cdot S_1\,\overline{S_2}\,\overline{S_3}}$$

$$\overline{Y_3} = \overline{\overline{A_2}A_1A_0 \cdot S_1\,\overline{S_2}\,\overline{S_3}}$$

$$\overline{Y_4} = \overline{A_2\,\overline{A_1}\,\overline{A_0} \cdot S_1\,\overline{S_2}\,\overline{S_3}}$$

$$\overline{Y_5} = \overline{A_2\,\overline{A_1}A_0 \cdot S_1\,\overline{S_2}\,\overline{S_3}}$$

$$\overline{Y_6} = \overline{A_2A_1\,\overline{A_0} \cdot S_1\,\overline{S_2}\,\overline{S_3}}$$

$$\overline{Y_7} = \overline{A_2A_1A_0 \cdot S_1\,\overline{S_2}\,\overline{S_3}}$$

利用译码器的使能端，可以方便地实现电路功能的扩展。

【**例 4 - 9**】 利用两块 74LS138 实现 4 线 - 16 线的译码功能。

解 分析过程：4 线 - 16 线的译码器需要对四位二进制进行译码，因此需要四个信号输入端，十六个信号输出端，但 74LS138 只有三个输入端和八个输出端，因此需要利用两块集成芯片进行扩展，交替完成译码任务。

假设四位二进制代码为 X_3、X_2、X_1、X_0，当输入信号的组合为 0000 ~ 0111 时，我们需要第一片 74LS138 工作；当输入信号的组合为 1000 ~ 1111 时第二片 74LS138 工作。显然，我们可以使用输入变量的最高位（即 X_3 输入变量）实现对第一片 74LS138 或者第二片 74LS138 工作的片选功能，两个 74LS138 的三位输入端并联连接到输入端 X_2、X_1、X_0。片选功能的实现可以通过将最高输入变量 X_3 接至高位 74LS138 的使能端 S_1 和低位 74LS138 的使能端 $\overline{S_2}$ 和 $\overline{S_3}$。具体的接线图如图 4 - 18 所示。

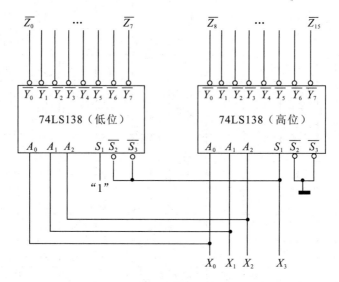

图 4 - 18 两片 74LS138 组合为 4 线 - 16 线译码器

【**例 4 - 10**】 用 74138 和门电路实现组合逻辑函数 $Y_{(A, B, C)} = \sum m(0, 3, 6, 7)$。

解 （1）先将逻辑函数式转换为最小项的形式，为

$$Y_{(A, B, C)} = \sum m(0, 3, 6, 7)$$
$$= m_0 + m_3 + m_6 + m_7$$
$$= \overline{ABC} + \overline{A}BC + AB\overline{C} + ABC$$

（2）将 74138 输出端的输出表达式与得到的最小项表达式进行对应，令

$$A = A_2, B = A_1, C = A_0$$

可以得到

$$Y_{(A, B, C)} = \overline{ABC} + \overline{A}BC + AB\overline{C} + ABC$$
$$= \overline{A_2}\,\overline{A_1}\,\overline{A_0} + \overline{A_2}A_1A_0 + A_2\overline{A_1}\,\overline{A_0} + A_2A_1A_0$$
$$= Y_0 + Y_3 + Y_6 + Y_7$$
$$= \overline{\overline{Y_0} \cdot \overline{Y_3} \cdot \overline{Y_6} \cdot \overline{Y_7}}$$

（3）根据得到的表达式画出电路图，如图 4 - 19 所示。

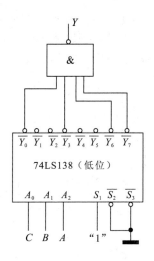

图 4 - 19　　例 4 - 10 题的电路图

3）数据分配器

译码器的用途很广，除用于译码外，还可以如上例那样实现任意逻辑函数。除此以外，还可以作为数据分配器使用。数据分配器好像一个单刀多掷开关，是将一条通路上的数据分配到多条通路的装置。它有一路数据输入和多路输出，并有地址码输入端，数据依据地址信息输出到指定输出端。用带使能端的译码器可以构成数据分配器，如 74LS138 译码器可以改为"1 线 - 8 线"数据分配器。将译码器输入端作为地址码输入端，数据加到使能端。按照地址码 $A_0 A_1 A_2$ 的不同取值组合，可以从地址码对应的输出端输出数据的原码，即此时对应输出端与数据端的状态是相同的。

根据数据分配器的逻辑功能可写出 8 路数据分配器的逻辑功能表，如表 4 - 13 所示。

表 4 - 13　　数据分配器真值表

输入变量				输出变量
数据输入	地址选择信号			
I	A_2	A_1	A_0	Y
X	0	0	0	$Y_0 = X$
X	0	0	1	$Y_1 = X$
X	0	1	0	$Y_2 = X$
X	0	1	1	$Y_3 = X$
X	1	0	0	$Y_4 = X$
X	1	0	1	$Y_5 = X$
X	1	1	0	$Y_6 = X$
X	1	1	1	$Y_7 = X$

由真值表可以得出 8 路数据分配器使用时的逻辑表达式：

$$Y_0 = \overline{A_2}\ \overline{A_1}\ \overline{A_0} \cdot X, \quad Y_1 = \overline{A_2}\ \overline{A_1} A_0 \cdot X, \quad Y_2 = \overline{A_2} A_1 \overline{A_0} \cdot X, \quad Y_3 = \overline{A_2} A_1 A_0 \cdot X$$

$$Y_4 = A_2 \overline{A_1}\ \overline{A_0} \cdot X, \quad Y_5 = A_2 \overline{A_1} A_0 \cdot X, \quad Y_6 = A_2 A_1 \overline{A_0} \cdot X, \quad Y_7 = A_2 A_1 A_0 \cdot X$$

【**例 4 - 11**】 用一个 3 线-8 线译码器 74LS138 构成 8 路数据分配器。

解 将译码器的输出端作为分配器的输出端,地址端作为选择输出通路的选择端,将信号输入至使能端 $\overline{S_2}$ 和 $\overline{S_3}$,S_1 端始终接高电平,如图 4 - 20 所示。

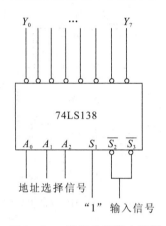

图 4 - 20 数据分配器电路图

3. 8421BCD 译码器

8421BCD 译码器如图 4 - 21 所示。

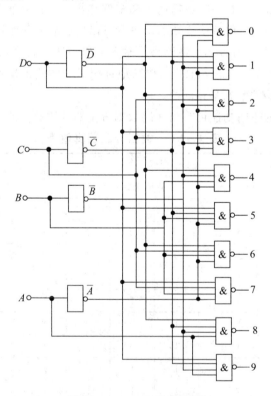

图 4 - 21 8421BCD 译码器

该译码器是具有 4 线输入,10 线输出的译码器,又称 4 线-10 线译码器。输入的是四位二进制代码,它表示一个十进制数,输出的 10 条线分别代表 0～9 十个数字。

例如,当输入端 $ABCD$ 值为(0000)时,译码器 0～9 输出线中,只有译码器 0 输出线为高电平，表示输出为"1"，而其他 1 ～ 9 输出线为低电平，表示输出为"0"。同理，当输入端 *ABCD* 的值为(0111)时，7 输出线为高电平，其他输出线为低电平，表示输出为"7"。

8421BCD 译码器比较简单，同学们可以自己列出真值表作详细的分析。

4. 显示译码器

显示译码器主要用于既要译码又要进行数字显示的场合。数字显示电路通常由译码器、驱动器和显示器等部分组成。

1）数码显示器件

常用的数码显示器件有辉光数码管、荧光数码管、等离子体显示板、发光二极管、液晶显示器、投影显示器等等。数码显示器按显示方式分为分段式、字形重叠式、点阵式等。其中，七段显示器应用最普遍，如图 4-22 所示。

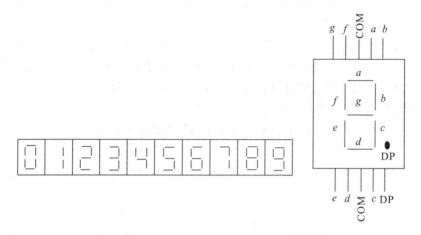

图 4-22　七段 LED 数码显示器及显示的数字

七段显示器由七段可发光的字段组合而成，可表示 0 到 9 十个数。常见的七段数码显示器有半导体数码显示器(LED) 和液晶显示器(LCD) 等，七段 LED 数码管有共阴极、共阳极两种接法。共阴极是指每段发光二极管的阴极并接接地，若某二极管阳极输入高电平，则该字段点亮。共阳极是指每段二极管的阳极并接接正电源，若二极管阴极输入低电平，则该字段点亮。半导体数码显示器的两种接法如图 4-23 所示。

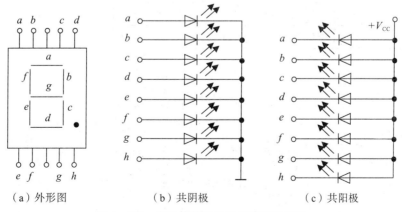

（a）外形图　　　　　（b）共阴极　　　　　（c）共阳极

图 4-23　半导体数码显示器的两种接法

2）常用显示器件的工作原理

LED 数码管是用发光二极管构成显示数码的笔画来显示数字，由于发光二极管会发光，故 LED 数码管适用于各种场合；液晶显示数码管是利用液晶材料在交变电场的作用下晶体材料会吸收光线，而没有交变电场作用的液晶材料不会吸收光线的原理，用液晶材料来做成数码的笔画，利用交变电场的有无来控制液晶材料是否吸收光线，从而达到显示的目的。由于液晶材料须在有光的条件下才能使用，故不能用于无外光的场合（液晶显示器在有背光的条件下可以在夜间使用）。液晶显示器耗电低，所以被广泛地用于小型计算器等小型数码显示。

LED 数码显示管是将发光二极管排成"日"字形，分共阳极和共阴极两种（共阳极时高电平有效，共阴极时低电平有效），见图 4-23(b)、(c) 所示。当 $a \sim h$ 端加上有效电平时，对应二极管发光，并显示相应的数码。数码管的笔画外形排列见图 4-23(a) 所示。

3）七段译码驱动器原理

七段译码驱动器能将 8421BCD 码译为相应显示器所需要的二进制代码，其真值表如表 4-14 所示。该表中，当译码器输出某端为"1"时，对应数码笔画二极管发光显示（应接共阴极显示器）。比如，当译码器输出端 a、f、g、d、e 为"1"时，数码显示管 a、f、g、d、e 发光显示，对照图 4-24 可见此时显示为"E"。

表 4-14 七段译码驱动器真值表

数字	输入				输出						
	A_3	A_2	A_1	A_0	a	b	c	d	e	f	g
0	0	0	0	0	1	1	1	1	1	1	0
1	0	0	0	1	0	1	1	0	0	0	0
2	0	0	1	0	1	1	0	1	1	0	1
3	0	0	1	1	1	1	1	1	0	0	1
4	0	1	0	0	0	1	1	0	0	1	1
5	0	1	0	1	1	0	1	1	0	1	1
6	0	1	1	0	0	0	1	1	1	1	1
7	0	1	1	1	1	1	1	0	0	0	0
8	1	0	0	0	1	1	1	1	1	1	1
9	1	0	0	1	1	1	1	1	0	1	1

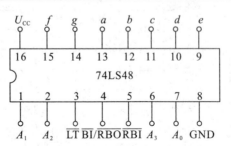

图 4-24　74LS48 引脚图

　　显示译码器由译码输出和显示器配合使用，最常用的是 BCD 七段译码器。其输出是驱动七段字形的七个信号，常见产品型号有 74LS48、74LS47 等。74LS48 引脚图见图 4 - 24 所示。表 4 - 15 为七段显示译码器 74LS48 功能表。

表 4 - 15　　七段显示译码器 74LS48 功能表

十进制数	$\overline{LT}$	$\overline{RBI}$	A_3	A_2	A_1	A_0	$\overline{BI}/\overline{RBO}$	Y_a	Y_b	Y_c	Y_d	Y_e	Y_f	Y_g	说明
$\overline{LT}$	0	×	×	×	×	×	1	1	1	1	1	1	1	1	测试灯
$\overline{BI}$	×	×	×	×	×	×	0	0	0	0	0	0	0	0	熄灭
$\overline{RBI}$	1	0	0	0	0	0	0	0	0	0	0	0	0	0	灭 0
0	1	×	0	0	0	0	1	1	1	1	1	1	1	0	显示 0
1	1	×	0	0	0	1	1	0	1	1	0	0	0	0	显示 1
2	1	×	0	0	1	0	1	1	1	0	1	1	0	1	显示 2
3	1	×	0	0	1	1	1	1	1	1	1	0	0	1	显示 3
4	1	×	0	1	0	0	1	0	1	1	0	0	1	1	显示 4
5	1	×	0	1	0	1	1	1	0	1	1	0	1	1	显示 5
6	1	×	0	1	1	0	1	0	0	1	1	1	1	1	显示 6
7	1	×	0	1	1	1	1	1	1	1	0	0	0	0	显示 7
8	1	×	1	0	0	0	1	1	1	1	1	1	1	1	显示 8
9	1	×	1	0	0	1	1	1	1	1	0	0	1	1	显示 9
10	1	×	1	0	1	0	1	0	0	0	1	1	0	1	无效
11	1	×	1	0	1	1	1	0	0	1	1	0	0	1	无效
12	1	×	1	1	0	0	1	0	1	0	0	0	1	1	无效
13	1	×	1	1	0	1	1	1	0	0	1	0	1	1	无效
14	1	×	1	1	1	0	1	0	0	0	1	1	1	1	无效
15	1	×	1	1	1	1	1	0	0	0	0	0	0	0	无效

　　74LS48 的输入端是 $A_3A_2A_1A_0$ 四位二进制信号（8421BCD 码），a、b、c、d、e、f、g 是七段译码器的输出驱动信号，高电平有效，可直接驱动共阴极七段数码管，$\overline{LT}$、$\overline{RBI}$、$\overline{BI}/\overline{RBO}$ 是使能端，起辅助控制作用。

　　使能端的作用如下：

　　(1) $\overline{LT}$ 是试灯输入端，当 $\overline{LT}=0$，$\overline{BI}/\overline{RBO}=1$ 时，不管其他输入是什么状态，$a \sim g$ 七段全亮；

　　(2) 灭灯输入 $\overline{BI}$，当 $\overline{BI}=0$，不论其他输入状态如何，$a \sim g$ 均为 0，显示管熄灭；

　　(3) 动态灭零输入 $\overline{RBI}$，当 $\overline{LT}=1$，$\overline{RBI}=0$ 时，如果 $A_3A_2A_1A_0=0000$ 时，$a \sim g$ 均为各段熄灭；

　　(4) 动态灭零输出 $\overline{RBO}$，它与灭灯输入 $\overline{BI}$ 共用一个引出端。当 $\overline{BI}=0$ 或 $\overline{RBI}=0$ 且 $\overline{LT}=1$，$A_3A_2A_1A_0=0000$ 时，输出才为 0。片间 $\overline{RBO}$ 与 $\overline{RBI}$ 配合，可用于熄灭多位数字前后所不需要显示的零。

4.4　数据选择器

数据分配器可以把公共数据线上的信号根据要求分配到不同的通道上。在数字系统中也可以将多条输出线上的不同数字信号，根据需要选择其中的一个送到公共数据线上，能够实现这种功能的电路被称为数据选择器，如图 4 - 25 所示。

数据选择器也叫多路转换器，它依据输入的地址信号，从多路数据中选出一路输出，其功能类似一个多掷开关，是一个多输入、单输出的组合逻辑电路。数据选择器 74LS151 是常用的 8 选 1 数据选择器，其引脚图如图 4 - 26 所示。接下来我们分析它的工作原理。

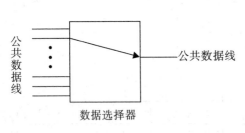
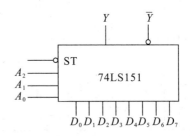

图 4 - 25　数据选择器示意图　　　　　图 4 - 26　数据选择器 74LS151 的引脚图

数据选择器 74LS151 有数据输入端 8 个，3 位地址码输入端和 1 个数据输出端。地址码的取值组合决定对应的数据输入端的数据传输到输出端输出。表 4 - 16 是 74LS151 的功能表。

表 4 - 16　74LS151 功能表

输入				输出	
$\overline{ST}$	A_2	A_1	A_0	Y	$\overline{Y}$
1	×	×	×	0	1
0	0	0	0	D_0	$\overline{D_0}$
0	0	0	1	D_1	$\overline{D_1}$
0	0	1	0	D_2	$\overline{D_2}$
0	0	1	1	D_3	$\overline{D_3}$
0	1	0	0	D_4	$\overline{D_4}$
0	1	0	1	D_5	$\overline{D_5}$
0	1	1	0	D_6	$\overline{D_6}$
0	1	1	1	D_7	$\overline{D_7}$

由功能表可知，输入地址码变量的每个取值组合对应一路输入数据。当 $\overline{ST} = 0$ 时，有

$$Y = \overline{A_2}\ \overline{A_1}\ \overline{A_0}D_0 + \overline{A_2}\ \overline{A_1}A_0D_1 + \overline{A_2}A_1\ \overline{A_0}D_2 + \overline{A_2}A_1A_0D_3 + A_2\ \overline{A_1}\ \overline{A_0}D_4$$
$$+ A_2\ \overline{A_1}A_0D_5 + A_2A_1\ \overline{A_0}D_6 + A_2A_1A_0D_7$$

【例 4 - 12】　试用数据选择器实现逻辑函数 $Y = \overline{A}B + A\overline{B} + C$。

解　将该逻辑函数展开成最小项之和的形式，即

$$Y = \sum m(1,2,3,4,5,7) = \overline{A}\,\overline{B}C + \overline{A}B\overline{C} + \overline{A}B\overline{C} + A\overline{B}\,\overline{C} + A\overline{B}C + ABC$$

对比 8 选 1 的数据选择器的输出函数表达式，可以知道，只要能够令 $D_0 = D_6 = 0$ 且 $D_1 = D_2 = D_3 = D_4 = D_5 = D_7 = 1$，就可以实现函数 Y，其电路图如图 4 - 27 所示。

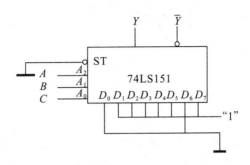

图 4 - 27　用数据选择器 74LS151 实现逻辑函数

4.5　加法器和数值比较器

在数字系统中，除了可以进行逻辑运算之外，还可以进行数值的算术运算。加法器和数值比较器也是常用的组合逻辑电路。

4.5.1　加法器

1. 半加器

半加器就是一个仅能实现两个二进制相加的运算电路，不考虑来自低位的进位。因此，有两个输入端和两个输出端。半加器的逻辑图如图 4 - 28 所示。

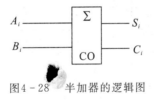

图 4 - 28　半加器的逻辑图

半加器的真值表如表 4 - 17 所示。

表 4 - 17　半加器的真值表

输　　入		输　　出	
A_i	B_i	S_i（本位）	C_i（进位）
0	0	0	0
0	1	1	0
1	0	1	0
1	1	0	1

其逻辑函数表达式为

$$S_i = \overline{A_i}B_i + A_i\overline{B_i}, \quad C_i = A_iB_i$$

半加器可以由一个异或门和一个与门组成，也可以用与非门实现。图 4 - 29 使用一个异或门和一个与门组成了半加器。

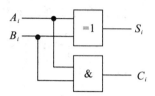

图4 - 29　　用异或门和与门组成半加器

2. 全加器

如果逻辑运算不仅考虑两个一位二进制数相加，而且还考虑来自低位进位数相加的运算电路，称为全加器。全加器的逻辑图如图 4 - 30 所示。

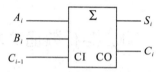

图 4 - 30　　全加器的逻辑图

全加器有三个输入信号：加数 A_i、被加数 B_i、来自低位的进位 C_{i-1}；两个输出信号：本位和 S_i，向高位的进位 C_i。全加器的真值表如表 4 - 18 所示。

表 4 - 18　　全加器的真值表

输	入		输	出
A_i	B_i	C_{i-1}	S_i	C_i
0	0	0	0	0
0	0	1	1	0
0	1	0	1	0
0	1	1	0	1
1	0	0	1	0
1	0	1	0	1
1	1	0	0	1
1	1	1	1	1

根据真值表可以得出逻辑函数表达式为

$$S_i = \overline{A_i}\,\overline{B_i}C_{i-1} + \overline{A_i}B_i\,\overline{C_{i-1}} + A_i\,\overline{B_i}\,\overline{C_{i-1}} + A_iB_iC_{i-1}$$
$$= A_i \oplus B_i \oplus C_{i-1}$$
$$C_i = \overline{A_i}B_iC_{i-1} + A_i\,\overline{B_i}C_{i-1} + A_iB_i\,\overline{C_{i-1}} + A_iB_iC_{i-1}$$
$$= A_iC_{i-1} + A_iB_i + B_iC_{i-1}$$

多个全加器可以组成多位串行进位的加法器，低位全加器的进位输出端依次连接至相邻高位全加器的进位输入端，最低位的全加器的进位端接地。四位串行加法器如图 4 - 31 所示。

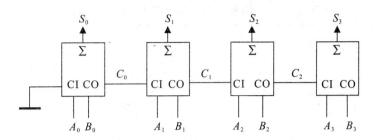

图 4 - 31　四位串行加法器

　　串行加法器电路简单，但是由于速度较慢，要求前一位的加法运算必须在低一位的运算完成之后才能进行。因此为了提高运算速度，可以采用超前进位加法器。

4.5.2　数值比较器

1. 一位数值比较器

数字电路中，用来实现二进制数值比较的电路称为数值比较器。其函数表达式为：

(1) $A > B$ 时，输出 $Y_{(A>B)} = A\overline{B}$；

(2) $A < B$ 时，输出 $Y_{(A<B)} = \overline{A}B$；

(3) $A = B$ 时，输出 $Y_{(A=B)} = \overline{AB} + AB = A \odot B$。

数值比较器的真值表如表 4 - 19 所示，比较器有两个输入端，三个输出端。

表 4 - 19　一位数值比较器真值表

A	B	$Y_{(A>B)}$	$Y_{(A=B)}$	$Y_{(A<B)}$
0	0	0	1	0
0	1	0	0	1
1	0	1	0	0
1	1	0	1	0

2. 多位数值比较器

　　比较两个四位二进制数 $A = A_3A_2A_1A_0$ 和 $B = B_3B_2B_1B_0$ 时，首先比较最高位，如果 $A_3 > B_3$，则 $A > B$；如果 $A_3 < B_3$，则 $A < B$；如果相同则进行下一位的比较，依次由高到低完成比较。数值比较的功能可以使用集成数字比较器 74LS85 来实现。

　　集成数值比较器 74LS85 的逻辑符号如图 4 - 32 所示。八个输入端 $A_3A_2A_1A_0$ 和 $B_3B_2B_1B_0$ 用于输入比较的 4 位二进制数，三个输出端表示比较结果。$I_{(A>B)}$、$I_{(A<B)}$、$I_{(A=B)}$ 是为了扩大比较器功能设置的，当不用时 $I_{A=B}$ 接高电平，其余接低电平。需要扩大比较的位数时，要用这三个扩展端，将低位的比较结果分别接到这三个扩展端即可。由于在高位数相等时，才能比较低 4 位数。所以只有在两个 4 位二进制数相等时，输出才由 $I_{(A<B)}$、$I_{(A>B)}$、$I_{(A=B)}$ 决定。74LS85 的具体功能参见表 4 - 20。

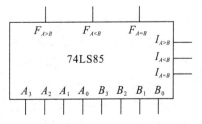

图 4 - 32　集成数值比较器 74LS85

表 4 - 20　　集成数值比较器 74LS85 的功能表

输　　入				级联输入			输　　出		
A_3，B_3	A_2，B_2	A_1，B_1	A_0，B_0	$I_{(A>B)}$，	$I_{(A<B)}$，	$I_{(A=B)}$	$F_{(A>B)}$，	$F_{(A<B)}$，	$F_{(A=B)}$
1　0	×	×	×	×	×	×	1	0	0
0　1	×	×	×	×	×	×	0	1	0
$A_3 = B_3$	1　0	×	×	×	×	×	1	0	0
$A_3 = B_3$	0　1	×	×	×	×	×	0	1	0
$A_3 = B_3$	$A_2 = B_2$	1　0	×	×	×	×	1	0	0
$A_3 = B_3$	$A_2 = B_2$	0　1	×	×	×	×	0	1	0
$A_3 = B_3$	$A_2 = B_2$	$A_1 = B_1$	1　0	×	×	×	1	0	0
$A_3 = B_3$	$A_2 = B_2$	$A_1 = B_1$	0　1	×	×	×	0	1	0
$A_3 = B_3$	$A_2 = B_2$	$A_1 = B_1$	$A_0 = B_0$	1	0	0	1	0	0
$A_3 = B_3$	$A_2 = B_2$	$A_1 = B_1$	$A_0 = B_0$	0	1	0	0	1	0
$A_3 = B_3$	$A_2 = B_2$	$A_1 = B_1$	$A_0 = B_0$	0	0	1	0	0	1
$A_3 = B_3$	$A_2 = B_2$	$A_1 = B_1$	$A_0 = B_0$	×	×	1	0	0	1

4.6　常用的中规模集成电路(MSI) 应用

随着电子技术的发展，电子电路的形式已经从最初的依靠分立元件之间的连接发展到了中规模、大规模和超大规模集成电路。单个芯片的功能大大增强，在中规模集成电路中，集成了译码器和计数器等组合电路，而在超大规模的集成电路中，甚至继承了子系统(如存储器等)。这样一些集成电路组成的数字系统体积小、能耗低、可靠性高。

1. MSI 设计电路的一般方法

设计组合电路的常用器件是数据选择器、译码器和全加器等。设计方法一般如下：

(1) 分析实际问题，确定输入变量和输出变量；

(2) 根据所需的逻辑功能确定真值表或最小项表达式；

(3) 根据表达式和逻辑功能，选择合适的 MSI 器件，通常对于单输出函数的实现一般采用数据选择器，对多输出函数一般采用译码器；

(4) 得出逻辑函数表达式；

(5) 根据表达式画出逻辑连线图。

2. 单输出函数的设计方法

如果逻辑函数是一个单输出函数表达式，我们可以采用数据选择器来实现其功能。

单输出函数的设计方法如下：

(1) 列出对应的真值表，写出最小项表达式；

(2) 确定变量的数量，选择合适的数据选择器；

(3) 写出该数据选择器的输出表达式；

(4) 对照输出表达式和逻辑函数的最小项表达式，确定输入变量的取值；

（5）根据比较的结果进行连线。

【**例 4-13**】 设计一个三位奇偶校验器，要求三位二进制中有奇数个 1 输出为 1，否则为 0。

解 （1）列出对应的真值表如表 4-21，写出最小项表达式。

最小项表达式为

$$Y = \overline{A}\,\overline{B}C + \overline{A}B\overline{C} + A\overline{B}\,\overline{C} + ABC$$

表 4-21 奇偶校验真值表

A	B	C	Y
0	0	0	0
0	0	1	1
0	1	0	1
0	1	1	0
1	0	0	1
1	0	1	0
1	1	0	0
1	1	1	1

（2）确定变量的数量，选择合适的数据选择器。

由于进行比较的是三位二进制，因此我们选择 8 选 1 的数据选择器 74LS151。

（3）写出该数据选择器的输出表达式。

74LS151 数据选择器的输出函数表达式为

$$Y = \overline{A_2}\,\overline{A_1}\,\overline{A_0}D_0 + \overline{A_2}\,\overline{A_1}A_0D_1 + \overline{A_2}A_1\,\overline{A_0}D_2 + \overline{A_2}A_1A_0D_3 + A_2\,\overline{A_1}\,\overline{A_0}D_4$$
$$+ A_2\,\overline{A_1}A_0D_5 + A_2A_1\,\overline{A_0}D_6 + A_2A_1A_0D_7$$

（4）对照输出表达式和逻辑函数的最小项表达式，确定输入变量的取值。

$$D_1 = D_2 = D_4 = D_7 = 1 \qquad D_0 = D_3 = D_5 = D_6 = 0$$
$$A_2 = A, A_1 = B, A_0 = C$$

（5）根据比较的结果进行连线，如图 4-33 所示。

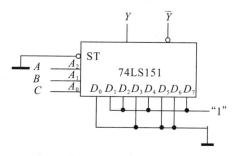

图 4-33 例 4-13 题的连线图

3. 多输出函数的设计方法

如果逻辑函数是一个多输出函数表达式，可以采用译码器来实现其功能。

多输出函数的设计方法如下：

(1) 将逻辑函数写为最小项表达式，选择适合的译码器；

(2) 使用译码器实现逻辑函数；

(3) 根据输入和输出变量的表达式，采用相应的门电路实现多输出函数。

【例 4 - 14】 设计一个数字电路，实现下列多输出函数：

$$\begin{cases} Y_1 = \overline{A}\,\overline{B}C + \overline{A}B\overline{C} \\ Y = \overline{A}B + C \\ Y = AB + AC \end{cases}$$

解 (1) 将逻辑函数写为最小项表达式，选择适合的译码器。

该逻辑函数的最小项表达式为

$$\begin{cases} Y_1 = \overline{A}\,\overline{B}C + \overline{A}B\overline{C} = m_1 + m_2 \\ Y = \overline{A}B + C = m_1 + m_2 + m_5 + m_7 \\ Y = AB + AC = m_5 + m_6 + m_7 \end{cases}$$

由于输入变量均为三个，因此选择 3 线- 8 线 74LS138 译码器。

(2) 使用译码器实现逻辑函数。

将译码器的输出函数与本题的逻辑函数对比，可以确定译码器的输入和输出函数为

$$A_2 = A, \ A_1 = B, \ A_0 = C$$

$$Y_1 = \overline{A}\,\overline{B}C + \overline{A}B\overline{C} = m_1 + m_2 = \overline{\overline{m_1} \cdot \overline{m_2}}$$

$$Y = \overline{A}B + C = m_1 + m_2 + m_3 + m_5 + m_7 = \overline{\overline{m_1} \cdot \overline{m_2} \cdot \overline{m_3} \cdot \overline{m_5} \cdot \overline{m_7}}$$

$$Y = AB + AC = m_5 + m_6 + m_7 = \overline{\overline{m_5} \cdot \overline{m_6} \cdot \overline{m_7}}$$

(3) 根据输入和输出变量的表达式，采用相应的门电路实现多输出函数。

根据以上输出函数表达式，画出电路连线图实现函数功能，如图 4 - 34 所示。

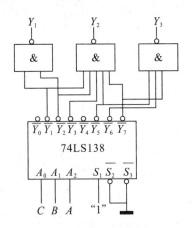

图 4 - 34 译码器实现多输出函数

本 章 小 结

1. 组合逻辑电路：在任一时刻，如果逻辑电路的输出状态只取决于输入各状态的组合，而与电路原来的状态无关，其输入、输出逻辑关系按照逻辑函数的运算法则。

2. 组合逻辑电路的分析方法：由所给定的逻辑图写出逻辑表达式；用逻辑代数法或卡诺图法化简，求出最简函数式；列出真值表；最后写出输出与输入的逻辑功能说明。

3. 组合逻辑电路的设计方法：根据实际问题所要求的逻辑功能，首先确定组合逻辑电路的输入变量和输出变量，并对它们进行逻辑状态赋值，确定逻辑 1 和逻辑 0 所对应的状态；然后准确列写真值表；根据真值表写出逻辑表达式，并用逻辑代数法进行化简，求出最简逻辑表达式；按照最简逻辑表达式，画出相应的逻辑图。

4. 用中规模集成电路组成的加法器、译码器、编码器、数据选择器等是常用的典型组合逻辑电路，重点掌握它们的外部逻辑功能及基本应用。

思 考 与 练 习

1. 组合逻辑电路是指任何时刻电路输出信号的状态，它仅仅取决于_____，而与_____无关，组合逻辑电路_____记忆功能。

2. 简述组合逻辑电路的分析步骤。

3. 简述组合逻辑电路的功能特点和电路结构特点。

4. 设计一个路灯控制电路，要求在两个不同的地方都能独立控制路灯的亮和灭。当一个开关动作后灯亮，另一个开关动作后灯灭。设计一个能实现此要求的组合逻辑电路。

5. 试分析图 4 - 35 的逻辑功能。

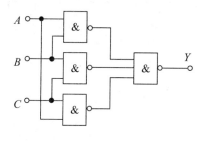

图 4 - 35

6. 简述组合逻辑电路的设计步骤。

7. 分析设计：某医院为了加强管理，方便病人在夜间了解医生和护士在值班室的情况，特地设计安装了一个系统。要求是：当值班室医生和护士都在时，病房里的绿灯就亮；当值班室只要有医生在时，病房里的黄灯就亮；当值班室医生和护士都不在时，病房里的红灯就亮。请设计一个组合逻辑电路。

8. 什么叫编码？编码器有哪几类？它们的输入变量间各有什么样的关系要求？

9. 试分析如图 4 - 36 所示编码器逻辑图，写出逻辑表达式与真值表。

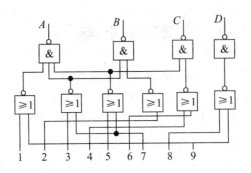

图 4 - 36　编码器

10. 试分析如图 4 - 37 所示三位二进制译码器的逻辑表达式和真值表。

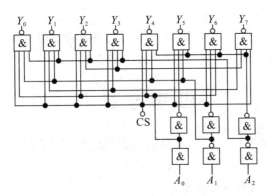

图 4 - 37　三位二进制译码器

第 5 章　集成触发器与波形变换电路

本章导言

组合逻辑电路虽然可以实现许多逻辑功能，但它没有记忆能力，这显然不能满足实际要求。那么，怎样才能使设计出的逻辑电路具有记忆功能呢？这就需要学好本章的各种触发器知识，有了触发器，电路就有记忆功能，输入信号一旦输入到电路中，即使撤销输入信号，电路的输出仍将保持在有信号的状态，除非再有新的信号输入。555 时基集成电路是组成数字电路的最基本电路，用来实现定时、延时、信号的产生和波形的整形等功能。本章重点介绍几种典型触发器的功能及工作过程。

教学目标

(1) 熟悉各种触发器的电路结构和逻辑功能分类。

(2) 理解各种触发器的触发方式、工作特点以及逻辑功能描述方法。

(3) 熟悉各种触发器的使用方法和相互转换方法。

(4) 了解脉冲信号及其参数。

(5) 理解施密特电路、单稳态电路和多谐振荡电路的工作原理。

(6) 掌握 555 定时器的工作原理。

(7) 掌握用 555 定时器实现施密特、单稳态和多谐振荡电路的方法。

触发器是数字逻辑电路中的另一类基本单元电路。它是一种最简单的时序电路，是构成其他时序电路的最基本的单元电路。触发器具备两个稳定状态，即"0"态和"1"态，这两种稳定状态可以分别代表二进制数码 0 和 1。如果外加合适的触发信号，触发器的状态可以相互转换。这种电路的特点是具有记忆功能。

在数字电路中，组合逻辑电路的输出状态仅取决于电路当前的输入状态，而与电路以前的状态无关。但数字电路也需要对各种数字信号进行处理和运算，因此就需要将以前的运算结果保存起来，以备使用。这就要求数字电路具有记忆功能。本章讲述的触发器就可以实现存储一位二进制数字信号的功能。我们可以通过将多个触发器组合成集成触发器实现多位二进制信号的存储。

触发器具有以下三个基本特性：

(1) 有两个能自行保持的稳定状态，可分别表示二进制数码 0 和 1；

(2) 在输入信号作用下，两个稳态可相互转换（称为翻转）；

(3) 已转换的稳定状态在输入信号消失之后仍能长期保持下来，这就使得触发器能够记忆二进制信息，常用作二进制存储单元。

按照逻辑功能的不同，触发器可分成基本 RS 触发器、同步 RS 触发器、JK 触发器、D

触发器等多种形式，其中最常用的是 D 触发器和 JK 触发器；按照触发方式的不同可以分为电平触发器、边沿触发器和主从触发器等；按组成电路的器件来分，有 TTL 型触发器和 CMOS 型触发器。本章着重介绍常用的集成触发器的组成和逻辑功能，首先从基本 RS 触发器入手，然后介绍同步 RS 触发器、主从 JK 触发器和 D 触发器。

5.1　基本 RS 触发器

1. 逻辑结构及符号

基本 RS 触发器电路结构最简单，它是构成其他触发器的基本组成单元，逻辑电路如图 5-1(a)所示、逻辑符号如图 5-1(b)所示，它由两个"与非门"G_1 和 G_2 的输入端和输出端相互交叉反馈连接而成。Q、$\overline{Q}$ 为输出端，Q 与 $\overline{Q}$ 端的电平总是一高一低，互为"0"、"1"。$\overline{S}_D$，$\overline{R}_D$ 端为输入端，小圆圈表示低电平有效，即只有输入信号为低电平（"0"）时，才能触发电路，为高电平（"1"）时，对电路无影响。

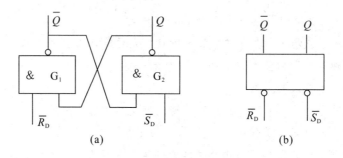

图 5-1　基本 RS 触发器

2. 工作原理

触发器逻辑功能的分析，是根据电路结构建立输入、输出之间的逻辑关系，然后分析其逻辑功能。触发器常见逻辑功能的几种情况分析如下：

(1) 当 $\overline{S}_D = 0$，$\overline{R}_D = 1$ 时，无论触发器原来是何状态，其次态一定为"1"，即 $Q^{n+1} = 1$，触发器处于置位状态。

(2) 当 $\overline{S}_D = 1$，$\overline{R}_D = 0$ 时，无论触发器原来是何状态，其次态一定为"0"，即 $Q^{n+1} = 0$，触发器处于复位状态。

(3) 当 $\overline{S}_D = \overline{R}_D = 1$ 时，触发器状态不变，维持原态，即 $Q^{n+1} = Q^n$。

(4) 当 $\overline{S}_D = \overline{R}_D = 0$ 时，即 $Q^{n+1} = \overline{Q}^{n+1} = 1$，破坏了触发器的正常工作状态，使触发器失效。而且当输入条件同时消失时，触发器处于不定状态。这种情况是不允许的，因此使用时禁止 $\overline{S}_D = \overline{R}_D = 0$ 出现。

3. 真值表

基本 RS 触发器的真值表（即输入、输出的逻辑关系）如表 5-1 所示。从真值表 5-1 中可以看出，基本 RS 触发器的逻辑功能是：保持记忆、置"1"、置"0"，如表 5-2 所示。在表中 Q^n 为触发器目前的状态，Q^{n+1} 为触发器在输入端信号作用下的下一个状态（即次态）。

表 5 – 1　**基本 RS 触发器的真值表**

$\overline{S}_\mathrm{D}$	$\overline{R}_\mathrm{D}$	Q^n	Q^{n+1}
0	0	0	不定
0	0	1	不定
0	1	0	1
0	1	1	1
1	0	0	0
1	0	1	0
1	1	0	0
1	1	1	1

表 5 – 2　**基本 RS 触发器的功能表**

$\overline{S}_\mathrm{D}$	$\overline{R}_\mathrm{D}$	Q^{n+1}
0	0	不定
0	1	1
1	0	0
1	1	Q^n

4. 特征方程

特征方程又称为状态方程或特性方程，根据表 5 – 1，我们可以用卡诺图化简得到输入与输出之间的逻辑函数表达式，不允许出现的情况就采用约束条件表示，即

$$\begin{cases} Q^{n+1} = S_\mathrm{D} + \overline{R_\mathrm{D}} Q^n \\ \overline{S_\mathrm{D}} + \overline{R_\mathrm{D}} = 1 \qquad （约束条件） \end{cases}$$

该式中约束条件表示，基本 RS 触发器的输入端不允许同时出现为 0 的情况。

5. 状态转换图

状态转换图是描述触发器状态转换规律的图形，圆圈表示触发器的某个稳定状态，箭头表示转换方向，箭头旁的式子表示转换的条件，"×"号表示任意值。基本 RS 触发器的状态转换图如图 5 – 2 所示。

6. 波形图

根据触发器的真值表可以画出触发器在输入信号的激励下输出端的波形。基本 RS 触发器的状态波形图如图 5 – 3 所示。

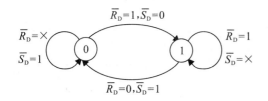

图 5 – 2　基本 RS 触发器的状态转换图

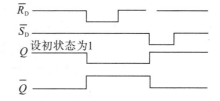

图 5 – 3　基本 RS 触发器的状态波形图

7. 基本 RS 触发器的主要特点

优点：电路简单，可以存储一位二进制代码，是构成其他触发器的基础。

缺点：输入端信号直接控制输出状态，无时钟控制端；$\overline{S}_\mathrm{D}$、$\overline{R}_\mathrm{D}$ 端不能同时输入有效信号，$\overline{S}_\mathrm{D}$、$\overline{R}_\mathrm{D}$ 之间存在约束关系。

5.2 同步(可控)RS 触发器

基本 RS 触发器的输入信号是以电平信号直接控制触发器翻转的，因此其抗干扰能力差。在实际应用中，当采用多个触发器工作时，要求各触发器的翻转在某一时刻进行，就需要引入一个时钟控制信号，简称时钟脉冲，用 CP 表示。只有当时钟脉冲信号到达时，才能根据输入信号一起翻转。将具有时钟脉冲信号控制的触发器称为可控触发器或同步 RS 触发器。

可控触发器按触发方式分类，有脉冲触发的触发器和边沿触发的触发器。脉冲触发是指在 CP 脉冲全部作用时间内触发器的输入信号都可能影响输出状态。边沿触发的输出状态仅仅取决于 CP 脉冲边沿到达时刻输入信号的状态。边沿触发又分为正边沿(上升沿)触发和负边沿(下降沿)触发。

1. 电路结构与符号

同步 RS 触发器是在基本 RS 触发器中增加两个"与非门" G_3 和 G_4 组成时钟控制门构成的。同步 RS 触发器逻辑图如图 5-4(a)所示，逻辑符号如图 5-4(b)所示。

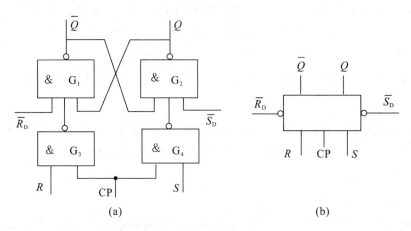

(a)   (b)

图 5-4   同步 RS 触发器

2. 工作原理

由于含有基本 RS 触发器，不受时钟脉冲控制，所以同步 RS 触发器有置"1"和置"0"的功能。只有当 $\overline{S}_D = \overline{R}_D = 1$ 时，才能反映输入变量 R、S 在 CP 脉冲控制下的输出状态。但是在 CP = 0 时，G_3 和 G_4 均被封闭，R、S 信号根本进不去，相当于基本 RS 触发器的输入为 1，所以触发器的状态保持不变，输出 $Q^{n+1} = Q^n$；当 CP = 1 时，G_3 和 G_4 才能打开，其逻辑功能如下：

(1) $S = 0$、$R = 0$ 时，$G_3 = 1$、$G_4 = 1$，$Q^{n+1} = Q^n$。

(2) $S = 0$、$R = 1$ 时，$G_3 = 1$、$G_4 = 0$，$Q^{n+1} = 0$。

(3) $S = 1$、$R = 0$ 时，$G_3 = 0$、$G_4 = 1$，$Q^{n+1} = 1$。

(4) $S = 1$、$R = 1$ 时，$G_3 = 0$、$G_4 = 0$，触发器处于不定状态，所以应用可控 RS 触发器时应禁止 $S = R = 1$ 出现。

3. 真值表

同步 RS 触发器的真值表如表 5−3 所示。从真值表中可总结出可控 RS 触发器的逻辑功能，如表 5−4 所示。

<table>
<tr><th colspan="6">表 5−3　同步 RS 触发器的真值表</th></tr>
</table>

输　　入			输　　出
S	R	Q^n	Q^{n+1}
0	0	0	0
0	0	1	1
0	1	0	0
0	1	1	0
1	0	0	1
1	0	1	1
1	1	0	不定
1	1	1	不定

表 5−4　同步 RS 触发器的功能表

S	R	Q^{n+1}
0	0	Q^n
0	1	0
1	0	1
1	1	不定

4. 特性方程

根据时钟 RS 触发器的功能特性表 5−4，可以得到特性方程为

$$\begin{cases} Q^{n+1} = S + \overline{R}Q^n \\ RS = 0 \text{（约束条件，即 R 与 S 不能同时为 1）} \end{cases}$$

5. 状态转换图

同步 RS 触发器的状态转换图如图 5−5 所示。

6. 波形图

同步 RS 触发器的状态波形图如图 5−6 所示。

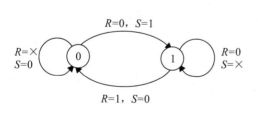

图 5−5　同步 RS 触发器的状态转换图

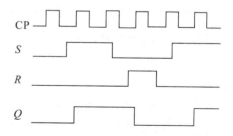

图 5−6　同步 RS 触发器的状态波形图

5.3　主从 JK 触发器

同步 RS 触发器与基本 RS 触发器相比较，其性能有所改善，但同步 RS 触发器的触发方式为脉冲触发，因此实际应用中存在空翻现象，即在 CP = 1 期间，触发器的状态可能发

生多次翻转。另外这种触发器的输入状态不能同时为"1"，所以在应用中往往受到限制。而采用主从 JK 触发器就能解决在 CP 脉冲一个周期内，输出状态只改变一次的不足。

1. 电路结构及符号

主从 JK 触发器的电路结构及符号如图 5-7 所示。

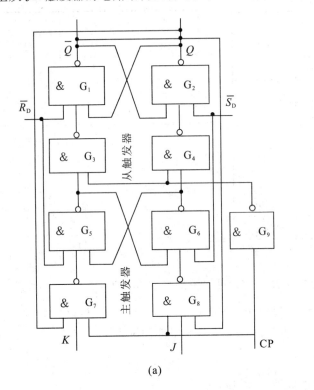

(a)

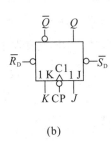

(b)

图 5-7　主从 JK 触发器的电路结构及符号

主从 JK 触发器是在由两个相同的同步 RS 触发器组成的主从 RS 触发器的基础上，又加上两条反馈线构成的。$G_1 \sim G_4$ 组成的同步 RS 触发器为从触发器；$G_5 \sim G_8$ 组成的同步 RS 触发器为主触发器。从触发器的输入信号是主触发器的输出信号 Q 和 $\overline{Q}$。G_9 门是一个非门，其作用是将 CP 反相后控制从触发器。输出端 Q 和 $\overline{Q}$ 交叉反馈到 G_7 和 G_8 的输入端，以保证 G_7 和 G_8 的输入为互补状态。J、K 端为信号输入端，Q 和 $\overline{Q}$ 为触发器的两个互补输出端。

由于时钟脉冲的下降沿到来时，触发器的状态发生改变，因此主从 JK 触发器的触发方式为下降沿触发，在图 5-7(b)中 CP 端加小圆圈表示下降沿触发。

2. 工作原理 $(\overline{S}_D = \overline{R}_D = 1)$

在 CP = 1 期间，G_7 和 G_8 被打开，主触发器的状态根据 J、K 输入信号的变化而改变，并存在主触发器中等待输出，因为 G_3 和 G_4 被封锁，所以从触发器保持原状态不变。

在 CP 由 1 变 0 时刻，G_3 和 G_4 被打开，从触发器按主触发器的状态翻转，而 G_7 和 G_8 被封锁，此后 J、K 输入信号的改变不会引起主触发器的变化，从触发器的状态也不会改变，这就保证了在 CP 脉冲的一个周期内，触发器的输出状态只在脉冲的下降沿时刻改变一次，具体分析如下：

（1）无论触发器的原态是 0 或 1，在 CP = 1 期间，$J = 1$、$K = 0$ 时，根据同步 RS 触发器的功能，主触发器置 1 态。当 CP 脉冲的下降沿到来时，从触发器也置 1 态，即 $Q^{n+1} = 1$。在 CP = 0 期间，G_7 和 G_8 被封锁，主触发器的状态保持不变，因此从触发器的状态也不变，即主从 JK 触发器在 CP = 0 期间状态保持不变。此即为主从 JK 触发器的置 1 功能。

（2）无论触发器的原态是 0 或 1 态，在 CP = 1 期间，$J = 0$、$K = 1$ 时，根据同步 RS 触发器的功能，主触发器置 0 态。当 CP 脉冲的下降沿到来时，从触发器也置 0 态，即 $Q^{n+1} = 0$。在 CP = 0 期间，G_7 和 G_8 被封锁，主触发器的状态保持不变，因此从触发器的状态也不变，即在 CP = 0 期间状态保持不变。此即为主从 JK 触发器的置 0 功能。

（3）无论触发器的原态是 0 或 1 态，在 CP = 1 期间，$J = 0$、$K = 0$ 时，G_7 和 G_8 被封锁，主触发器的状态保持不变，当 CP 脉冲的下降沿到来时，从触发器的状态也不变，即 $Q^{n+1} = Q^n$。此即为主从 JK 触发器的保持功能。

（4）如果触发器的原态是 0 态，在 CP = 1 期间，$J = 1$、$K = 1$ 时，$G_7 = 0$，$G_8 = 1$，根据同步 RS 触发器的功能，主触发器置 1 态，当 CP 脉冲的下降沿到来时，从触发器也置 1 态，即 $Q^{n+1} = 1$，$Q^{n+1} = \overline{Q^n}$。此即为主从 JK 触发器的翻转功能。

（5）如果触发器的原态是 1 态，在 CP = 1 期间，$J = 1$、$K = 1$ 时，$G_7 = 1$，$G_8 = 0$，根据同步 RS 触发器的功能，主触发器置 0 态，当 CP 脉冲的下降沿到来时，从触发器也置 0 态，即 $Q^{n+1} = 0$，$Q^{n+1} = \overline{Q^n}$。此即为主从 JK 触发器的翻转功能。

根据以上分析，可总结出主从 JK 触发器的逻辑关系如下：

(1) 若 J、K 端相异，则下一个输出状态为 $Q^{n+1} = J$；

(2) 若 $J = K = 0$，则下一个输出状态为 $Q^{n+1} = Q^n$；

(3) 若 $J = K = 1$，则下一个输出状态为 $Q^{n+1} = \overline{Q^n}$。

3. 真值表

JK 触发器的逻辑功能如表 5-5 所示。

表 5-5　JK 触发器逻辑功能表

输　　入		输　　出	逻　辑
J	K	Q^{n+1}	功　能
0	0	Q^n	保持
0	1	0	置 0
1	0	1	置 1
1	1	$\overline{Q^n}$	计数

4. 特征方程

根据主从 JK 触发器的功能特性表 5-5，可以得到其特征方程为

$$Q^{n+1} = J\,\overline{Q^n} + \overline{K}Q^n$$

5. 状态转换图

根据主从 JK 触发器的功能特性表 5 - 5 可得到主从 JK 触发器的状态转换图如图 5 - 8 所示。

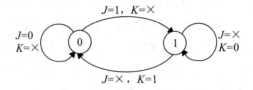

图 5 - 8　主从 JK 触发器的状态转换图

6. 波形图

根据主从 JK 触发器的功能特性表 5 - 5 可得到主从 JK 触发器的状态波形图,如图5 - 9 所示。

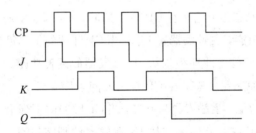

图 5 - 9　主从 JK 触发器的状态波形图

JK 触发器的性能比 RS 触发器更完善、更优良,它既消除了空翻现象,又克服了 RS 触发器状态不定的问题,所以应用很广。

7. 主从 JK 触发器的优点

主从 JK 触发器的优点是:主、从分时控制,在两个节拍工作,克服了触发器在一个时钟周期内多次翻转的缺点,性能上有了很大的改进,且 J、K 端的输入信号无约束,无不定态。但是由于主触发器仍是一个时钟 RS 触发器,在 CP = 1 期间,若 J、K 信号的输出状态变化,则可能会引起主触发器产生一次翻转(无法复原),在脉冲下跳时送入从触发器输出,产生误触发,即一次空翻现象,这是不利的。因此,在 CP = 1 期间要求 J、K 保持状态不变。

8. 集成 JK 触发器

JK 触发器在实际应用中往往做成集成触发器,比较典型的有 TTL 集成主从触发器 74LS76 和 74LS72、高速 CMOS 双 JK 触发器 HC76、边沿触发的 JK 触发器 74LS112 等。CMOS 型 JK 触发器的 CP 时钟控制为上升沿有效,其功能与 TTL 型触发器类似。

集成主从触发器 74LS76 内部集成了两个带有置 1 端 $\overline{S}_\mathrm{D}$ 和清零(置 0)端 $\overline{R}_\mathrm{D}$ 的 JK 触发器。它们都是下降沿触发的主从触发器,异步输入端 $\overline{S}_\mathrm{D}$ 和 $\overline{R}_\mathrm{D}$ 为低电平有效,引脚图如图 5 -10 所示,功能表见表 5 - 6。表中符号"↓"表示 CP 时钟的下降沿。如果在一片集成器件中有多个触发器,通常在符号前面(或后面)加上数字,以表示不同触发器的输入、输出信号,比如 1CP 与 1J、1K 同属一个触发器。

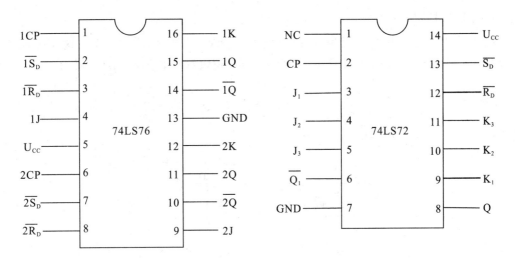

图 5 - 10　TTL 集成触发器 74LS76 和 74LS72 的引脚排列图

表 5 - 6　74LS76 的功能表

输　　　　入					输出	功能
异步输入端		时钟	同步输入端		Q^{n+1}	
$\overline{R_D}$	$\overline{S_D}$	CP	J	K		
0	0	×	×	×	不定态	不允许
0	1	×	×	×	0	异步置 0
1	0	×	×	×	1	异步置 1
1	1	↓	0	0	Q^n	保持
1	1	↓	0	1	0	同步置 0
1	1	↓	1	0	1	同步置 1
1	1	↓	1	1	$\overline{Q^n}$	翻转

5.4　D 触发器

　　通过 5.3 节对 JK 触发器的讨论可知，JK 触发器的逻辑功能最完善，它在实际应用中有很强的通用性，可以灵活地转换成其他类型的触发器。为了进一步提高抗干扰性能，希望触发器的下一个状态仅仅取决于时钟信号沿（上升沿或下降沿）到达时刻的输入状态，而与此前的状态无关。这种触发器被称为边沿时钟触发器，也被称为边沿触发器。D 触发器是常用的边沿触发器，它既可以由 JK 触发器转换而成，又可由基本 RS 触发器与其门电路组成，比如维持阻塞式 D 触发器。

　　D 触发器的特点是下一个输出状态仅取决于 CP 时钟上升沿到达时的 D 端输入状态，而与此前的 D 状态无关。所以 D 触发器也属于边沿触发器。本节学习由 JK 触发器转换而成的 D 触发器。

1. 电路结构和符号

把 JK 触发器的 K 端接一反相器后与 J 端连在一起，并把它命名为 D 端，这样就形成了 D 触发器。其简化的电路结构如图 5 - 11(a) 所示，逻辑符号如图 5 - 11(b) 所示。

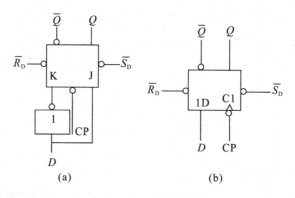

(a)　　　　　　　　　　(b)

图 5 - 11　D 触发器

2. 电路的工作原理

(1) 无论触发器的原态是 0 或 1 态，当 $D = 0$ 时，即 $J = 0$、$K = 1$。在 CP 脉冲的下降沿到来时，触发器的输出状态为 0，即 $Q^{n+1} = 0$。

(2) 无论触发器的原态是 0 或 1 态，当 $D = 1$ 时，即 $J = 1$、$K = 0$。在 CP 脉冲的下降沿到来时，触发器的输出状态为 1，即 $Q^{n+1} = 1$。

3. 真值表

由 D 触发器的工作原理可知，D 触发器的输出信号与输入信号相同，其真值表如表 5 - 7 所示。

表 5 - 7　D 触发器的真值表

输入	输出	逻辑
D	Q^{n+1}	功能
0	0	置 0
1	1	置 1

4. 特征方程

由表 5 - 7 可得 D 触发器的特性方程为

$$Q^{n+1} = D（上升沿触发）$$

5. 状态转换图

由表 5 - 7 可得 D 触发器的状态转换图如图 5 - 12 所示。

6. 波形图

由表 5 - 7 可得 D 触发器的波形图如图 5 - 13 所示。

D 触发器的应用非常广泛，可用作寄存器、计数器等，此外 D 触发器还有信号延迟和锁存的作用。

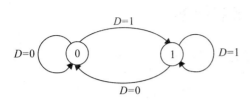

图 5-12 D 触发器的状态转换图

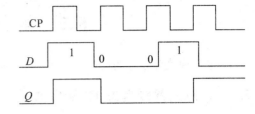

图 5-13 D 触发器的波形图

7. D 触发器特点

由于图 5-11 所示结构的触发器只允许在时钟脉冲 CP 的上升沿到来的时刻改变触发器的状态。因此，维持阻塞结构的触发器又称正边沿触发器。D 触发器多采用维持阻塞结构，其信号单端输入，应用广泛。

8. 集成 D 触发器

维持阻塞 D 触发器具有暂存数据的功能，且边沿特性好，抗干扰能力强，是构成后续介绍的时序逻辑电路的重要部件。常用的集成维持阻塞 D 触发器是 74LS74，它是上边沿有效的双 D 触发器，每个触发器仍然具有低电平有效的异步置 1、置 0 端：$\overline{S}_D$ 和 $\overline{R}_D$，如图 5-14 所示，其功能见表 5-8，其中"↑"表示 CP 时钟上跳沿触发。

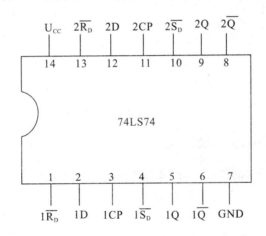

图 5-14 74LS74 的引脚图

表 5-8 74LS74 的功能表

输入				输出	功能
异步输入端		时钟	同步输入端	Q^{n+1}	
$\overline{R}_D$	$\overline{S}_D$	CP	D		
0	0	×	×	不允许	不允许
0	1	×	×	0	异步置 0
1	0	×	×	1	异步置 1
1	1	↑	0	0	同步置 0
1	1	↑	1	1	同步置 1

5.5 触发器的转换

各种不同种类触发器的表达式、输入输出函数各不相同,但在一定的条件下可以互相转换。

5.5.1 D 触发器转换为 JK 触发器

JK 触发器的特征方程为: $Q^{n+1}=J\overline{Q^n}+\overline{K}Q^n$,而 D 触发器的特征方程为: $Q^{n+1}=D$。比较两个特征方程可知,只要实现逻辑函数 $D=J\overline{Q^n}+\overline{K}Q^n$,那么就可以将 D 触发器转换为 JK 触发器。转换的逻辑图如图 5-15 所示。

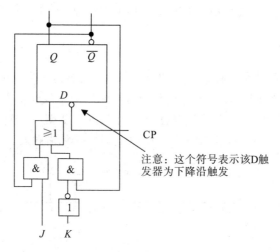

图 5-15 D 触发器转换为 JK 触发器

5.5.2 JK 触发器转换为 D 触发器

同前可得,由 D 触发器的特征方程进行变换,使之形式与 JK 触发器一致,则

$$Q^{n+1}=D=D(\overline{Q^n}+Q^n)=D\overline{Q^n}+DQ^n$$

可知,当 $J=D$,$K=\overline{D}$ 时,两个触发器的特征方程一致,如图 5-16 所示,通过使用非门,即可将 JK 触发器转换为 D 触发器。

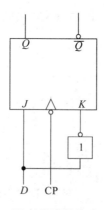

图 5-16 JK 触发器转换成 D 触发器

5.6　触发器的应用

1. 四人抢答器

在触发器的实际应用中，抢答器是常见的应用形式。例如，一个四人抢答器的电路要求为：四人参加比赛，每人一个按钮，其中最先按下按钮者，相应的指示灯亮；其他人再按按钮不起作用。电路中的主要器件为74LS175。它是六 D 触发器集成电路，里面含有6组 D 触发器，我们仅使用其中的四路输入和输出即可。

实现原理分析如下：

(1) 抢答前，主持人首先按下清零按钮（CR $=$ 0），所有的触发器输出 $Q_1 \sim Q_4$ 均为零，发光二极管都不亮，$\overline{Q_1} \sim \overline{Q_4}$ 均为高电平，当主持人松开清零按钮之后，随着外接时钟脉冲的输入，触发器处于待命状态，等待四个 D 输入端输入信号。

(2) 抢答开始。若一号选手按下按钮，D_1 输入高电平，在下一个上升沿时钟到来时，Q_1 输出高电平，而 $\overline{Q_1}$ 输出低电平。Q_1 输出高电平点亮一号选手的发光二极管。与此同时，$\overline{Q_1}$ 输出低电平经过三个与非门 G_1、G_2 后仍成为低电平，封锁与非门 G_3，使集成触发器无法得到下一个上升沿脉冲。于是集成触发器就处于停滞状态，即使有其他选手按下按钮，相应的触发器也不会改变输出状态。

(3) 抢答完毕，主持人再次按下清零按钮，准备下次抢答。

实现四人抢答器电路功能的电路原理图如图 5 - 17 所示。

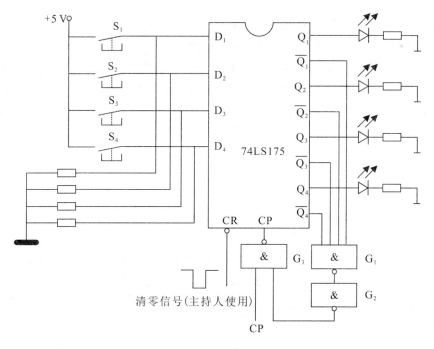

图 5 - 17　四人抢答器电路

2. 分频器

边沿触发的 D 触发器可以组成分频电路，如图 5 - 18 所示。可以看出，图中 CP 时钟为信号源的脉冲信号，$D = \overline{Q^n}$。此时 D 触发器的特征方程为：

$$Q^{n+1} = \overline{Q^n}$$

每当 CP 时钟上跳沿触发时，触发器输入状态产生翻转，故输出信号是 CP 脉冲信号频率的 $\frac{1}{2}$，即构成二分频器。如果 n 个二分频器串联，则可以构成 $\frac{1}{2^n}$ 倍的分频器。

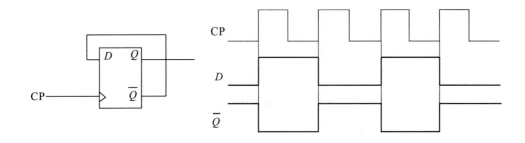

图 5 - 18　D 触发器组成二分频器

5.7　脉冲信号的产生、变换与应用

在数字电路中，常常需要各种不同频率的矩形脉冲，例如前面提到的时钟脉冲信号 CP 等等。而在数字电路中大量出现的波形都是矩形脉冲信号，矩形脉冲信号的产生和变换在数字电路和信号的检测、控制电路中都有着广泛的应用。

脉冲波的产生方法一般有两种：一种是通过方波振荡器产生；另一种是利用整形电路，将一个已有的脉冲波整形成理想的矩形脉冲波，使之满足系统的要求。本章首先介绍脉冲的基本概念和 RC 波形变换电路，然后讨论单稳态触发器、施密特触发器、多谐振荡器、555 定时器及其应用。

5.7.1　脉冲

1. 脉冲的概念

1）脉冲的定义

"脉冲"从字面意义上来看是指脉动和持续时间短促。在本书中我们主要对电路中的脉冲（电脉冲）进行讨论，电脉冲通常是指非正弦规律变化的电压、电流，它具有变化不连续、跳变的特征，在现代电子技术中有广泛的应用。

2）脉冲的种类

常见的脉冲有矩形波、方波、尖脉冲、三角波、阶梯波、锯齿波等，如图 5 - 19 所示。

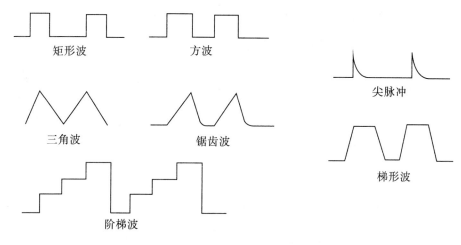

图 5-19　常见脉冲波形

3）脉冲的主要参数

在脉冲技术中，最常应用的是矩形脉冲波，如图 5-20 所示。当然，脉冲与正弦波主要的不同点是脉冲中有突然变化的部分，但是这种变化不需要时间，因而称表征脉冲特征的物理量为脉冲参数。以下仅以矩形脉冲为例，介绍主要的脉冲参数。

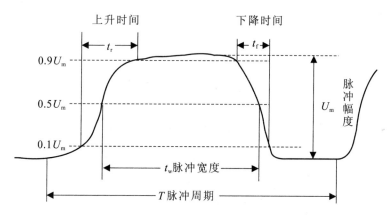

图 5-20　脉冲波形的参数

（1）脉冲幅度（U_m）：表征脉冲强弱，在数值上等于脉冲电压变化的最大值。

（2）脉冲前沿 t_r（上升时间 t_r）：指脉冲幅度从 $0.1U_m$ 上升到 $0.9U_m$ 所需的时间，它表征脉冲幅度上升快慢。

（3）脉冲后沿 t_f（下降时间 t_f）：指脉冲幅度从 $0.9U_m$ 下降到 $0.1U_m$ 所需的时间，它表征脉冲幅度下降快慢。

（4）脉冲宽度（t_w）：是指从脉冲前沿上升到 $0.5U_m$ 处开始，到脉冲后沿下降到 $0.5U_m$ 为止的一段时间，简称为脉宽，即指脉冲持续时间为有效宽度，它是脉冲前后沿的幅度各为 $0.5U_m$ 间的时间。

（5）脉冲周期（T）：指周期性重复的脉冲信号中，两个相邻脉冲之间的时间间隔，即 $T = 1/f$。其中：f 是指周期性重复的脉冲 1 s 内变化的次数，即脉冲频率。

（6）占空比 q：是指脉冲宽度 t_w 与脉冲周期 T 的比值，即 $q = \dfrac{t_w}{T}$。

2. RC 充放电规律

图 5-21 是 RC 充放电实验电路。当开关由 2 转向 1 时，电源 E 要对电容 C 充电，充电时间的长短和充电电流的大小与 R、C 参数有关。由于电容的非线性特性，流过电容的电流、电压的变化也不是线性的，一段时间后，当 $U_C = E$ 后充电结束。如果结束后，将开关又返到 2 处，则电容通过电阻 R 放电，直到放完，放电规律也不是线性的。电容的充放电规律如图 5-22 所示。

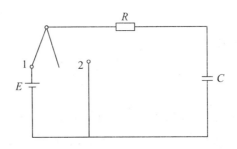

图 5-21　电容充放电实验

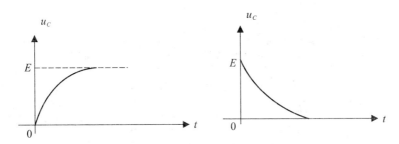

(a) RC 电路充电电压和电流的变化规律

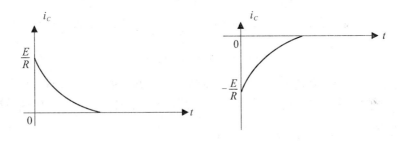

(b) 放电电压和电流的变化规律

图 5-22　电容充放电规律

可见，它们都是按指数规律变化的。

实验研究发现，电容充放电规律变化的快慢与时间常数（RC）有关。所谓时间常数，是指 R 与 C 的乘积，用 τ 表示。实验与计算都表明，τ 越小，充电越快，放电也快，τ 越大，则充电越慢，放电也越慢。图 5-23(a) 是充电曲线，图(b) 是放电曲线。

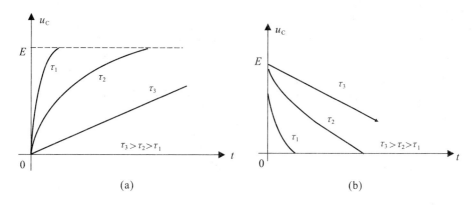

图 5-23　不同 τ 的充、放电曲线

3. 微分与积分电路

在脉冲技术中，常需要对脉冲进行变换，这就需要对波形进行变换，下面介绍在脉冲中常用到的两种 RC 波形变换电路。

1）RC 微分电路

（1）电路结构。

RC 微分电路结构如图 5-24 所示。假设输入信号为理想矩形波，脉宽 t_w 和休止期 t_g 都远大于 RC 的时间常数 τ，即电路条件为

$$RC \ll t_w，RC \ll t_g \tag{5-1}$$

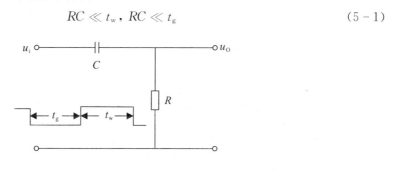

图 5-24　RC 微分电路结构

（2）电路的工作原理。

当电路接通时，输入电压 U_i 从 0 上升到 U_m 时刻，由于电容 C 表示 R 充电，其上无压降，U_i 全部加至 R 上，随着时间的推移，U_c 将逐渐增大，U_o 将减少，显而易见，流过电阻 R 的电流也从最大值开始减少。因时间常数 RC 很小，所以 U_c 很短时间充至 U_i 的最大幅度，这时 R 上电压变为 0，在脉宽期间不再发生变化。当 U_i 从 U_m 下降至 0 时刻，因电容 C 左正右负，故在电容 C 放电瞬间 $U_o = -U_m$，随着电容 C 的放电，电阻 R 上 U_o 向零靠近，同样由于放电时间常数 RC 很小，放电在较短的时间内完成，电路进入稳定状态不再变化，只有在下一个周期的 U_i 到达后才重复上述变化。例如，图 5-25 中，输入一个方波或矩形波，通过这个电路后变换成了正负的尖脉冲，这就是波形变换。因为输出 U_o 与输入 U_i 的微分成比例，所以这个电路称为微分电路。

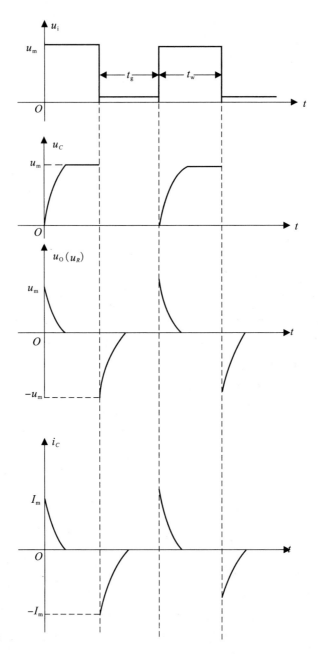

图 5 - 25　微分电路波形

（3）电路的工作特点。

由微分电路的工作波形可知，微分电路输出脉冲反映了输入脉冲的变化成分，当输入脉冲跃变时，输出幅度最大，当输入电压不变时，输出电压很小。即微分电路能对脉冲信号起到"突出变化量，压低恒定量"的作用。

注意，一般的 RC 耦合电路与微分电路结构相同，但不满足式（5-1）的关系。如果是耦合电路，则 $RC \gg t_w$，$RC \gg t_g$，可自行讨论。因而只有电路满足式（5-1）所列的这种条件时才有微分作用，否则就不能完成方波与尖脉冲的变换。

2）RC 积分电路

（1）积分电路结构。

RC 积分电路结构如图 5 - 26 所示。

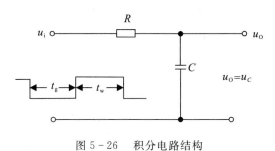

图 5 - 26　积分电路结构

（2）积分电路的条件。

RC 积分电路的条件为

$$RC \gg t_w, RC \gg t_g \tag{5-2}$$

（3）工作原理。

如图 5 - 27 所示，由 0 开始，当 U_i 从 0 上跳至 U_m 时刻，由于电容 C 对 R 充电，故 $U_C = 0$，随时间推移，U_C 逐渐上升，但由于电路条件所限，上升很慢，在脉宽时间 t_w 内上升不到最大值；当 U_i 从最大值下降到零时刻，电容 C 开始放电，同样由于电路条件的限制，在 t_g 期间放不完，因而形成如图 5 - 27 所示的波形图。可见，这种电路将方波变换成了锯齿波，这样即完成了波形变换。RC 积分电路名称来源于输出 U_o 与输入 U_i 的积分成比例。

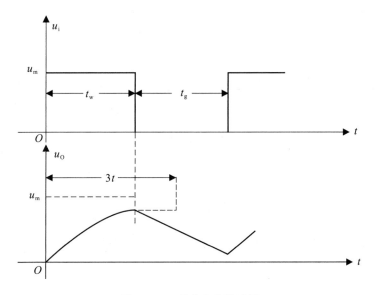

图 5 - 27　积分电路波形图

（4）工作特点。

由积分电路的波形可知，积分电路的输出脉冲反映了输入脉冲的稳定部分，当输入脉冲不变时，输出幅度较大；当输入电压突变时，输出电压很低。这与微分电路正好相反，即积分电路对脉冲信号起到"突出恒定量，压低变化量"的作用。

5.7.2 施密特电路

施密特电路是一种波形整形电路，在数字电路中应用很广，可用于幅度鉴别，也可用于多谐振荡，同时还是一种脉冲波形整形电路。施密特电路具有以下几个特点：

(1) 施密特电路属于电平触发，当输入信号达到某一额定值时，输出电平会发生突变，即电路有两个稳定状态(第一稳态和第二稳态)；

(2) 施密特电路在外加电平触发信号下可以从第一稳态翻转到第二稳态，状态的维持也需外加信号；

(3) 施密特电路存在着回差特性，即施密特电路从第一稳态翻转到第二稳态与第二稳态翻回第一稳态所需的触发电平不同。

1. 分立元件的施密特电路

1) 基本电路

基本施密特电路如图 5-28 所示，它由两级直流放大器构成，且射极接有电阻 R_4。

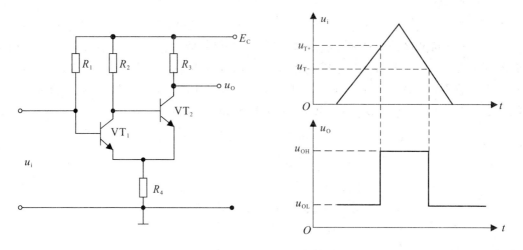

图 5-28 基本施密特电路及输入输出波形

2) 工作原理

(1) 当 u_i 为低电平时，电路参数使 VT_1 截止、VT_2 饱和，这是一种稳定状态，此时输出电压为一较小电压，故输出低电平 u_{OL}。这种状态不变，因而从输入输出波形看，在 $U_{T-} \sim U_{T+}$ 段输出状态是不变化的。

(2) 当 u_i 上升到达 u_{T+} 时，u_i 使 VT_1 饱和导通，由于 VT_1 饱和导通，VT_2 得不到开通电压而截止，因此输出为高电平 u_{OH}。通常定义 u_{T+} 为正向阈电压，当 u_i 大于正向阈电压时，电路状态也是不变的。

(3) 当 u_i 下降至某一值 u_{T-} 时，VT_1 退出饱和向截止发展，而 VT_2 则由截止向饱和发展形成脉冲的后沿，回到以前的状态。通常定义 u_{T-} 为负向阈电压。u_{T+} 和 u_{T-} 是不等的，这个差值称为回差，它可以提高抗干扰能力。

3) 施密特电路的电压传输特性

由前面的讨论可看到：u_i 只有升至大于或等于 u_{T+} 时，电路才发生状态翻转(即一种是

VT_1 截止、VT_2 饱和，另一种是 VT_1 饱和、VT_2 截止）；而 u_i 下降时，只有 u_i 小于或等于 u_{T-} 时才能发生状态翻转。因而可以用图形来表示它的电压传输特性，如图 5-29 所示。图中两条水平方向的线应该重合，为清楚起见，这里分开画，以利于理解。

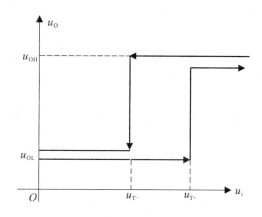

图 5-29　基本施密特电路电压传输特性

2. 集成施密特触发器

集成施密特触发器性能稳定，应用广泛，其主要产品有施密特触发的反相器（简称施密特反相器）和施密特触发的其他门电路。

1）施密特反相器

TTL 和 CMOS 产品系列中均有施密特反相器，例如 TTL 的 74LS14 和 CMOS 的 CC40106 均为六施密特触发的反相器。下面以 CC40106 为例说明其功能。

为了提高电路的性能，在施密特触发器的基础上，增加了整形级和输出级，其内部原理框图如图 5-30(a) 所示。整形级可以使输出波形的边沿更加陡峭，输出级可以提高电路的带负载能力。图 5-30(b) 所示是电路的电压传输特性，图 5-30(c) 所示的逻辑符号表示其中的一个施密特反相器。

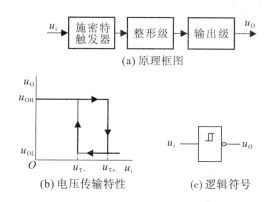

图 5-30　施密特触发反相器

2）施密特触发与非门电路

为了对输入波形进行整形，许多集成门电路采用了施密特触发的形式。例如 CMOS 的 CC4093 和 TTL 的 74LS13 就是施密特触发的与非门电路。施密特触发与非门的逻辑符号如图 5 - 31 所示。

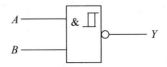

图 5 - 31 施密特触发与非门的逻辑符号

3）集成 CMOS 反相器组成施密特触发器的分析

（1）电路的组成。

由两个 CMOS 反相器组成施密特触发器的电路图和逻辑符号如图 5 - 32 所示。

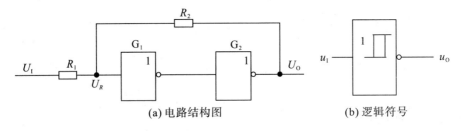

(a) 电路结构图   (b) 逻辑符号

图 5 - 32 COMS 反相器组成的施密特触发器

（2）电路的工作原理。

① 当输入电压 $U_I = 0$ 时，U_R 也为低电平，即 $U_R = 0$，那么输出 $U_O = 0$；

② 随着输入电压 U_I 的增高，U_R 也随之增高，当 $U_R \approx U_{TH}$ 时，反相器 G_1 便进入电压传输特性区域。于是就会通过两级反相器（G_1 和 G_2）放大使输出电压 U_O 增加很多，形成一个正反馈。通过电阻 R_2 使 U_R 进一步增高，于是电路输出 $U_O = U_{OH}$，此时的输入电压 $U_I = U_{T+}$。

③ 当输入电压 U_I 开始下降时，U_R 也随之下降，但只要 $U_R \geqslant U_{TH}$，输出电压 U_O 一直为高电平（即 $U_O = U_{OH}$），只有当 U_R 下降到 $U_R \approx U_{TH}$ 时，由于两级反相器的放大作用，使输出电压 U_O 迅速变为低电平。于是电路输出 $U_O = U_{OL}$，此时的输入电压 $U_I = U_{T-}$。

因此，在输入电压逐渐增大直到 $U_I = U_{T+}$ 时，电路状态发生翻转，而输入电压逐渐减少直到 $U_I = U_{T-}$ 时，才发生翻转。在 U_{T+} 和 U_{T-} 之间就有一个回差电压 ΔU_T。

根据以上分析，可画出如图 5 - 33 所示的电压波形图。

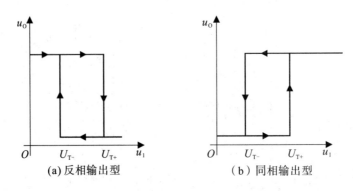

(a) 反相输出型   （b）同相输出型

图 5 - 33 典型施密特触发器的电压传输特性

3. 施密特触发器的应用

施密特触发器的应用很广泛,其典型应用举例如下所述。

1)波形变换

利用施密特触发器可以将变化缓慢的波形变换成矩形波。图 5-34 所示为用施密特触发反相器将正弦波变换成矩形波。

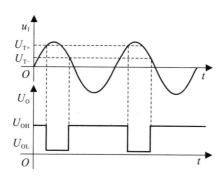

图 5-34　波形变换

2)脉冲整形

在数字电路中,矩形脉冲经传输后往往发生波形畸变,或者边沿产生振荡。通过施密特触发器整形,可以获得比较理想的矩形脉冲波形。图 5-35 所示为用施密特触发反相器实现的脉冲整形。

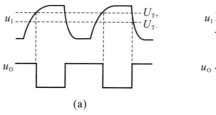 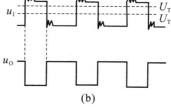

(a)　　　　　　　　　　　　　(b)

图 5-35　脉冲整形

3)脉冲鉴幅

如图 5-36 所示,将一系列幅度各异的脉冲信号加到施密特触发器的输入端,只有那些幅度大于 U_{T+} 的脉冲才会在输出端产生输出信号。可见,施密特触发器具有脉冲鉴幅的能力。

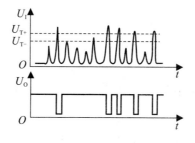

图 5-36　脉冲鉴幅

5.7.3　单稳电路

单稳电路也是一种脉冲整形电路，该电路多用于脉冲波形整形、延时和定时。它具有以下三个工作特点：

(1) 电路有一个稳态和一个暂稳态。

(2) 在外来触发信号的作用下，电路由稳态翻转到暂稳态。

(3) 暂稳态是一个不能长久保持的状态，经过一段时间后，电路会自动返回到稳态。暂稳态的持续时间取决于电路本身的参数，与外加触发信号无关。

1. 微分型单稳态触发器

1) 电路组成及工作原理

微分型单稳态触发器可由与非门或或非门构成，图 5-37(a)、(b) 所示分别为由与非门和或非门构成的单稳态触发器。与基本 RS 触发器不同，构成单稳态触发器的两个反相门是由 RC 耦合的，由于 RC 接成微分电路的形式，因此称为微分型单稳态触发器。

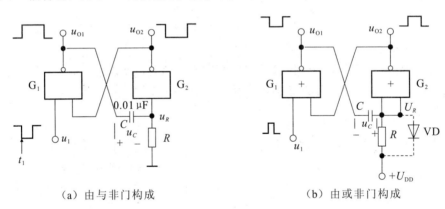

(a) 由与非门构成　　　　　　　　(b) 由或非门构成

图 5-37　微分型单稳态触发器

下面以 CMOS 或非门构成的单稳态触发器(如图 5-37(b)所示)为例来说明它的工作原理。

为了讨论方便，假定门电路的电压传输特性曲线为理想化的折线，即开门电平 U_{ON} 和关门电平 U_{OFF} 相等，这个理想化的开门电平或关门电平称为门槛电平(或阈值电平)，记为 U_{TH}。

(1) 稳态。

没有触发信号时，u_1 为低电平。由于门 G_2 的输入端经电阻 R 接至 U_{DD}，因此 u_{O2} 为低电平；G_1 的两个输入均为 0，故输出 u_{O1} 为高电平，电容两端的电压接近为 0。这是电路的"稳态"，在触发信号到来之前，电路一直处于这个状态：$u_{O1} = 1$，$u_{O2} = 0$。

(2) 外加触发信号，电路由稳态翻转到暂稳态。

当 u_1 正跳变时，G_1 的输出 u_{O1} 由高变低，经电容 C 耦合，使 u_R 为低电平，于是 G_2 的输出 u_{O2} 变为高电平。此时，即使 u_1 的触发信号撤除，由于 u_{O2} 的作用，u_{O1} 仍可维持低电平。然而，电路的这种状态是不能长久保持的，故称之为暂稳态。暂稳态时，$u_{O1} = 0$，$u_{O2} = 1$。

（3）由暂稳态自动返回稳态。

在暂稳态期间，电源经电阻 R 和门 G_1 的导通工作管对电容 C 充电，随着充电时间的增加，电容 C 上的电荷逐渐增多，使 u_R 升高，当 u_R 达到阈值电平 U_{TH} 时，电路发生下述正反馈（设此时触发脉冲已消失）：

$$C充电 \longrightarrow u_R \uparrow \longrightarrow u_{O2} \downarrow \longrightarrow u_{O1} \uparrow$$

最后使电路退出暂稳态，此时 $u_{O1} = 1$，$u_{O2} = 0$。

暂稳态结束后，电容将通过电阻 R 放电，使 C 上的电压恢复到稳定状态时的初始值。在整个过程中，电路各点的工作波形如图 5-38 所示。

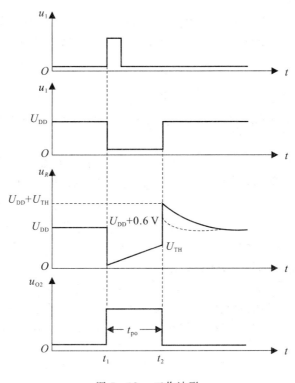

图 5-38　工作波形

2）主要参数的计算

（1）输出脉冲宽度 t_{po}。

输出脉冲宽度 t_{po} 也就是暂稳态的维持时间，可以根据 u_R 的波形进行计算。

为了计算方便起见，对于图 5-38 的 u_R 波形，将触发脉冲作用的起始时刻 t_1 作为时间起点，则

$$u_R(0^+) = 0$$
$$u_R(\infty) = U_{DD}$$

根据 RC 电路瞬态过程的分析，可得到

$$u_R = u_R(\infty) + [u_R(0^+) - u_R(\infty)]e^{\frac{-t}{\tau}} \tag{5-3}$$

当 $t = t_{po}$ 时，$u_R = U_{TH}$，代入式（5-3）可求得

$$u_R(t_{\mathrm{po}}) = U_{\mathrm{TH}} = U_{\mathrm{DD}}(1 - \mathrm{e}^{-\frac{t_{\mathrm{po}}}{RC}})$$

$$t_{\mathrm{po}} = \frac{RC\ln U_{\mathrm{DD}}}{U_{\mathrm{DD}}} - U_{\mathrm{TH}} \qquad\qquad (5-4)$$

如果 $U_{\mathrm{TH}} = U_{\mathrm{DD}}/2$，则

$$t_{\mathrm{po}} \approx 0.7RC \qquad\qquad (5-5)$$

（2）恢复时间 t_{re}。

暂稳态结束后，还需要一段恢复时间，以便电容 C 在暂稳态期间所充的电荷放完，使电路恢复到初始态度。一般要经过 $3t_{\mathrm{d}}$（t_{d} 为放电时间常数）的时间，放电才基本结束，故 t_{re} 约为 $3t_{\mathrm{d}}$。

（3）最高工作频率 $f_{\max}$。

设触发信号 u_1 的时间间隔为 T，为了使单稳电路能正常地工作，应满足 $T > t_{\mathrm{po}} + t_{\mathrm{re}}$ 的条件，即最小时间间隔 $T_{\min} = t_{\mathrm{po}} + t_{\mathrm{re}}$。因此，单稳态触发器的最高工作频率为

$$f_{\max} = \frac{1}{T_{\min}} < \frac{1}{t_{\mathrm{pk}} + t_{\mathrm{re}}} \qquad\qquad (5-6)$$

显然，上述关系式是在作了某些近似处理之后得到的（例如，忽略了导通管的漏源电阻等），因而只能作为选择参数的初步依据，准确的参数还要通过实验调整得到。

3）讨论

（1）如图 5-38 所示，在暂稳态结束（$t = t_2$）瞬间，门 G_2 的输入电压 u_R 达到 $U_{\mathrm{DD}} + U_{\mathrm{TH}}$，这么高的输入电压有可能损坏 MOS 门。为了避免这种现象发生，在 CMOS 器件内部设有保护二极管 VD，如图 5-37(b) 中的虚线所示。在电容 C 充电期间，二极管 VD 开路。而当 $t = t_2$ 时，二极管 VD 导通，于是 u_R 被钳制在 $U_{\mathrm{DD}} + 0.6\ \mathrm{V}$ 的电位上（见图 5-38 中的虚线）。同时在恢复期间，电容 C 放电的时间常数 $t_{\mathrm{d}} = (R \mathbin{/\mkern-3mu/} R_{\mathrm{f}})C$（$R_{\mathrm{f}}$ 为二极管 VD 的正向电阻），由于 $R_{\mathrm{f}} \leqslant R$，因此电容放电的时间很短。

（2）当输入 u_1 的脉冲宽度 $t_{\mathrm{pi}} > t_{\mathrm{po}}$ 时，在 u_{o2} 变为低电平后，G_1 没有响应，不能形成前述的正反馈过程，使 u_{o2} 的输出边沿变缓。因此，当输入脉冲宽度 t_{pi} 很宽时，可在单稳态触发器的输入端加上 R_{D}、C_{D} 组成的微分网络。同时为了改善输出波形，可在图 5-37 中 G_2 的输出端再加一级反相器 G_3，如图 5-39 所示。

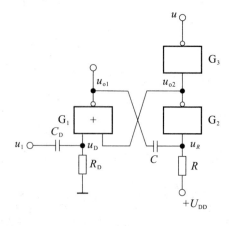

图 5-39　单稳态触发器

（3）当采用 TTL 与非门构成如图 5-37(a) 所示的单稳电路时，由于 TTL 门存在输入电流，因此，为了保证稳态时 G_2 的输入为低电平，电阻 R 要小于 $0.7\ \mathrm{k\Omega}$。如果输入端采用 R_D、C_D 微分网络，则 R_D 的数值应大于 $2\ \mathrm{k\Omega}$，使得稳态时 u_D 大于门 G_1 的开门电平 U_ON，而 CMOS 门由于不存在输入电流，因此不受此限制。

2. 集成单稳态触发器

单稳态触发器在数字系统中的应用日益广泛，目前已把它作为一个标准器件，制成中规模集成电路。

下面以 74121 为例介绍典型的集成单稳态触发器。

1）电路组成及工作原理

74121 集成单稳态触发器的结构如图 5-40 所示。它由触发输入、窄脉冲形成、基本单稳态触发器和输出级四部分组成。

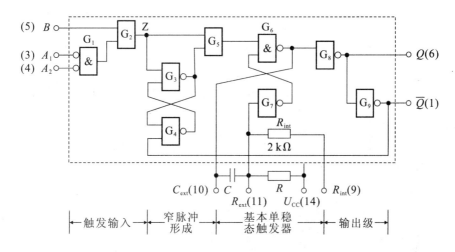

图 5-40　74121 集成单稳态触发器的结构

静态（即 Z 点没有产生上跳沿）时电路处于稳定状态：$Q=0$、$\overline{Q}=1$。如设电路在随机时 $\overline{Q}=1$，则由于电路内部反馈，迅速使 Q 端恢复到 0。其过程是：若 $Q=1$，$\overline{Q}=0$，则 RS 触发器的 G_4 输出为 1，此时 Z 点不论为高电平还是低电平，G_5 输出必定为 0，且因 G_7 的输入经 R 接 $+U_\mathrm{CC}$，故它的输出为 0。由于 G_6 的两个输入端均为低电平，使得 G_6 输出为 1，于是电路恢复到 $Q=0$ 的稳定状态。

当 Z 点产生由 0 至 1 的正跳变时，G_5 输出也产生正跳变，使电路由稳态翻转到暂稳态：$Q=1$，$\overline{Q}=0$。$\overline{Q}$ 为 0，又使 RS 触发器的 G_3 输出为 0，从而使 G_5 输出为一窄脉冲。可见，在集成单稳电路中，RS 触发器的作用与前述 RC 微分电路的作用相似。

此后，经过电容 C 的充放电，电路又回到起始的稳定状态。

2）触发与定时

（1）触发方式。

74121 集成单稳态触发器有 3 个触发输入端，在下述情况下，电路可由稳态翻转到暂稳态：

① 若两个 A 输入中有一个或两个为低电平，B 发生由 0 到 1 的正跳变。

② 若 A、B 全为高电平，A 输入中有一个或两个产生由 1 到 0 的负跳变。

74121 的功能如表 5 – 9 所示。

表 5 – 9 74121 功能表

输　　入			输　　出	
A_1	A_2	B	Q	$\overline{Q}$
0	×	1	0	1
×	0	1	0	1
×	×	0	0	1
1	1	×	0	1
1	↓	1	⊓	⊔
↓	1	1	⊓	⊔
↓	↓	1	⊓	⊔
0	×	↑	⊓	⊔
×	0	↑	⊓	⊔

（2）定时。

单稳电路的定时取决于定时电阻和定时电容的数值。74121 的定时电容连接在芯片的 10、11 引脚之间。当输出脉冲宽度较宽，而采用电解电容时，电容 C 的正极接在 C_{ext} 输入端（10 脚）。对于定时电阻，使用者可以有两种选择：

① 利用内部定时电阻（2 kΩ），此时将 9 号引脚（R_{int}）接至电源 U_{CC}（14 脚）。

② 采用外接定时电阻（阻值在 1.4 ～ 40 kΩ 之间），此时 9 脚应悬空，电阻接在 11、14 脚之间。

（3）74121 的输出脉冲宽度。

74121 的输出脉冲宽度为 $t_{\text{po}} \approx 0.7RC$（由制造厂给出）。

常用的集成单稳态触发器属 TTL 型的有 T1123（74123），属 CMOS 型的有 CC14528。

3. 单稳态触发器的应用

单稳态触发器是常用的基本单元电路，用途很广，它主要用于脉冲的整形、定时和延时。下面举例说明。

1）脉冲定时

由于单稳态触发器能产生一定宽度 t_{po} 的矩形输出脉冲，利用这个矩形脉冲去控制某电路，则可使其在 t_{po} 时间内动作（或不动作）。例如，利用宽度为 t_{po} 的正矩形脉冲作为与门的输入信号之一（如图 5-41 所示），则只有这个矩形波存在的 t_{po} 时间内，信号 u_A 才有可能通过与门。

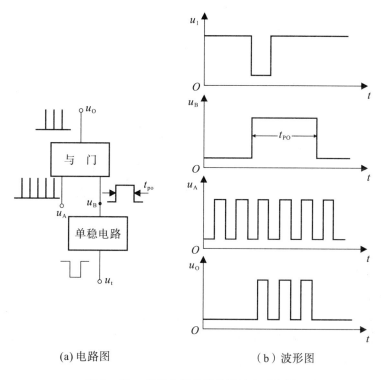

(a) 电路图　　　　　　　　　（b）波形图

图 5 - 41　单稳态触发器的脉冲定时作用

2）噪声消除电路

利用单稳态触发器可以构成噪声消除电路（或称脉宽鉴别电路）。通常噪声多表现为尖脉冲，宽度较窄，而有用的信号都具有一定的宽度。因此，利用单稳电路，将输出脉宽调节到大于噪声宽度而小于信号脉宽，即可消除噪声。电路及波形如图 5 - 42 所示。

在图 5 - 42 中，输入信号接至单稳态触发器的触发输入端和 D 触发器的数据输入端及直接置 0 端。由于有用信号大于单稳输出脉宽，因此单稳 Q 的上升沿使 D 触发器置 1，而当信号消失后，D 触发器被清 0。若输入中含有噪声，其噪声前沿使单稳触发翻转，但由于单稳输出脉宽大于噪声宽度，因此单稳 Q 输出上升时，噪声已消失，从而在输出信号中清除了噪声成分。

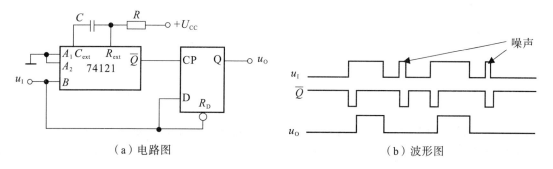

（a）电路图　　　　　　　　　（b）波形图

图 5 - 42　单稳态触发器构成的噪声消除电路

3）脉冲延时

在图 5-43 所示的单稳态电路中，如果用输出脉冲 u_O 的下降沿去触发其他电路，从波形图可以看出，u_O 的下降沿比输入信号 u_I 的下降沿延迟了 t_w 的时间。

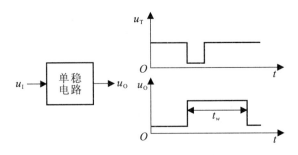

图 5-43 单稳态电路的延时作用

5.7.4 多谐振荡器

在数字电路系统中，基本上都需要有脉冲信号源，产生所需的各种脉冲信号，如触发器中的同步脉冲、计数器中的计数脉冲、计时器中的计时脉冲、计算机中的工作脉冲（产生指令脉冲等）等，所以脉冲振荡器是数字电路中的一个重要部件。下面以方波信号的形成为主，对多谐振荡器作一个简单讨论。

多谐振荡器实际上就是矩形波信号发生器，它具有如下特点：

（1）不需外加输入信号；

（2）没有稳定状态，只有两个暂稳状态；

（3）暂稳态维持时间的长短取决于电路本身的定时元件时间常数 RC。

1. 基本多谐振荡器

1）基本电路

基本多谐振荡器的电路如图 5-44 所示。

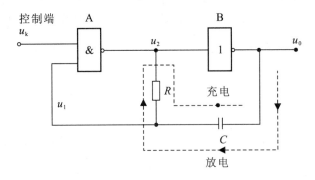

图 5-44 基本多谐振荡器

这是一个与非门与一个反相器及电阻、电容构成的振荡电路，如果不要控制端，则用两个反相器即可，电路十分简单。

2）工作原理

控制端 $u_k = 0$ 时，A 门被封锁，振荡器不工作，停振；$u_k = 1$ 时，A 门打开，电路工作。设：

$$u_1 = 0 \rightarrow u_2 = 0 \rightarrow u_0 = 0$$

此时，u_2 经电阻 R 对电容 C 充电，由于电容上的电压不能突变，所以电容 C 上的电压 $u_C = u_1$ 是慢慢由 0 上升的，当 u_1 上升到 A 门的门槛电压 u_T（即阈值电压）时，第一个暂稳态结束，电路发生翻转，产生下述过程：

$$u_1 \uparrow = u_T \rightarrow u_2 = 0 \rightarrow u_0 = 1$$

进入到另一个暂稳态，此时，电容 C 又会通过电阻 R 及两个门电路放电，使 u_1 慢慢下降，当 u_1 下降到 A 门的门槛电压 u_T 时，第二个暂稳态结束，电路又发生翻转，产生下述过程：

$$u_1 \uparrow = u_T \rightarrow u_2 = 1 \rightarrow u_0 = 0$$

u_1，u_2，u_0 的波形变化情况如图 5-45 所示。

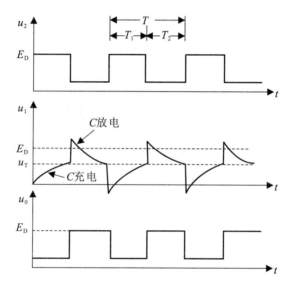

图 5-45　基本多谐振荡器的波形

3）振荡频率

经估算：

$$T_1 \approx RC\ln \frac{E_D}{E_D - u_T}$$

$$T_2 \approx RC\ln \frac{E_D}{u_T}$$

若 $E_D = 2u_T$，则有

振荡周期：

$$T \approx 1.4RC$$

振荡频率：

$$f \approx \frac{1}{T} = \frac{1}{1.4RC}$$

例如：$R = 1\ \text{k}\Omega$，$C = 700\ \text{pF}$，则 $f \approx 1\ \text{MHz}$。

2. 带有 RC 电路的环形多谐振荡器

1) 基本电路

带有 RC 电路的环形多谐振荡器电路如图 5-46 所示。

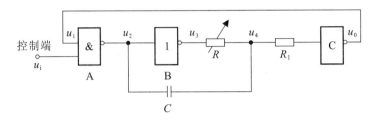

图 5-46　带有 RC 电路的环形多谐振荡器

这个电路是由非门和与非门组成的，如果不要控制端，则 A 门也可用非门。

2) 工作原理

控制端 $u_k = 0$ 时，A 门被封锁，电路不振荡；$u_k = 1$ 时，电路工作。

在 $u_k = 1$ 时，设 $u_1 = 1$，则各端的电压变化情况为

$$u_1 = 1 \rightarrow u_2 = 0 \rightarrow u_3 = 1 \rightarrow u_4\ 慢慢 \uparrow \rightarrow u_T \rightarrow u_0 = 0$$

上述过程中，在 $u_2 = 0$，$u_3 = 1$ 时，由于电容 C 两端的电压不能突变，所以 u_4 的电位上升到 C 门的阈值电压，即门槛电压时，第一个暂稳态结束，电路翻转，使 $u_0 = 0$。

在 $u_1 = u_0 = 0$ 时，电路又进入另一个暂稳态，此时又发生下列过程：

$$u_1 = 1 \rightarrow u_2 = 1 \rightarrow u_3 = 0 \rightarrow u_4\ 慢慢 \uparrow \rightarrow u_T \rightarrow u_0 = 1$$

在这个暂稳态过程中，u_4 电压就能跟着 u_3 由 1 突变到 0，它是随电容 C 经过 R、B 门放电，慢慢下降的，当 u_4 下降到 C 门的阈值电压时，第二个暂稳态结束，电路又翻转，使 $u_0 = 1$。这个多谐振荡器波形与图 5-45 基本相同，这里不再赘述。

3) 振荡频率计算

当 $R_1 \gg R$ 时，$T \approx 2.2RC$，即

$$f = \frac{1}{T} \approx \frac{1}{2.2RC}$$

例如：$R = 500\ \Omega$，$C = 0.01\ \mu F$，$f \approx 91\ kHz$。

R 值通常不可选得太大，对 TTL 门而言，需 $R < R_{OFF}$（关门电阻）。

3. 施密特多谐振荡器

1) 电路形式

施密特电路作多谐振荡器如图 5-47(a) 所示。

这种多谐振荡器的电路是非常简单的，除施密特触发器外，只用了 R、C 两个元件，改变电容 C 的大小，可以很方便地改变振荡频率。

2) 工作原理

当输出信号为高电平时，电容 C 被充电，输入端的电平逐渐上升，一旦达到 u_{T+} 时，施密特触发器输出跳变为低电平，电容 C 开始放电；当电容电压 u_C（施密特触发器输入电压）下降到 u_{T-} 时，施密特触发器输出跳变为高电平。这样周而复始形成振荡。其输入输出波形如图 5-47(b) 所示。

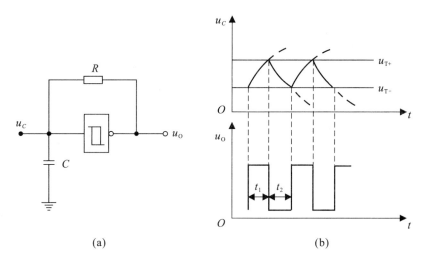

图 5 - 47　施密特多谐振荡器

电路的工作频率与 R、C 及 u_{T+}、u_{T-} 有关，对于 TTL 型的 7414 施密特触发电路，有

$$100\ \Omega \leqslant R \leqslant 470\ \Omega,\quad u_{T+} = 1.6\ V, u_{T-} = 0.8\ V$$

若输出电压摆幅为 3 V，则其振荡频率的计算式近似为

$$f \approx \frac{0.7}{RC}$$

若 $R = 300\ \Omega$，$C = 0.01\ \mu F$，则 $f = 23.3$ kHz；若 $R = 300\ \Omega$，$C = 100$ pF，则 $f = 2.3$ MHz。

本电路最高工作频率可达 100 MHz，最低频率可低至 0.1 Hz，范围十分宽。

5.7.5　555 定时电路及应用

555 定时电路是一种将模拟功能与逻辑功能巧妙结合在一起的中规模集成电路，电路功能灵活，适用范围广，只要外部配上两三个 R、C 阻容元件，就可以构成单稳、多谐振荡器或施密特电路。555 定时器使用灵活、方便，所以在定时、检测、控制、报警等方面得到了广泛的应用。

1. 555 定时电路

图 5 - 48 为 555 定时器内部结构的简化原理图。它包括两个电压比较器 C_1 和 C_2、一个 RS 触发器、放电三极管 VT_1、复位三极管 VT_2 以及三个阻值为 5 kΩ 的电阻组成的分压器。

定时器的主要功能取决于比较器，比较器的输出控制一 RS 触发器和放电三极管 VT_1 的状态。当 C_2 的触发输入电压 $u_2 < U_{CC}/3$（比较器 C_2 的参考电压）时，C_2 输出为 1，触发器被置位，放电三极管 VT_1 截止。当比较器 C_1 的阈值输入端电位高于 $U_{CC}/3$（比较器 C_1 的参考电压）时，C_1 输出为 1，触发器又被复位，且放电三极管 VT_1 导通。此外，当复位端为低电平时，复位三极管 VT_2 导通，内部参考电位强制触发器复位，而不管比较器的输出信号如何。因此，当复位端不用时，应将其接高电平。

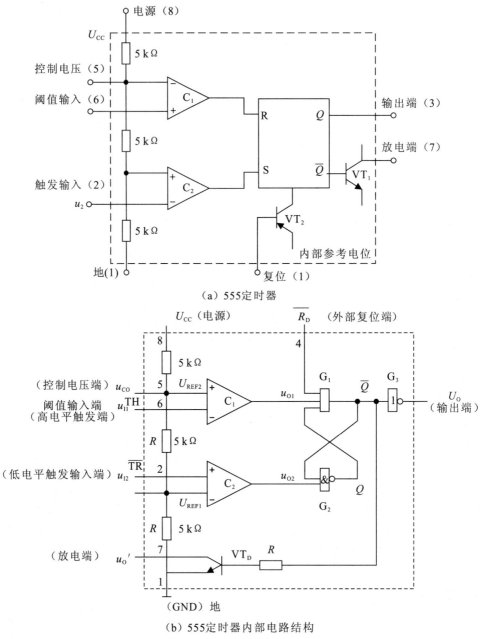

（a）555定时器

（b）555定时器内部电路结构

图 5 - 48　555 定时器

1）电路各部分的结构

（1）图中 C_1 和 C_2 为两个电压比较器，实现的功能是比较"+"与"−"输入端的电压。如果 $u_+ > u_-$，则比较器输出高电平电压(即 $u_C = 1$)，否则比较器输出低电平(即 0)。

（2）比较器 C_1 的 $u_{1+} = U_{REF1}$(参考电压) $= \dfrac{2}{3}U_{CC}$，比较器 C_2 的 $u_{2-} = U_{REF2}$(参考电压) $= \dfrac{1}{3}U_{CC}$。

（3）如果参考电压 1(即 U_{REF1})外接固定电压 u_{CO}，则 $u_{1+} = U_{REF1}$(参考电压) $= u_{CO}$，$u_{2-} = U_{REF2}$(参考电压) $= \dfrac{1}{2}u_{CO}$。

（4）两个与非门组成一个基本 RS 触发器，$\overline{R_D}$ 为低电平复位端，比较器 C_1 的输出电压 u_{O1} 作为基本 RS 触发器的复位端，而比较器 C_2 的输出电压 u_{O2} 作为基本 RS 触发器的置位端。

（5）三极管 VT_D 是集电极开路输出三极管，外接电容提供充放回路，被称为泄放三极管。

（6）反相器 G_3 起到整形和提升负载能力的作用。

2）电路功能

综合上述分析，可将 555 定时器的基本功能总结如表 5-10 所示。

表 5-10　555 定时器的基本功能表

输　入			输　出	
阈值输入	触发输入	复位	输出	放电管 VT_1
$\times$	$\times$	0	0	导通
$< \dfrac{2}{3}U_{CC}$	$< \dfrac{1}{3}U_{CC}$	1	1	截止
$> \dfrac{2}{3}U_{CC}$	$> \dfrac{1}{3}U_{CC}$	1	0	导通
$< \dfrac{2}{3}U_{CC}$	$> \dfrac{1}{3}U_{CC}$	1	不变	不变

由表 5-10 可知：

（1）只要外部复位端 $\overline{R_D}$ 接低电平或者接地，无论高电平触发端和低电平触发端为任何状态，电路输出端均为低电平 0。

（2）如果外部复位端 $\overline{R_D}$ 接高电平，控制端 u_{CO} 悬空或者通过电容接地，则

① 当 $u_{I1} > \dfrac{2}{3}U_{CC}$ 且 $u_{I2} > \dfrac{1}{3}U_{CC}$ 时，$u_{O1} = 0$，$u_{O2} = 1$，$Q = 0$，$\overline{Q} = 1$，于是 $U_O = 0$，三极管导通，放电端接地；

② 当 $u_{I1} < \dfrac{2}{3}U_{CC}$ 且 $u_{I2} > \dfrac{1}{3}U_{CC}$ 时，$u_{O1} = 1$，$u_{O2} = 1$，Q、$\overline{Q}$ 维持不变，于是 U_O 维持不变，三极管导通，放电端接地；

③ 当 $u_{I1} < \dfrac{2}{3}U_{CC}$ 且 $u_{I2} < \dfrac{1}{3}U_{CC}$ 时，$u_{O1} = 1$，$u_{O2} = 0$，$Q = 1$，$\overline{Q} = 0$，于是 $U_O = 1$，三极管 VT_D 截止，放电端断路。

（3）如果外部复位端 $\overline{R_D}$ 接高电平，控制端 u_{CO} 接外部控制电压端 u_{CON}，则

① 当 $u_{I1} > u_{CON}$ 且 $u_{I2} > \dfrac{1}{2}u_{CON}$ 时，$u_{O1} = 0$，$u_{O2} = 1$，$Q = 0$，$\overline{Q} = 1$，于是 $U_O = 0$，三极管导通，放电端接地；

② 当 $u_{I1} < u_{CON}$ 且 $u_{I2} > \dfrac{1}{2}u_{CON}$ 时，$u_{O1} = 1$，$u_{O2} = 1$，Q、$\overline{Q}$ 维持不变，于是 U_O 维持不变，三极管导通，放电端接地。

③ 当 $u_{I1} < u_{CON}$ 且 $u_{I2} < \dfrac{1}{2}u_{CON}$ 时，$u_{O1} = 1$，$u_{O2} = 0$，$Q = 1$，$\overline{Q} = 0$，于是 $U_O = 1$，

三极管 VT_D 截止，放电端断路。

上述讨论没有涉及电压控制端（即 5 脚悬空），因而比较器 C_1、C_2 的参考电压分别为 $2U_{CC}/3$ 和 $U_{CC}/3$。如果在电压控制端施加一个外加电压（其值在 $0 \sim U_{CC}$ 之间），比较器的参考电压将发生变化，相应地电路的阈值、触发电平将随之改变，进而影响电路的定时参数。

2. 555 定时器应用举例

555 定时器的应用非常广泛，主要可以实现三种基本电路的功能：施密特触发器、单稳态触发器和多谐振荡器。

1）555 定时器实现施密特触发器

在前面的章节中，我们已经讨论过关于用门电路构成施密特触发器的电路结构以及逻辑功能。555 定时器同样也可以实现施密特触发器的功能，而且实现方法更为简便、灵活。

555 定时器实现施密特触发器的电路图如图 5-49 所示。图中 U_{REF1}（引脚 5）接 $0.01\ \mu F$ 电容，起到滤波的作用，可以提高比较器参考电压的稳定性。$\overline{R_D}$ 接高电平（引脚 4 接电源 U_{CC}）。再将两个比较器的输入端 u_{I1}（引脚 6）和 u_{I2}（引脚 2）连在一起，作为施密特触发器的输入端。电路的输出波形和电压传输特性图如图 5-50 所示。

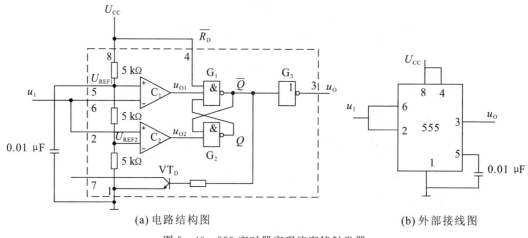

(a) 电路结构图　　　　　　　　　(b) 外部接线图

图 5-49　555 定时器实现施密特触发器

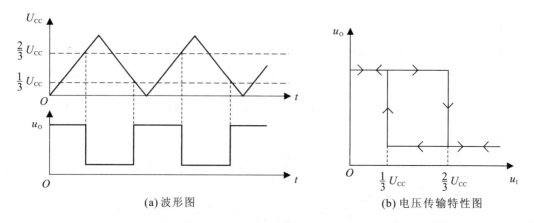

(a) 波形图　　　　　　　　　　(b) 电压传输特性图

图 5-50　施密特触发器输出特性

工作原理分析如下：

（1）当 $\frac{1}{3}U_{\text{CC}} < u_{\text{I}}$ 时，比较器 C_1 的 $U_{\text{REF1}} > u_{\text{I}}$，因此比较器 C_1 输出高电平（即 $u_{\text{O1}} = 1$），而比较器 C2 的 $U_{\text{REF2}} < u_{\text{I}}$，因此比较器 C_2 输出低电平（即 $u_{\text{O2}} = 0$），于是基本 RS 触发器输出 u_{O} 高电平（即 $u_{\text{O}} = 1$）；

（2）当 $\frac{1}{3}U_{\text{CC}} < u_{\text{I}} < \frac{2}{3}U_{\text{CC}}$ 时，比较器 C_1 的 $U_{\text{REF1}} > u_{\text{I}}$，因此比较器 C_1 输出高电平（即 $u_{\text{O1}} = 1$），比较器 C_2 的 $U_{\text{REF2}} > u_{\text{I}}$，因此比较器 C_2 也输出高电平（即 $u_{\text{O2}} = 1$），于是基本 RS 触发器输出 u_{O} 维持不变（即继续维持输出为高电平）；

（3）当 $u_{\text{I}} > \frac{2}{3}U_{\text{CC}}$ 时，比较器 C_1 的 $U_{\text{REF1}} < u_{\text{I}}$，因此比较器 C_1 输出低电平（即 $u_{\text{O1}} = 0$），而比较器 C_2 的 $U_{\text{REF2}} > u_{\text{I}}$，因此比较器 C_2 输出高电平（即 $u_{\text{O2}} = 1$），于是基本 RS 触发器输出 u_{O} 翻转为低电平（即 $U_{\text{O}} = 0$）；

（4）当输入信号的电压由最大值逐步下降至 $u_{\text{I}} \leqslant \frac{1}{3}U_{\text{CC}}$ 时，比较器 C_1 输出高电平，比较器 C_2 输出低电平，于是 RS 触发器的输出再次发生翻转（即 $u_{\text{O}} = 1$）。

由以上的分析可知，555 定时器实现施密特触发器的上限触发电平和下限触发电平分别为

$$U_{\text{T+}} = \frac{2}{3}U_{\text{CC}}, \ U_{\text{T-}} = \frac{1}{3}U_{\text{CC}}$$

回差为

$$\Delta T = \frac{1}{3}U_{\text{CC}}$$

2）555 定时器实现单稳态触发器

用 555 定时器实现单稳态触发器的电路图如图 5-51 所示，图中 U_{REF1}（引脚 5）接 0.01 μF 电容，起到滤波的作用，可以提高比较器参考电压的稳定性。$\overline{R_{\text{D}}}$ 接高电平（引脚 4 接电源 U_{CC}）。再将比较器 C_2 的 u_{I2}（引脚 2）作为单稳态触发器的输入端。将比较器 C_1 的输入端 u_{I1}（引脚 6）和放电端连接在一起通过电阻 R 接到电源 U_{CC}。

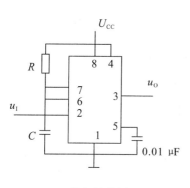

(a) 外部接线图

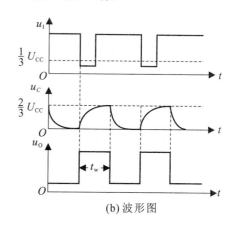

(b) 波形图

图 5-51　555 定时器实现单稳态触发器

电路原理分析如下：

(1) 当输入电压 $u_1 = U_{CC}$ 时，比较器 C_2 的 $U_{REF2} > u_1$，因此比较器 C_2 输出高电平(即 $u_{O2} = 1$)。同时电源电压 U_{CC} 通过电阻 R 对电容 C 进行充电，电容 C 的电压增加，u_{11} 的电位不断增加。直到 $u_{12} > \dfrac{2}{3}U_{CC}$ 时，比较器 C_1 的 $U_{REF1} < u_{11}$，因此比较器 C_1 输出低电平(即 $u_{O1} = 0$)。电路输出为低电平(即 $u_O = 0$)。与此同时，与非门 G_1 输出高电平时三极管导通，电容放电。这个阶段为稳定状态。

(2) 当输入电压的下降沿到达时，$u_1 = 0$，比较器 C_2 的 $U_{REF2} > u_1$，比较器 C_2 输出低电平(即 $u_{O2} = 0$)，而比较器 C_1 的 $U_{REF1} > u_{11}$，比较器 C_1 输出高电平(即 $u_{O1} = 1$)，因此电路输出为高电平(即 $u_O = 1$)，电路状态发生了一次翻转。但与此同时，与非门 G_1 输出低电平使三极管截止，则电源电压 U_{CC} 开始对电容 C 进行充电，使电容 C 的电压不断增高。此时电路进入暂稳态。随着 u_{11} 的电位不断增加，当 $u_{12} > \dfrac{2}{3}U_{CC}$ 时，比较器 C_1 的 $U_{REF1} < u_{11}$，因此比较器 C_1 输出低电平(即 $u_{O1} = 0$)，而比较器 C_2 输出高电平($u_{O2} = 1$)，所以电路输出为低电平(即 $u_O = 0$)，状态发生了翻转，并且与非门 G_1 输出的高电平使三极管导通，电容 C 放电至 0。电路又恢复到稳定状态。

由以上分析可知，555 定时器实现了暂稳态电路功能。暂稳态的持续时间主要取决于外接电阻 R 和电容的参数值。根据 R 和 C 的值可以计算出暂稳态的脉冲持续时间 t_w：

$$t_w = RC \cdot \ln \frac{U_{CC}}{U_{CC} - \dfrac{2}{3}U_{CC}} \approx 1.1RC$$

3) 555 定时器实现多谐振荡器

用 555 定时器实现多谐振荡器的电路图如图 5-52 所示，图中 u_{CO}(引脚 5)接 0.01 μF 电容，起到滤波的作用，可以提高比较器参考电压的稳定性。$\overline{R_D}$ 接高电平(引脚 4 接电源 U_{CC})。将两个比较器的输入端 u_{11}(引脚 6)和 u_{12}(引脚 2)连在一起，作为输入信号 u_1 的输入端。再将三极管 VT_D 输出端分别通过电阻 R_1 接到电源 U_{CC}，通过电阻 R_2 和电容 C 接地。

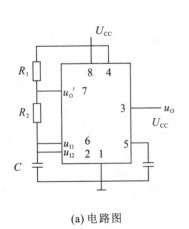

(a) 电路图　　　　　　　　　　　(b) 波形图

图 5-52　555 定时器构成多谐振荡器

电路原理分析如下：

（1）当电路接通电源时，电容 C 刚开始充电，所以 u_{I1} 和 u_{I2} 都为低电平，比较器 C_1 输出高电平（即 $u_{O1} = 1$），比较器 C_2 输出低电平（即 $u_{O2} = 0$），电路输出为高电平（即 $U_O = 1$）。又因为与非门 G_1 输出低电平，三极管 VT_D 截止，则电源电压 U_{CC} 开始对电容 C 进行充电，使电容 C 的电压不断增高。此时电路进入暂稳态 1。

（2）随着电容 C 的电位增高，u_{I1} 和的 u_{I2} 的电位也随之增高，当 $u_{I1} = u_{I2} \geqslant \dfrac{2}{3} U_{CC}$ 时，比较器 C_1 输出低电平（即 $u_{O1} = 0$），而比较器 C_2 输出高电平（$u_{O2} = 1$），电路输出翻转为低电平（即 $u_O = 0$）。与此同时，与非门 G_1 输出高电平使三极管导通，电容 C 通过电阻 R_2 放电。u_{I1} 和的 u_{I2} 的电位逐步下降。此时电路又进入到暂稳状态 2。

（3）当 u_{I1} 和 u_{I2} 的电位下降到 $u_{I1} = u_{I2} \leqslant \dfrac{1}{3} U_{CC}$ 时，比较器 C_1 输出高电平（即 $u_{O1} = 1$），而比较器 C_2 输出低电平（即 $u_{O2} = 0$），电路输出再次翻转为高电平（即 $u_O = 1$）。电路进入到暂稳态 1。

此后，随着与非门 G_1 输出低电平导致三极管 VT_D 截止，电源电压 U_{CC} 开始对电容 C 进行充电。反复的这个过程就形成了多谐振荡。根据以上原理，可得在电容充电时的暂稳态 1 的持续时间为

$$t_{w1} = 0.7(R_1 + R_2)C$$

在放电持续时间的暂稳态 2 的持续时间为

$$t_{w2} = 0.7R_2 C$$

矩形脉冲的周期为

$$T = t_{w1} + t_{w2} = 0.7(R_1 + 2R_2)C$$

占空比为

$$q = \frac{t_{w1}}{T} = \frac{R_1 + R_2}{R_1 + 2R_2}$$

本 章 小 结

（1）触发器是一种最简单的时序电路，是构成其他时序电路的最基本的单元电路。触发器有两个稳定状态，一个称为"0"态，另一个称为"1"态，在没有外来信号作用时，它将一直处于某一稳定状态。只有在一定的输入信号控制下，才有可能从一种稳定状态转换到另一种稳定状态（翻转），并保持这一状态不变，直到下一个输入信号使它翻转为止，因此触发器具有记忆功能。

按照逻辑功能的不同，触发器可分成基本 RS、同步 RS、JK、D 触发器等多种形式，最常用的是 D 触发器和 JK 触发器。按组成电路的器件来分，有 TTL 型触发器和 CMOS 型触发器。

（2）基本 RS 触发器是构成其他结构触发器的基本部分。由于无时钟控制端，输出信号直接受输入信号控制，因而它对输入信号有一定要求（如与非门构成的基本触发器不允许两个输入端同时为低电平），使用上有一定的局限性。

（3）钟控触发器克服了基本 RS 触发器直接受控问题，增加了一个 CP 控制端。由于它

是电平触发方式，所以当 CP 为高电平时，输入信号随时可以改变触发器的状态，因而存在空翻现象，不能用来计数。

（4）主从触发器利用边沿触发的主、从工作方式，解决了在 CP 脉冲一个周期内，输出状态只改变一次，主从 JK 触发器克服了空翻现象。

（5）在短暂时间内作用于电路的电压或电流，统称为脉冲信号。广义地讲，凡按照非正弦规律变化的带有突变特点的电压或电流，都可称为脉冲。

（6）在微分电路中，要求 $RC \ll t_w$，$RC \ll t_g$ 时，输入矩形脉冲，输出为正负尖脉冲，输出脉冲的幅度与输入脉冲的幅度相等。

在积分电路中，要求 $RC \gg t_w$，$RC \gg t_g$ 时，输入矩形脉冲，输出为锯齿波或三角波，输出脉冲的幅度小于输入脉冲的幅度。

（7）集成门电路可以方便地构成各种脉冲波形变换电路，其优点是：连线简单，外接元件少，负载能力强，速度高，容易得到波形前、后沿陡峭的脉冲。

由集成与非门组成的触发器与振荡器，其性能如表 5-11 所示。

（8）555 定时器是一种具有广泛用途的单片集成电路，利用它在外围接上少许元件可方便地构成单稳态触发器、施密特触发器和多谐振荡器。

表 5-11　集成与非门组成的触发器与振荡器

	多谐振荡器	单稳态触发器	施密特触发器
电路形式	基本多谐振荡器 RC 环形振荡器	微分型单稳态电路 积分型单稳态电路	用基本 RS 触发器再配以电平转换电路
稳定状态	两个暂稳态	一个稳态，一个暂稳态	两个稳态
输出脉冲宽度或周期	RC 环形振荡器 周期 $T = 2C(R_0 + R)$	微分型单稳态电路的脉宽 $t_{po} = 0.8C(R_0 + R)$ 积分型单稳态电路的脉宽 $t_{po} = 1.1RC$	由外加触发信号决定脉宽及周期
用途	产生方波	整形，延时，定时	波形变换及整形

思 考 与 练 习

一、填空题

1. 描述触发器功能的方法有＿＿＿＿＿，＿＿＿＿＿，＿＿＿＿＿和＿＿＿＿＿。

2. 一个触发器可以存储一位＿＿＿＿＿，所以触发器具有＿＿＿＿＿功能。

3. 一个与非门组成的基本 RS 触发器，R 和 S 分别称为＿＿＿＿＿端和＿＿＿＿＿端，＿＿＿＿＿电平有效，通常用＿＿＿＿＿端的逻辑电平来表示触发器的状态。

4. 主从 JK 触发器的功能有＿＿＿＿＿，＿＿＿＿＿，＿＿＿＿＿和＿＿＿＿＿。

5. 图 5-53 所示电路中，CP 脉冲的频率为 2 kHz，则输出端 Q 的频率为＿＿＿＿＿。

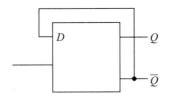

图 5 - 53

6. RC 微分电路的构成条件是_____，其工作特点是_____，电路的结构特点是_____。

7. RC 积分电路的构成条件是_____，其工作特点是_____，电路的结构特点是_____。

8. RC 耦合电路的功能是_____，构成条件是_____，基本电路构成为_____。

二、简答题

1. 什么叫脉冲? 常见脉冲有哪些形状?

2. 描述脉冲主要有哪些参数? 各参数的意义是什么?

3. 在电容充、放电过程中，u_C 及 i_C 的变化规律是什么? 完成充、放电的大致时间如何估计?

4. RC 时间常数对充、放电速度有何影响?

5. 555 定时器由哪几部分组成? 各部分的功能是什么?

6. 施密特电路具有哪些特点? 其主要用途是什么?

7. 试画出施密特电路的电压传输特性。

8. 多谐振荡器的功能是什么? 其工作特点是什么?

9. 555 时基电路是一种具有广泛用途的单片集成电路，其电路主要由哪几部分组成?

10. 555 时基电路各引出端的功能是什么?

三、分析、作图与计算

1. 基本 RS 触发器如图 5 - 54 所示，试画出 Q 对应 $\overline{R}$ 和 $\overline{S}$ 的波形(设 Q 的初态为 0)。

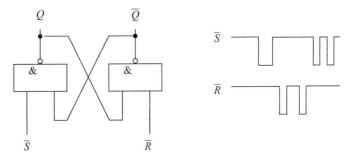

图 5 - 54

2. 以下各类触发器的电路连接如图 5 - 55 所示，设初态为 0。根据输入的 CP 脉冲，画出 Q_A、Q_B、Q_C、Q_D 的波形。

3. 下降沿有效的 JK 触发器 CP、J、K 及异步置 1 端 $\overline{S_D}$、异步置 0 端 $\overline{S_D}$ 的波形如图 5 - 56 所示，试画出 Q 的波形(设 Q 的初态为 0)。

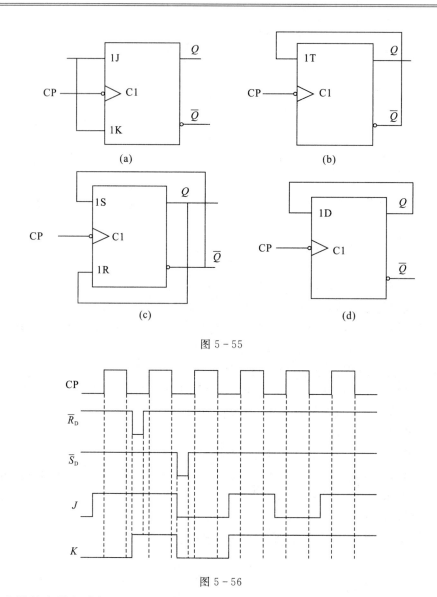

图 5-55

图 5-56

4. 边沿触发器电路如图 5-57 所示，设初态为 0，根据 CP 波形画出 Q_1 和 Q_2 的波形图。

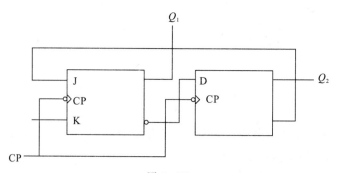

图 5-57

5. 假设图 5-58 中，各个触发器的初始状态均为 0，画出在时钟 CP 作用下的触发器输出端 Q 的输出波形。

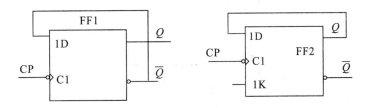

图 5 - 58

6. 将集成 D 触发器 74LS74 连接构成 JK 触发器，画出电路连接图。

7. 将集成 JK 触发器 74LS76 连接构成 D 触发器，画出电路连接图。

8. 画出 JK 触发器的逻辑符号和真值表。

9. 施密特多谐振荡器的 $R = 300\ \Omega$，$C = 500\ \mathrm{pF}$ 时，求输出波形的周期和频率。

10. 试分析图 5 - 59 构成何种电路，并对应输入波形画出 u_O 波形。

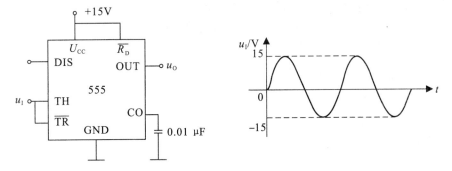

图 5 - 59

11. 请用两个 555 定时器构成的单稳态触发器设计一个能实现图 5 - 60 所示输入 u_I 和输出 u_O 波形关系的电路，并给出定时电阻和电容的数值。

12. 在 555 定时器构成的单稳态触发器中，若 $U_{CC} = 5\ \mathrm{V}$，$R_L = 16\ \mathrm{k}\Omega$，$R = 10\ \mathrm{k}\Omega$，$C = 0.1\ \mu\mathrm{F}$，则在图 5 - 61 所示的输入脉冲 u_I 作用下，其电容上电压 u_C 及输出电压 u_O 的波形是怎样的？请画出波形图，并计算出这个单稳态触发器的输出脉冲宽度 t_{po} 为何值。

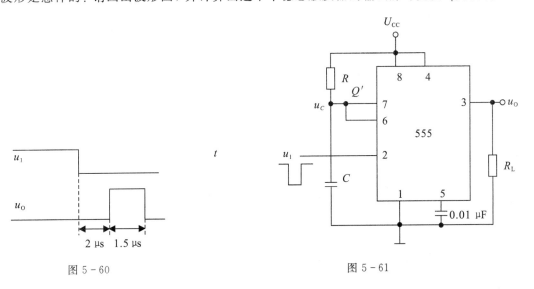

图 5 - 60　　　　　　　　　　　　　　　图 5 - 61

13. 单稳态触发器的输出波形如图 5 - 62 所示，图中电阻 $R = 25$ kΩ，$C = 0.5$ μF。计算此触发器的暂稳态持续时间。

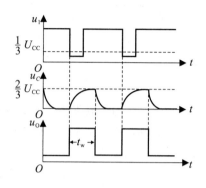

图 5 - 62

14. 选用 CC7555 型集成定时器设计一个要求产生 20 μs 延时时间的脉冲电路，其电路参数为 $U_{CC} = 5$ V，$U_{OL} = 0$ V，$R = 91$ kΩ。如果 $U_{OL} = 0.2$ V，试用上述参数求此时的输出脉宽。

第 6 章　时序逻辑电路

本章导言

触发器是具有记忆功能的逻辑单元电路,它与组合逻辑电路结合起来就构成了具有记忆功能的时序逻辑电路。本章将介绍几种时序逻辑电路的分析方法和设计方法,只要掌握了这些知识,就等于敲开了数字电子技术的大门,可以按照实际工程的要求,使用时序逻辑电路和各种逻辑门电路进行电子产品的设计了。

教学目标

(1) 掌握时序逻辑电路的功能、特点及工作原理。

(2) 掌握时序逻辑电路的分析方法。

(3) 理解寄存器和移位寄存器的电路结构、工作原理和特点。

(4) 掌握计数器的分析方法和设计方法。

(5) 掌握利用集成计数器实现任意进制计数器的方法。

按照逻辑功能和电路组成的不同,数字电路可以分为组合逻辑电路和时序逻辑电路两大类。组合逻辑电路在第 4 章已作了介绍,本章将介绍时序逻辑电路。首先简要地介绍时序逻辑电路的特点,然后讨论两种典型的时序逻辑电路:寄存器和计数器,最后介绍时序逻辑电路的应用。

6.1　时序逻辑电路概述

6.1.1　时序逻辑电路的基本特征

时序逻辑电路简称时序电路,它是由组合逻辑电路和触发器两部分组成的,如图 6-1 所示。

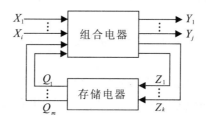

图 6-1　时序逻辑电路框图

1. 时序逻辑电路的特点

时序逻辑电路具有以下特点:

(1) 电路的输出与输入之间至少有一条反馈路径。

(2) 电路由组合逻辑电路和存储单元(必备)组成。

(3) 电路的输出不仅与同一时刻的输入状态有关，还取决于原来的历史状态，即还与存储电路的初始状态有关。

(4) 电路有记忆功能。

2. 时序逻辑电路与组合逻辑电路的区别

时序逻辑电路与组合逻辑电路有以下区别：

(1) 组合逻辑电路在任一时刻的输出仅取决于当时的输入，与过去的历史无关，即有什么样的输入就有什么样的输出。从电路的组成来看，它不含任何具有存储功能的触发器。

(2) 时序逻辑电路在任一时刻的输出不仅取决于该时刻的输入，而且还与电路原来的状态有关。从电路的组成来看，它包含有触发器，而触发器就是最简单、最基本的时序电路。

3. 时序逻辑电路逻辑功能的描述方法

我们在第 4 章描述触发器时，是采用特性表、特征方程、状态转换表、状态转换图和波形图来描述触发器的功能，也可以用这些方法来描述时序电路的功能。但是时序电路的输出变量不仅取决于输入变量的值，还取决于状态变量的值。而驱动变量的值也取决于输入变量和状态变量，组成存储电路的触发器次态输出 Q^{n+1} 也取决于驱动变量和触发器原来的状态 Q^n。所以我们在写特征方程时应该用三个方程描述时序电路的功能，即：

输出方程 —— 时序电路输出端的逻辑表达式，为

$$Y^n = F[X^n, Q^n]$$

驱动方程 —— 电路中各触发器输入端的逻辑表达式，为

$$Z^n = G[X^n, Q^n]$$

状态方程 —— 把驱动方程代入相应触发器的特性方程所得到的方程式，为

$$Q^{n+1} = H[Z^n, Q^n]$$

因此，描述逻辑功能的主要方法有状态表(即真值表)、特征方程、状态图和时序图(即波形图)。

(1) 状态表：用表格的形式反映电路状态和输出状态在时钟序列作用下的变化关系(即真值表)。

(2) 特征方程：用方程式的形式反映电路状态和和输出状态在时钟序列作用下的变化关系。

(3) 状态图：用图形反映电路状态的转换规律和转换条件。

(4) 时序图(波形图)：在时钟和输入信号作用下，电路状态、输出状态随时间变化的波形图。

4. 时序逻辑电路的种类

时序逻辑电路按不同的分类原则可分为不同的种类。如按照存储电路中存储元件状态变化的特点来分，可分为同步时序电路和异步时序电路。

6.1.2　时序逻辑电路的分析方法

对时序逻辑电路进行分析，就是找出电路的逻辑功能。具体地说，就是要找出状态和输出函数在时钟及输入变量的作用下的变化规律，并作出对该电路的描述。

描述时序逻辑电路功能的是状态表、状态图和时序图，因此，只要能根据逻辑电路分析后列出状态表，然后画出状态转换图和波形图，对逻辑电路的功能就能分析清楚了。

具体分析步骤如下：

（1）根据逻辑电路图，写出存储电路中各个触发器的驱动方程，从而得到驱动方程组。

（2）将驱动方程代入各个触发器的特性方程中，得到每个触发器的状态方程，从而得到状态方程组。

（3）根据电路图得到输出方程组。

（4）根据以上三个方程得到电路的状态转换表（即真值表），或者根据给定电路，通过分析写出电路的输出与输入之间的关系，列出电路的状态转换表（即真值表）。其方法是：将输入和触发器的所有可能的现态的组合，找到电路次态及输出值，这样可以列出状态转换表（即真值表）。

（5）画出电路的状态转换图。方法是根据真值表作出状态转换图。其状态转换图是指反映输出和转换条件的状态值的图形。

（6）画出电路的时序图。方法是根据真值表画出电路的时序图。

（7）功能描述。方法是根据状态图或波形图判断电路的功能。

6.2　寄　存　器

寄存器广泛用于数字集成电路中，它由触发器组成，具有暂时存放、取出数据或数码，移位，保持，异步清零，同步清零等功能。一个触发器可以存储一位二进制代码，所以 n 位代码寄存器应由 n 个触发器组成。具有置"1"、置"0"功能的触发器都可作寄存器，并且有些寄存器由门电路构成控制电路，以保证信号的接收和清除。

寄存器按接收方式可分为两种：一种是双拍接收方式，所谓双拍接收方式就是第一拍清零，第二拍存放代码；另一种单拍接收方式就是事先不需要清零而直接存放数码的过程。

寄存器按输入、输出方式的不同可分四种工作方式：串行输入 — 并行输出、串行输入 — 串行输出、并行输入 — 串行输出、并行输入 — 并行输出。

寄存器按数码移动方向可分为左移寄存器、右移寄存器和双向移位寄存器。

6.2.1　数码寄存器

数码寄存器用来存放数码，一般具有寄存数码、保存数码和清除原码等功能。

1. 双拍接收方式的寄存器

四位数码双拍接收寄存器电路如图 6-2 所示，它是由四个 D 触发器组成的 4 位代码寄存器。D_3、D_2、D_1、D_0 端为数码寄存器的信号输入端，寄存的一组数码放在 Q_3、Q_2、Q_1、Q_0 中，其过程如下。

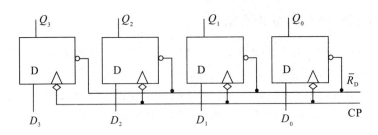

图 6-2　四位数码双拍接收寄存器

（1）直接清零：只要 $\overline{R}_D = 0$，则寄存器中 $Q_3Q_2Q_1Q_0 = 0000$。

（2）接收：当 $\overline{R}_D = 1$ 时，寄存数码送入 D_3、D_2、D_1、D_0 端，且在 CP 脉冲下降沿作用下，完成存放数码工作，使 $Q_3Q_2Q_1Q_0 = D_3D_2D_1D_0$。

（3）保存：当 $\overline{R}_D = 1$、$CP = 0$ 时，由于没有时钟脉冲，各触发器保持原态。

※2. 单拍接收方式的寄存器

四位数码单拍寄存器电路如图 6-3 所示，它是由四个 D 触发器组成的 4 位数码寄存器。D_3、D_2、D_1、D_0 端为数码寄存器的信号输入端，寄存的一组数码放在 Q_3、Q_2、Q_1、Q_0 中。由于它不需要先清零，当脉冲 CP 的下降沿到来时，直接将数码存放在寄存器中，即

$$Q_3Q_2Q_1Q_0 = D_3D_2D_1D_0$$

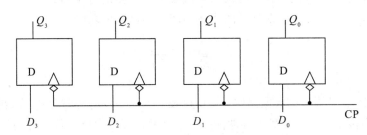

图 6-3　四位数码单拍寄存器

寄存器也可用 JK 触发器组成，如图 6-4 所示，四个 JK 触发器构成 4 位单拍寄存器，只要将 JK 触发器转换成 D 触发器即可。以上各寄存器属于并行输入 — 并行输出方式。

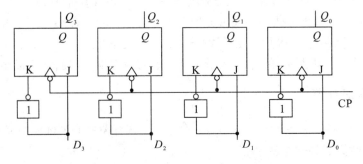

图 6-4　由 JK 触发器构成的四位单拍寄存器

3. 集成化寄存器

常见的集成化寄存器有双五 D 寄存器、六 D 寄存器等。图 6-5 为四 D 锁存器 74LS175

的外引脚图。

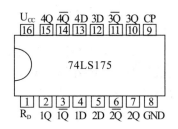

图 6-5　74LS175 引脚图

74LS175 是由 4 个 D 触发器组成的 4 位数码寄存器。在其外引脚中，$1D$、$2D$、$3D$、$4D$ 是 4 位数码的并行输入端，R_D 是清零端，CP 是时钟脉冲输入端，$1Q$、$2Q$、$3Q$、$4Q$ 是 4 位数码的并行输出端。表 6-1 为 74LS175 的功能表。

表 6-1　74LS175 功能表

输　　　　入						输　　　出			
R_D	CP	$1D$	$2D$	$3D$	$4D$	$1Q$	$2Q$	$3Q$	$4Q$
L	$\times$	$\times$	$\times$	$\times$	$\times$	L	L	L	L
H	$\uparrow$	$1D$	$2D$	$3D$	$4D$	$1D$	$2D$	$3D$	$4D$
H	H	$\times$	$\times$	$\times$	$\times$	保　持			
H	L	$\times$	$\times$	$\times$	$\times$	保　持			

6.2.2　移位寄存器

移位寄存器即可以存放数码，又有移位功能。它在移位脉冲的作用下，能把寄存的数码逐次左移、右移和双向移位。所以移位寄存器分为左移寄存器、右移寄存器和双向移位寄存器。

1. 右移寄存器

所谓右移寄存器是指数码向右移位的寄存器，如图 6-6 所示，它是由四个 D 触发器组成的四位右移寄存器逻辑图。其中 F_0 是最高位触发器，F_3 是最低位触发器，从左到右依次排列。每个高位触发器的输出端 Q 与低一位触发器的输入端 D 相连。F_0 的输入端作为整个电路的输入端 D_{SR} 接收数码。

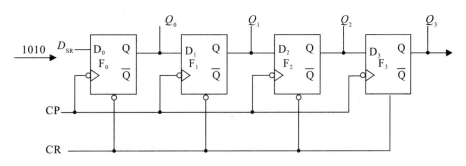

图 6-6　四位右移寄存器

接收数码前，令 CR = 0，各位触发器均为 0 态。接收数码时，应让 CR = 1。

每当 CP 脉冲的下降沿到来时，输入的数码就移入到 F_0 中，同时其余各触发器的状态也移入到低一位触发器中，最低位触发器的状态则从串行输出端移出寄存器。

假设要存入的数码 $D_0 D_1 D_2 D_3 = 1010$，则数据 1010 由输入端 D_{SR} 送入数码的顺序是自右到左依次输入。首先要输入最低位 $D_3 = 0$，在第一个脉冲 CP 下降沿到来后，D_3 移入 F_0 使 $Q_0 = 0$，其余触发器保持 0 态不变。寄存器的状态为 $Q_0 Q_1 Q_2 Q_3 = 0000$；接下来应输入 $D_2 = 1$，当第二个脉冲 CP 的下降沿到来后，$D_2 = 1$ 移到 F_0 使 $Q_0 = 1$，而原 $Q_0 = 0$ 则移到 F_1 中使 $Q_1 = 0$，Q_2、Q_3 仍为 0 态，寄存器的状态为 $Q_0 Q_1 Q_2 Q_3 = 1000$；接着应输入 $D_1 = 0$，当第三个脉冲 CP 的下降沿到来后，D_1 移入 F_0 使 $Q_0 = 0$，而原 $Q_0 = 1$ 则移到 F_1 中使 $Q_1 = 1$，而原 $Q_1 = 0$ 则移到 F_2 中使 $Q_2 = 0$，Q_3 仍为 0 态，寄存器的状态为 $Q_0 Q_1 Q_2 Q_3 = 0100$；最后应输入 $D_0 = 1$，当第四个脉冲 CP 的下降沿到来后，$D_0 = 1$ 移到 F_0 使 $Q_0 = 1$，而原 $Q_0 = 0$ 则移到 F_1 中使 $Q_1 = 0$，$Q_1 = 1$ 则移到 F_2 中使 $Q_2 = 1$，$Q_2 = 0$ 则移到 F_3 中使 $Q_3 = 0$，寄存器的状态为 $Q_0 Q_1 Q_2 Q_3 = 1010$。

综上所述，经过四个移位脉冲的作用后，四位数码 $D_0 D_1 D_2 D_3 = 1010$ 就全部移入到寄存器中，完成串入 — 串出或并出的数码寄存。在移位脉冲的作用下四位右移寄存器的状态如表 6 - 2 所示，波形图如图 6 - 7 所示。

表 6 - 2　状态表

CP 脉冲	输入	输出			
		Q_0	Q_1	Q_2	Q_3
0	0	0	0	0	0
1	0	0	0	0	0
2	1	1	0	0	0
3	0	0	1	0	0
4	1	1	0	1	0

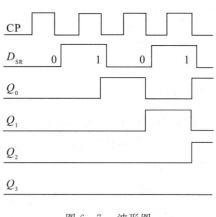

图 6 - 7　波形图

※ 2. 左移寄存器

所谓左移寄存器是指数码向左移位的寄存器。如图 6 - 8 所示，它是由四个 D 触发器构

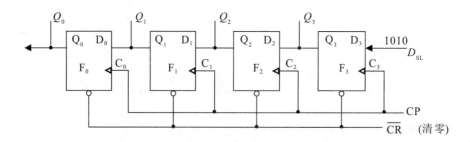

图 6 - 8　四位左移寄存器

成的四位左移寄存器逻辑图。电路结构与右移寄存器相似，所不同的是数码输入顺序是从左到右，依次在 CP 脉冲的作用下左移逐个输入寄存器中。因此左移寄存器应先送入高位，然后依次输入低位数码。

※3. 双向移位寄存器

双向移位寄存器是在指控制信号的作用下，数码既能左移又能右移的寄存器。其逻辑电路结构如图 6 - 9 所示。

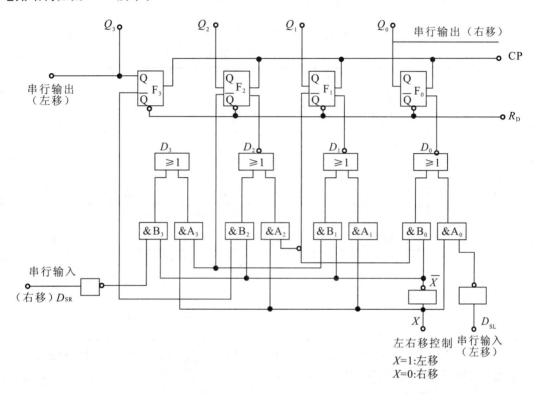

图 6 - 9 双向移位寄存器

其逻辑功能简要说明如下：

各个 D 触发器的 D 端均和与或门组成的转换控制门相连，移位控制端 X 的状态控制移位方向。串行输入数据作左移时，是由低位向高位移动；作右移时，是由高位向低位移动。

$X = 1$：与门 $A_0 \sim A_3$ 被打开，与门 $B_0 \sim B_3$ 被封锁，由 D_{SL} 输入左移串行数码到 F_0 中。此时：$D_0 = D_{SL}$，$D_1 = Q_0$，$D_2 = Q_1$，$D_3 = Q_2$。

$X = 0$：与门 $A_0 \sim A_3$ 被封锁，与门 $B_0 \sim B_3$ 被打开，由 D_{SR} 输入右移串行数码到 F_3 中。此时：$D_3 = D_{SR}$，$D_2 = Q_3$，$D_1 = Q_2$，$D_0 = Q_1$。

由此可见，当 $X = 1$，数码左移；$X = 0$，数码右移。如用更多的触发器，则可构成任意位的双向移位寄存器。

4. 集成的双向移位寄存器

移位寄存器在实际应用中，我们通常使用集成的双向移位寄存器 74LS194。74LS194 的引脚图如图 6 - 10 所示。功能表如表 6 - 3 所示。

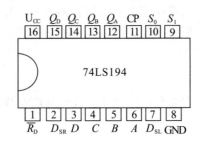

图 6-10　74LS194 移位寄存器引脚图

表 6-3　74LS194 功能表

序号	清零 R_D	控制信号		串行输入		时钟脉冲 CP	并行输入				输出			
		S_1	S_0	左移 D_{SL}	右移 D_{SR}		D	C	B	A	Q_D	Q_C	Q_B	Q_A
1	L	×	×	×	×	×	×	×	×	×	L	L	L	L
2	H	×	×	×	×	H(L)	×	×	×	×	Q_D^n	Q_C^n	Q_B^n	Q_A^n
3	H	H	H	×	×	∫	D	C	B	A	D	C	B	A
4	H	H	L	H	×	∫	×	×	×	×	H	Q_D^n	Q_C^n	Q_B^n
5	H	H	L	L	×	∫	×	×	×	×	L	Q_D^n	Q_C^n	Q_B^n
6	H	L	H	×	H	∫	×	×	×	×	Q_C^n	Q_B^n	Q_A^n	H
7	H	L	H	×	L	∫	×	×	×	×	Q_C^n	Q_B^n	Q_A^n	L
8	H	L	L	×	×	×	×	×	×	×	Q_D^n	Q_C^n	Q_B^n	Q_A^n

图 6-10 中，$\overline{R_D}$ 为清零端，$A \sim D$ 为并行数码输入端，$Q_A \sim Q_D$ 为并行数码输出端，D_{SR} 为右移串行数码输入端，D_{SL} 为左移串行数码输入端，S_1、S_0 为工作方式控制端。74LS194 的功能描述如下。

（1）置零功能：当 $\overline{R_D} = 0$ 时，寄存器置零，$Q_A \sim Q_D$ 均为 0 状态；

（2）保持功能：当 $\overline{R_D} = 1$ 且 CP $= 0$，或 $\overline{R_D} = 1$ 且 $S_1 S_0 = 00$ 时，寄存器保持原有状态不变；

（3）并行置数功能：当 $\overline{R_D} = 1$ 且 $S_1 S_0 = 11$ 时，在 CP 时钟上升沿作用下，$A \sim D$ 输入的数码并行进入寄存器，为同步置数；

（4）右移串行输入功能：当 $\overline{R_D} = 1$ 且 $S_1 S_0 = 01$ 时，在 CP 时钟上升沿作用下，寄存器执行右移功能，D_{SR} 端输入的数码依次进入寄存器；

（5）左移串行输入功能：当 $\overline{R_D} = 1$ 且 $S_1 S_0 = 10$ 时，在 CP 时钟上升沿作用下，寄存器执行左移功能，D_{SL} 端输入的数码依次进入寄存器。

6.3　计　数　器

计数器是数字系统的重要组成部分，它不仅可用来计数，也可用于定时、分频和数字运算。所谓计数就是计算输入脉冲的个数，计数器是一种累积输入脉冲个数的逻辑电路，应用十分广泛，在电器设备中占重要地位。

计数器的种类很多，按触发器翻转的先后次序可分成两类：同步计数器和异步计数器。同步计数器是指当时钟脉冲输入时各触发器的翻转是同时进行的；异步计数器是指时钟脉冲输入时各触发器的翻转有先有后。

若按计数器中计数长度的不同，可分为二进制计数器和任意进制计数器。二进制计数器是进位模 $N = 2^n$ 的计数器（n 为触发器的级数）；任意进制计数器是进位模 $N \neq 2^n$ 的计数器。

若按计数器中数值增、减情况的不同来区分可分为加法计数器、减法计数器和双向计数器。

计数器的种类繁多，功能各异，本节对其中几种作一简单介绍，目的是让读者了解计数器的组成与工作原理，学会初步分析方法。

6.3.1　异步计数器

1. 异步二进制计数器

1）异步二进制加法计数器

异步二进制加法计数器的逻辑电路如图 6-11，波形图如图 6-12。它是由 J、K 端悬空的四个 JK 触发器组成的，根据 JK 触发器的逻辑功能可知，每来一个 CP 脉冲，在其后沿（下降沿）翻转一次。低位触发器的 Q 输出端为高位触发器的 CP 输入端。

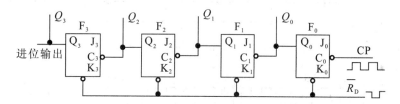

图 6-11　异步二进制加法计数器的逻辑电路

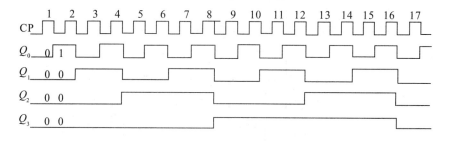

图 6-12　异步二进制加法计数器的波形图

当第一个 CP 脉冲到来时，在其下降沿，F_0 状态由 0 翻转到 1，由于 Q_0 是上跳变，不能触发 F_1，F_1 的状态 Q_1 不变，F_2、F_3 的状态不变，所以这时的 $Q_3Q_2Q_1Q_0 = 0001$。当第二个 CP 脉冲到来时，在其下降沿，F_0 状态由 1 翻转到 0，由于 Q_0 是下跳变，其作为 CP 脉冲触发 F_1，F_1 的状态 Q_1 由 0 翻转到 1，对于 F_2 来说这是一个上跳变，不能触发 F_2，F_2、F_3 的状态不变，所以这时的 $Q_3Q_2Q_1Q_0 = 0010$。以此类推，当第十六个 CP 脉冲的下降沿到来后，四个触发器又复位到 0。从第十七个 CP 脉冲的下降沿到来时,四个触发器又进入新的计数周期。

2) 异步二进制减法计数器

图 6-13 为四位二进制异步减法计数器,由四个 JK 触发器组成。电路原理如下。

开始减法计数之前,首先用异步置 0 端 $\overline{R_D}$,使各个触发器置 0,即 $Q_3 Q_2 Q_1 Q_0 = 0000$。当第一个减法计数脉冲到达时,触发器 FF0 输出端由 0 翻转到 1,触发器 FF0 的反向输出端 $\overline{Q_0} = 0$,产生一个下降沿信号($1 \rightarrow 0$),这个信号满足触发器 FF1 翻转的条件(4 个触发器均为下降沿触发),因此触发器 FF1 的输出状态变化为输出端为 1,其反向输出端 $\overline{Q_1} = 0$,产生一个下降沿信号($1 \rightarrow 0$)。同理,触发器 FF2 和 FF3 也会随之发生反转,计数器的输出 $Q_3 Q_2 Q_1 Q_0 = 1111$。当第二个减法计数脉冲到来时,触发器 FF0 的输出状态翻转为 0,其反向输出端 $\overline{Q_0} = 1$,产生一个上升沿信号($0 \rightarrow 1$),这个信号不满足触发器 FF1 翻转条件,因此触发器 FF1 的输出状态不会发生变化。同理,触发器 FF2 和 FF3 的输出状态也不会发生变化,所以减法计数器的输出状态为 $Q_3 Q_2 Q_1 Q_0 = 1110$。当时钟 CP 端连续输入时钟脉冲时,电路的状态变化如时序图 6-14 所示。

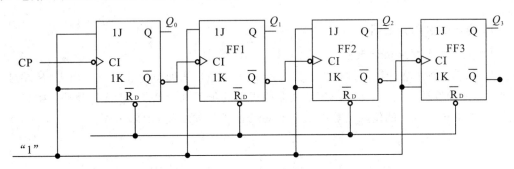

图 6-13 异步二进制减法计数器

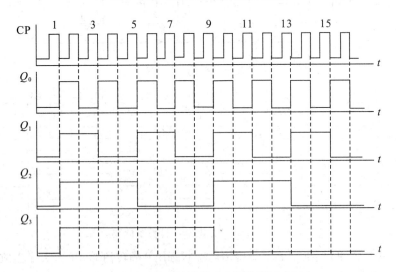

图 6-14 异步二进制减法计数器时序图

2. 异步十进制计数器

1) 异步十进制加法计数器

在如前所述的异步二进制加法计数器的基础上做改进，在原有十六种状态的基础上，只使用 0000 至 1001，剩下的六种状态（1010 至 1111）不使用，即可实现异步十进制计数功能。异步十进制加法计数器如图 6 - 15 所示。

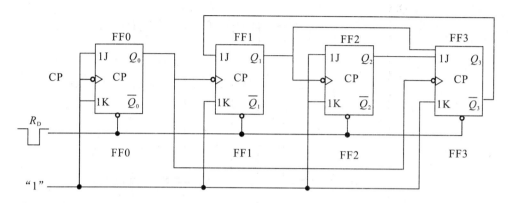

图 6 - 15　异步十进制计数器

我们可以使用四个 JK 触发器，$\overline{R_D}$ 为 JK 触发器的异步置 0 端，当 $\overline{R_D}R_D$ 为低电平时，触发器清零。为了获得十进制计数，电路中将 FF3 的输出 Q3 经反馈至 J1 端，并将 FF1、FF2 的输出 Q_1、Q_2 经加至 J_3 端。由此可知：

（1）当第 8 个脉冲下降沿到来前，三个触发器（即 FF0、FF1、FF2）均工作在 $J = K = 1$ 的状态，对输入的信号进行二进制计数。虽然此时 Q_0 的下降沿信号到达了 FF3 触发器的时钟 CP 端，但由于 $J_3 = Q_1 \cdot Q_2 = 0$，$K_3 = 1$，所以触发器 FF3 的输出没有改变，即触发器 FF3 维持为 0 状态。于是在输入第 7 个计数脉冲之后，计数器的当前状态为 $Q_3Q_2Q_1Q_0 = 0111$。

（2）当第 8 个计数脉冲下降沿到来之后，Q_0 发生翻转，即 $Q_0 = 0$，与此同时，由于 $J_3 = Q_1 \cdot Q_2 = 1$，$K_3 = 1$，触发器 FF3 翻转为 1，即 $Q_3 = 1$，触发器 FF1 和 FF2 相继翻转为 0，所以计数器的当前状态称为 $Q_3Q_2Q_1Q_0 = 1000$。

（3）当第 9 个计数脉冲下降沿到来之后，触发器 FF0 翻转为 1，其他触发器状态不变，当前计数器的状态为 $Q_3Q_2Q_1Q_0 = 1001$。

（4）当第 10 个计数脉冲下降沿到来之后，触发器 FF0 的输出端 Q_0 发生翻转为 0。Q_0 端输出值的变化产生了一个下降沿，一方面作用到触发器 FF3 的时钟端使触发器 FF3 翻转为 0（因为触发器 FF3 的当前输入端 $J_3 = K_3 = 1$）；另一方面 Q_0 端的下降沿到达触发器 FF1 的时钟端，但无法使触发器 FF1 的状态发生变化（因为触发器 FF1 的当前输入端 $J_3 = \overline{Q_3} = 0$，$K_3 = 1$），所以计数器状态由 1001 回到 0000。于是开始第二轮计数。时序图如图 6 - 16 所示。

2）集成异步计数器

在数字电路的计数应用中，我们经常使用集成异步十进制计数器 74LS90 和集成二进制异步加法计数器 74LS197。

（1）集成异步十进制计数器 74LS90。

集成异步计数器 74LS90 是一种典型的集成异步十进制计数器，可实现二-五-十进制计数。图 6 - 17 是 74LS90 的引脚排列图和逻辑功能示意图，表 6 - 4 为其功能表。

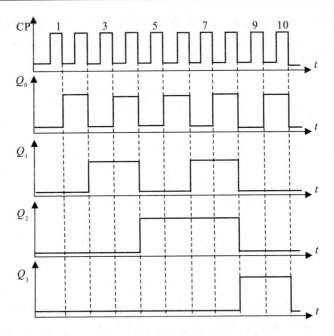

图 6 - 16 异步十进制计数器时序图

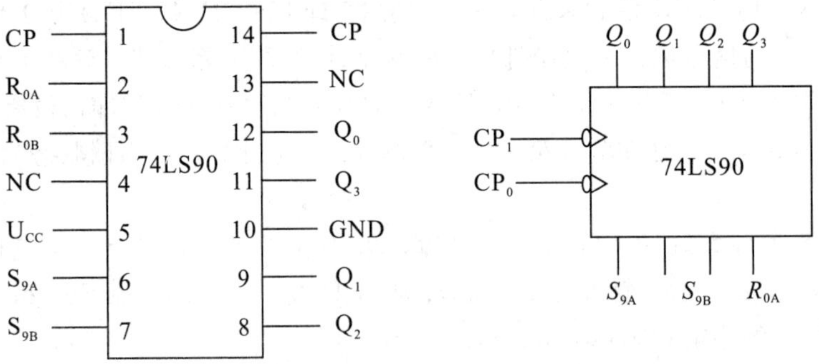

（a）引脚排列图 （b）逻辑功能示意图

图 6 - 17 集成十进制异步计数器 74LS90

表 6 - 4 74LS90 功能表

输 入						输 出			
R_{0A}	R_{0B}	S_{9A}	S_{9B}	CP_0	CP_1	Q_0^{n+1}	Q_1^{n+1}	Q_2^{n+1}	Q_3^{n+1}
1	1	0	×	×	×	0	0	0	0 异步清零
1	1	×	0	×	×	0	0	0	0 异步清零
×	0	1	1	×	×	1	0	0	1 异步置9
0	×	1	1	×	×	1	0	0	1 异步置9
R_{0A} $R_{0B} = 0$ S_{9A} $S_{9B} = 0$				↓	0	二进制加法计数			
				0	↓	五进制加法计数			
				↓	Q_0	8421BCD 码十进制计数			
				Q_3	↓	5421BCD 码十进制计数			

74LS90 内部是一个二进制计数器和五进制计数器，呈异步工作状态，分别由 CP_0、CP_1 触发。置数端 S 和清零端 R 高电平有效，具有异步清零和置 9 的功能。当两组功能端都不全为 1 时，两个计数器通过不同的级联方法可以进行 8421BCD 码和 5421BCD 码的计数。它没有专门的进位输出端，当多片 74LS90 级联需要进位信号时，可以从 Q_3 端取得。

（2）集成二进制异步加法计数器 74LS197。

集成四位二进制异步加法计数器 74LS197 的引脚排列图和逻辑功能示意图如图 6-18 所示。其功能表如表 6-5 所示。其功能分别如下。

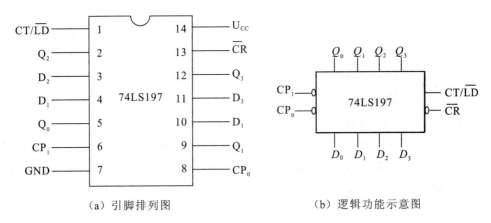

（a）引脚排列图　　　　　　　　（b）逻辑功能示意图

图 6-18　集成二进制异步计数器 74LS197

表 6-5　74LS197 的功能表

输	入			输	出			
$\overline{CR}$	CT/$\overline{LD}$	CP_0	CP_1	Q_0^{n+1}	Q_1^{n+1}	Q_2^{n+1}	Q_3^{n+1}	
0	×	×	×	0	0	0	0	异步清零
1	0	×	×	D_0	D_1	D_2	D_3	异步置数
1	1	CP	×	二进制加法计数				
1	1	×	CP	八进制加法计数				
1	1	CP	Q_0	十六进制加法计数				

① $D_0 \sim D_3$ 是并行数据输入端；$Q_0 \sim Q_3$ 是计数器输出端。

② $\overline{CR}$ 为异步清零端。当 $\overline{CR} = 0$ 时，计数器异步清零。

③ CT/$\overline{LD}$ 为计数和置数控制端。当 $\overline{CR} = 1$，CT/$\overline{LD} = 0$ 时，计数器异步置数，将 $D_0 \sim D_3$ 置给 $Q_0 \sim Q_3$。

④ CP_0 为触发器 FF0 的时钟输入端。如果只是将时钟 CP 加在 CP_0 端，那么只有 FF0 工作，形成 1 位二进制计数器。

⑤ CP_1 为 FF1 的时钟输入端。如果只是将时钟 CP 加在 CP_1 端，那么只有内部触发器 $FF_1 \sim FF_3$ 工作，形成 3 位二进制即八进制计数器。

⑥ 若将输入时钟 CP 加在 CP_0 端，把 Q_0 与 CP_1 连接起来，则构成 4 位二进制即十六进制异步加法计数器。

6.3.2 同步计数器

异步计数器，其进位信号是逐级传送的，计数速度较慢，输入脉冲要经过传输延迟时间才能到新的稳定状态。为了提高计数速度，可利用时钟脉冲同时去触发计数器中的全部触发器，让其状态变化同时进行。按这种方式组成的计数器称为同步计数器。

同步时序电路的分析步骤一般有：

（1）根据电路写出各触发器的驱动方程、状态方程和输出方程组；

（2）建立状态转换真值表；

（3）画出状态转移图；

（4）描述电路的功能；

（5）检查是否具备自启动能力。

1. 同步二进制计数器

1）同步二进制加法计数器

由 JK 端连在一起的四个 JK 触发器和两个与门组成的同步二进制计数器，计数脉冲同时控制各触发器的触发端。其逻辑电路如图 6-19 所示，其 CP、Q_0、Q_1、Q_2、Q_3 的波形图与图 6-16 相似。（计数前让 R_D 端清零，即 $Q_0 Q_1 Q_2 Q_3 = 0000$。CP 脉冲的触发方式为下降沿触发。）

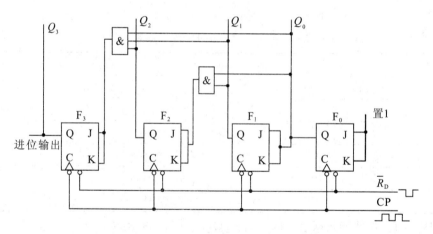

图 6-19 同步二进制计数器逻辑电路图

由于 $J = K = 1$，JK 触发器 F_0 处于翻转状态，所以每一个 CP 脉冲到来时，Q_0 的状态都要翻转。当第一个脉冲到来时，$Q_0 = 1$，F_1、F_2、F_3 由于 $J = K = 0$，其输出状态不变，$Q_1 = Q_2 = Q_3 = 0$；当第二个脉冲到来时，$Q_0 = 0$，而 F_1 的 $J = K = 1$，则其输出 Q_1 由 0 变 1，但是 F_2、F_3 由于 $J = K = 0$，其输出状态不变，$Q_2 = Q_3 = 0$；由于 F_2 的 $J = K = Q_0 Q_1$，只有当 Q_0、Q_1 全为 1 时，即第八个脉冲到来时，Q_2 才能由 0 变为 1；由于 F_3 的 $J = K = Q_0 Q_1 Q_2$，只有当 Q_0、Q_1、Q_3 全为 1 时，即第十六个脉冲到来时，Q_3 才能由 0 变为 1。

【例 6-1】 图 6-20 为同步二进制加法计数器，由 JK 触发器和与非门电路组成。可以实现对输入的时钟脉冲进行二进制加法计数功能。试分析该电路的功能。

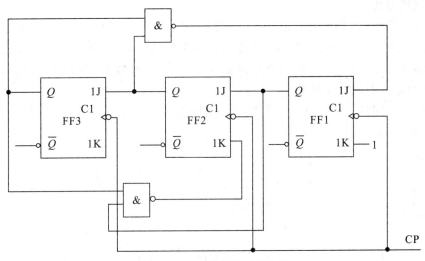

图 6-20　三位同步时序电路

解　电路分析如下：

(1) 根据电路图得到的方程组为

$$\begin{cases} J_3 = \overline{Q_3} \\ K_3 = Q_2 \end{cases} \qquad \begin{cases} J_2 = Q_1 \\ K_2 = \overline{Q_3 Q_1} \end{cases} \qquad \begin{cases} J_1 = \overline{Q_3 Q_1} \\ K_1 = 1 \end{cases}$$

(2) 列出状态转移真值表，如表 6-6 所示。

表 6-6　状态转移真值表

Q_3	Q_2	Q_1	J_3	K_3	J_2	K_2	J_1	K_1	Q_3^{n+1}	Q_2^{n+1}	Q_1^{n+1}
0	0	0	0	0	0	1	1	1	0	0	1
0	0	1	0	0	1	1	1	1	0	1	0
0	1	0	1	1	0	1	1	1	1	0	1
0	1	1	0	0	1	0	1	1	1	1	0
1	0	0	1	1	0	1	0	1	0	0	0
1	0	1	1	1	1	1	1	1	1	0	0
1	1	0	0	0	0	1	1	1	1	0	1
1	1	1	1	1	1	0	0	1	0	1	0

(3) 状态转移图，如图 6-21 所示。

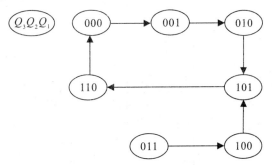

图 6-21　状态转移图

（4）功能分析。

由图 6-21 可知，该电路可以从非工作状态 011、100、111 自动进入工作状态，因此电路具备自启动能力。并且由于电路的工作状态始终在 000、001、010、101、110 之间进行变化，循环包含有 5 个状态。因此电路的功能为五进制同步计数器，或模五同步计数器。

2）同步二进制减法计数器

图 6-22 为同步二进制减法计数器，由 JK 触发器和与门电路组成，可以实现对输入的时钟脉冲进行二进制减法计数功能。

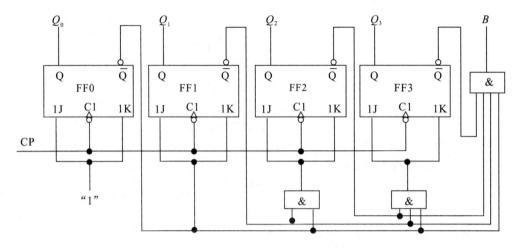

图 6-22　同步二进制减法计数器

我们可以按照分析同步加法计数器的方法写出方程组分析电路，最后可以得到电路的状态转移表如表 6-7 所示。

表 6-7　同步二进制减法计数器状态转移表

计数顺序	电路状态				对应的十进制数	借位输出（B）
0	Q_3	Q_2	Q_1	Q_0	0	1
1	0	0	0	0	15	0
2	1	1	1	1	14	0
3	1	1	1	0	13	0
4	1	1	0	1	12	0
5	1	1	0	0	11	0
6	1	0	1	1	10	0
7	1	0	0	1	9	0
8	1	0	0	0	8	0
9	0	1	1	1	7	0
10	0	1	1	0	6	0
11	0	1	0	1	5	0
12	0	1	0	0	4	0
13	0	0	1	1	3	0
14	0	0	1	0	2	0
15	0	0	0	1	1	0
16	0	0	0	0	0	1

由电路图和状态转移图可知，$B = \overline{Q_3}\,\overline{Q_2}\,\overline{Q_1}\,\overline{Q_0}$，当 $Q_3 Q_2 Q_1 Q_0 = 0000$ 时，$B = 1$。如果又输入一个计数脉冲，则电路状态将变为 $Q_3 Q_2 Q_1 Q_0 = 1111$，同时借位输出端 $B = 0$，作为向更高位的借位。

3）集成同步二进制计数器

在计数器的实际使用中，我们并不需要使用多个触发器和门电路来实现其功能，因为有专门的集成同步计数器可供使用。常用的集成二进制同步计数器有加法计数器和可逆计数器两种。为了使用和扩展方便，集成二进制同步计数器还增加了一些辅助功能。常用的集成二进制同步计数器为 74LS161 和 74LS163。

图 6-23 所示为集成 4 位二进制同步加法计数器 74LS161 的引脚排列图和逻辑功能示意图。其功能如表 6-8 所示。

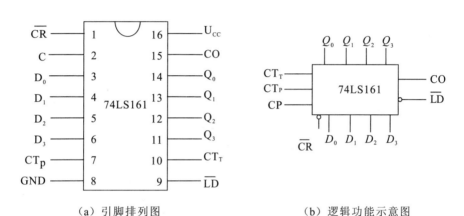

（a）引脚排列图　　　　　　　　（b）逻辑功能示意图

图 6-23　集成二进制同步加法计数器 74LS161

表 6-8　74LS161 的功能表

输 入 变 量					输 出 变 量				
$\overline{CR}$	$\overline{LD}$	CT_P	CT_T	CP	Q_0^{n+1}	Q_1^{n+1}	Q_2^{n+1}	Q_3^{n+1}	
0	×	×	×	×	0	0	0	0	异步清零
1	0	×	×	↑	D_0	D_1	D_2	D_3	同步置数
1	1	1	1	↑	二进制加法计数				
1	1	0	×	×	保持				
1	1	×	0	×	保持				

由表 6-8 可知其功能如下。

（1）异步清零功能：当 $\overline{CR} = 0$ 时，不管当前其他输入信号的状态如何，计数器清零。

（2）同步并行置数功能：$\overline{LD} = 0$，$\overline{CR} = 1$ 时，在 CP 时钟上升沿到达时，并行输入数据 $D_0 \sim D_3$，使 $Q_0^{n+1} Q_1^{n+1} Q_2^{n+1} Q_3^{n+1} = D_0 D_1 D_2 D_3$。

（3）计数功能：当 $\overline{CR} = 1$，$\overline{LD} = 1$ 且 $CT_P = CT_T = 1$ 时，计数器对 CP 脉冲按照二进制码循环计数。

（4）保持功能：当 $\overline{CR} = 1$，$\overline{LD} = 1$ 且 $CT_P \cdot CT_T = 0$ 时，则计数器保持原来的状态不变。

（5）CO：进位输出端。当$CT_T = 0$时，CO $= 0$；当$CT_T = 1$时，CO $= Q_0^n Q_1^n Q_2^n Q_3^n$。

图 6 - 24 所示为集成 4 位同步二进制加法计数器 74LS163。它的逻辑功能如表 6 - 9 所示。图中 LD 为同步置数控制端，CR 为异步清零控制端，CT_P 和 CT_T 为计数控制端，$D_0 \sim D_3$ 为并行数据输入端，$Q_0 \sim Q_3$ 为输出端，CO 为进位输出端，CP 为输入计数脉冲。

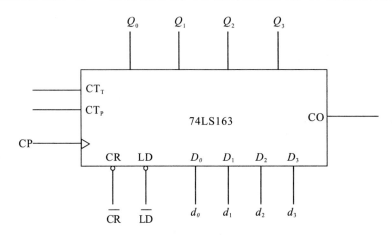

图 6 - 24　集成二进制加法计数器 74LS163

表 6 - 9　集成二进制加法计数器 74LS163 功能表

输　　入									输　　出					说　　明
$\overline{CR}$	$\overline{LD}$	CT_P	CT_T	CP	D_3	D_2	D_1	D_0	Q_3	Q_2	Q_1	Q_0	CO	
0	$\times$	$\times$	$\times$	$\uparrow$	$\times$	$\times$	$\times$	$\times$	0	0	0	0	0	同步清零
1	0	$\times$	$\times$	$\uparrow$	d_3	d_2	d_1	d_0	d_3	d_2	d_1	d_0		CO $= CT_T \quad Q_3 Q_2 Q_1 Q_0$
1	1	1	1	$\uparrow$	$\times$	$\times$	$\times$	$\times$		计数				CO $= Q_3 Q_2 Q_1 Q_0$
1	1	0	$\times$	$\times$	$\times$	$\times$	$\times$			保持				CO $= CT_T Q_3 Q_2 Q_1 Q_0$
1	1	$\times$	0	$\times$	$\times$	$\times$	$\times$	$\times$		保持			0	

2. 同步十进制计数器

1）同步十进制加法计数器

图 6 - 25 为 JK 触发器组成的 8421BCD 码同步十进制加法计数器，8421BCD 码是用四位二进制代码来表示十进制 $0 \sim 9$ 十个数码的。显然，BCD 码计数器是十进制计数器，即模 $M = 10$ 的计数器。

电路分析如下。

（1）根据图 6 - 25 可得驱动方程为

$$J_0 = K_0 = 1$$
$$J_1 = Q_3 Q_0, \ K_1 = Q_0$$
$$J_2 = K_2 = Q_1 Q_0$$
$$J_3 = Q_2 Q_1 Q_0, \ K_3 = Q_0$$

（2）将各触发器的驱动方程分别代入到触发器的特性方程中，就可以得到电路的状态方程组为

$$\begin{cases} Q_0{}^{n+1} = J_0 \overline{Q_0} + \overline{K_0} Q_1 = Q_0 \\ Q_1{}^{n+1} = J_1 \overline{Q_1} + \overline{K_1} Q_1 = \overline{Q_3} \overline{Q_1} Q_0 + Q_1 \overline{Q_0} \\ Q_2{}^{n+1} = J_2 \overline{Q_2} + \overline{K_2} Q_2 = Q_3 Q_1 Q_0 + Q_2 \overline{Q_1 Q_0} \\ Q_3{}^{n+1} = J_3 \overline{Q_3} + \overline{K_3} Q_3 = Q_3 Q_2 Q_1 Q_0 + Q_3 \overline{Q_0} \end{cases}$$

进位信号 $C_0 = Q_3 Q_0$。

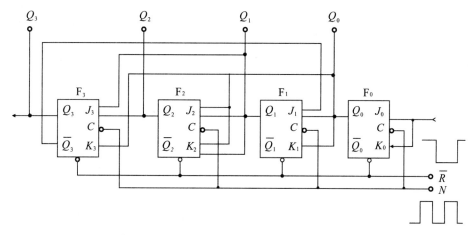

图 6 – 25　8421BCD 码同步十进制加法计数器

（3）状态转移表如表 6 – 10 所示。

表 6 – 10　同步十进制加法计数器状态转移表

计数顺序	电路现态				电路次态				进位输出
	$Q_3{}^n$	$Q_2{}^n$	$Q_1{}^n$	$Q_0{}^n$	$Q_3{}^{n+1}$	$Q_2{}^{n+1}$	$Q_1{}^{n+1}$	$Q_0{}^{n+1}$	C
1	0	0	0	0	0	0	0	1	0
2	0	0	0	1	0	0	1	0	0
3	0	0	1	0	0	0	1	1	0
4	0	0	1	1	0	1	0	0	0
5	0	1	0	0	0	1	0	1	0
6	0	1	0	1	0	1	1	0	0
7	0	1	1	0	0	1	1	1	0
8	0	1	1	1	1	0	0	0	0
9	1	0	0	0	1	0	0	1	0
10	1	0	0	1	1	0	1	0	1
无效状态	1	0	1	0	1	0	1	1	0
	1	0	1	1	1	1	0	0	1
	1	1	0	0	1	1	0	1	0
	1	1	0	1	1	1	1	0	1
	1	1	1	0	1	1	1	1	0
	1	1	1	1	0	0	0	0	1

（4）状态转移图如图 6 - 26 所示。

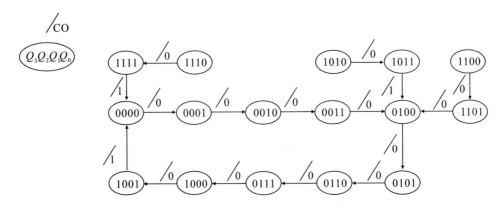

图 6 - 26　　同步十进制加法计数器状态转移图

2）集成同步十进制加法计数器

74LS160 是常用的集成同步十进制加法计数器，引脚图如图 6 - 27 所示，在图中 $\overline{\text{LD}}$ 为同步置数控制端，$\overline{\text{CR}}$ 为异步清零端，CT_T 和 CT_P 为计数控制端。其功能表如表 6 - 11 所示。

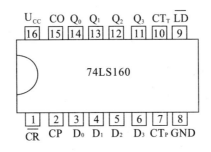

图 6 - 27　74LS160 引脚图

表 6 - 11　74LS160 功能表

输入变量									输出变量					功能说明
$\overline{\text{CR}}$	$\overline{\text{LD}}$	CT_P	CT_T	CP	D_3	D_2	D_1	D_0	Q_3	Q_2	Q_1	Q_0	CO	
0	×	×	×	×	×	×	×	×	0	0	0	0	0	异步置零
1	0	×	×	↑	d_3	d_2	d_1	d_0	d_3	d_2	d_1	d_0	CO_1	$CO_1 = CT_T Q_3 Q_0$
1	1	1	1	↑	×	×	×	×	计数				CO_2	$CO_2 = Q_3 Q_0$
1	1	0	×	×	×	×	×	×	保持				CO_3	$CO_3 = CT_T Q_3 Q_0$
1	1	×	0	×	×	×	×	×	保持				0	

74LS160 的主要功能如下。

（1）异步置零：$\overline{\text{CR}} = 0$ 时，无论计数器此刻的状态如何，都将被清零；

（2）同步并行置数：$\overline{\text{CR}} = 1$，$\overline{\text{LD}} = 0$ 时，输入的时钟脉冲 CP 在上升沿作用下，并行输入的数码 $d_3 \sim d_0$ 被置入计数器，即 $Q_3^{n+1} Q_2^{n+1} Q_1^{n+1} Q_0^{n+1} = d_3 d_2 d_1 d_0$。

（3）计数：$\overline{\text{CR}} = 1$，$\overline{\text{LD}} = 1$，$\text{CT}_\text{T} = \text{CT}_\text{P} = 1$ 时，在输入的时钟脉冲 CP 作用下，计数器进行 8421BCD 码的加法计数。

（4）保持：$\overline{CR}=1$，$\overline{LD}=1$，而 $CT_T \cdot CT_P = 0$ 时，计数器状态不变，如果在这种情况下，$CT_T = 0$，$CT_P = 1$，则 $CO = CT_T Q_3 Q_0 = Q_3 Q_0$，表示进位输出信号 CO 不变；如果 $CT_T = 1$，$CT_P = 0$，则 $CO = CT_T Q_3 Q_0 = 0$，即进位输出为 0。

※3. N 进制计数器

利用触发器和门控电路，可以构成计数长度为 N 的任何整数的任意进制计数器，简称 N 进制计数器或称为模 N 计数器。下面以十进制异步加法计数器为例讨论 N 进制计数器工作原理，其逻辑电路如图 6-28 所示、波形图 6-29 所示。

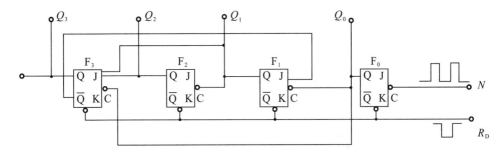

图 6-28　N 进制计数器的逻辑电路

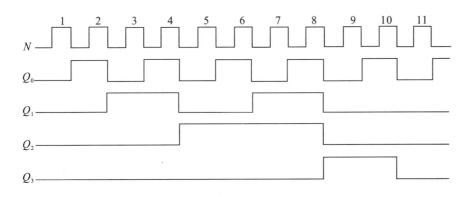

图 6-29　N 进制计数器的波形图

由于 $N = 10$，所以触发器的级数 $n = 4(2^{n-1} < N < 2^n)$，即需要 4 个触发器。由于 4 个触发器有 16 个不同的状态，故有 4 个多余的状态，加适当的门控电路就可以实现十进制计数。

由图 6-28 可见，它是由 4 个 JK 触发器构成，R_D 为 JK 触发器的置 0 端，当 R_D 为低电平时，触发器清零，电路呈 0000 状态。其工作原理如下。

当第一个 CP 脉冲的下降沿到来时，F_0 翻转，Q_0 由 0 变为 1，由于是正跳变，对于触发器 F_1 不起作用，电路呈 0001 状态。当第二个 CP 脉冲的下降沿到来时，F_0 翻转，Q_0 由 1 变为 0，由于是负跳变，触发器 F_1 翻转，Q_1 由 0 变为 1，由于是正跳变，对于触发器 F_2 不起作用，电路呈 0010 状态。以此类推，到第八个脉冲到来时，电路呈 1000 状态。此时 $\overline{Q}_3 = 0$，则 F_1 的控制端 $J_1 = 0$，且 $Q_2 = Q_1 = 0$，使 F_3 的 J_{3a}、J_{3b} 均为 0。第九个脉冲到来时，Q_0 由 0 变为 1，由于是正跳变，对于触发器 F_1 不起作用，电路呈 1001 状态。第十个脉冲到来时，Q_0 由 1 变为 0，其负跳变脉冲输入 F_1 和 F_3，因 F_1 的 $J_1 = 0$，故 Q_1 仍为 0，而 F_3 因

$J_{3a} = J_{3b} = 0$，故 Q_3 由 1 变 0，电路呈 0000 状态，同时 Q_3 输出负跳变进位脉冲，从而完成十进制计数过程。

6.3.3 计数器的实例分析

1. 三位同步加法计数

【例 6-2】 分析如图 6-30 所示的同步时序电路。写出方程组，列出状态转换表，画出状态转换图和时序图，并描述其逻辑功能。

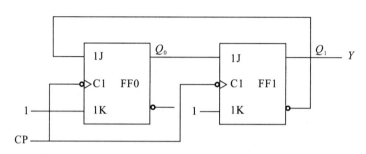

图 6-30 例 6-2 同步时序电路图

解 由图 6-15 所示，根据同步计数器的分析步骤，经过分析可得：

(1) 根据电路图，可写出三个方程。

驱动方程组为
$$\begin{cases} J_0 = \overline{Q_0^n}, \ K_0 = 1 \\ J_1 = Q_0^n, \ K_1 = 1 \end{cases}$$

状态方程组为
$$\begin{cases} Q_0^{n+1} = J_0 \overline{Q_0^n} + \overline{K_0} Q_0^n = \overline{Q_1^n} \ \overline{Q_0^n} \\ Q_1^{n+1} = J_1 \overline{Q_1^n} + \overline{K_1} Q_1^n = \overline{Q_1^n} Q_0^n \end{cases}$$

输出方程为
$$Y = Q_1^n$$

(2) 根据状态方程写出状态转换表如表 6-12 所示。

表 6-12 状态转换表

计数脉冲	电路现态		电路次态		输出
	Q_1^n	Q_0^n	Q_1^{n+1}	Q_0^{n+1}	Y
1	0	0	0	1	0
2	0	1	1	0	0
3	1	0	1	1	1
4	1	1	0	0	1

(3) 根据状态转换表画出状态转换图，如图 6-31 所示。

在图 6-31 中，$Q_1 Q_0$ 表示电路的状态，$\dfrac{X}{Y}$ 表示电路的输入输出状态（本电路无输入，故输入变量处为空白），箭头表示了状态转换的去向。

该电路由两个触发器组成，工作状态总共有 4 种，在时钟 CP 信号的作用下，状态在 $00 \to 01 \to 10 \to 00$ 之间进行循环，有效状态有三个，无效状态为 11。当出现了无效状态之后，电路可以在时钟 CP 信号作用下自动进入有效循环。所以该电路具备自启动能力。

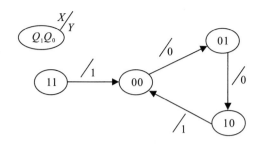

图 6-31 状态转换图

（4）该电路的时序图如图 6-32 所示。

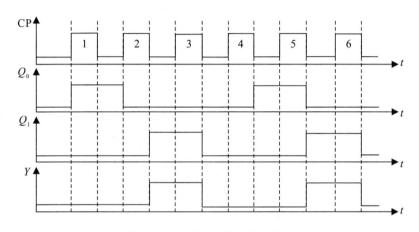

图 6-32 时序逻辑电路时序图

（5）功能分析。

由于电路的有效状态只有三个，并且计数满三个之后就有一个进位 1。所以该电路是一个具备自启动功能的三进制同步计数器。

2. 七位异步计数器

【例 6-3】 分析图 6-33 所示电路，画出状态转移图。

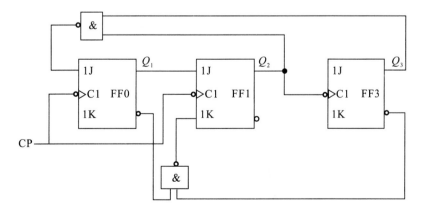

图 6-33 例题 6-3 电路图

解 (1)根据电路图,可知该电路由三个 JK 触发器组成,均为下降沿触发,并且 JK 触发器 FF3 的时钟接到触发器 FF1 的输出端 Q_2。显然整个电路的时钟信号并不是采用统一的时钟源,所以为异步时序电路。

(2)时钟方程为

$$CP_1 = CP_2 = CP$$
$$CP_3 = Q_2$$

(3)驱动方程组为

$$J_1 = \overline{Q_2{}^n Q_3{}^n}, K_1 = 1$$
$$J_2 = Q_1{}^n, K_2 = \overline{Q_1{}^n Q_3{}^n}$$
$$J_3 = K_3 = 1$$

(4)在异步时序电路中,由于时钟源不是统一的,因此在写状态方程时,应该把触发器的时钟信号作为逻辑变量写入方程。写出状态方程,为

$$Q_1{}^{n+1} = \overline{Q_2{}^n Q_3{}^n} \cdot \overline{Q_1{}^n} \cdot CP_1$$
$$Q_2{}^{n+1} = (Q_1{}^n \overline{Q_2{}^n} + \overline{Q_1{}^n} \overline{Q_3{}^n} Q_2{}^n) \cdot CP_2$$
$$Q_3{}^{n+1} = \overline{Q_3{}^n} \cdot CP_3$$

(5)画出状态转移表,如表 6-13 所示。

表 6-13 例 6-3 状态转移表

计数脉冲	现态			时钟脉冲		次态		
S	$Q_3{}^n$	$Q_2{}^n$	$Q_1{}^n$	CP	CP_3	$Q_3{}^{n+1}$	$Q_2{}^{n+1}$	$Q_1{}^{n+1}$
0	0	0	0	⌐_		0	0	1
1	0	0	1	⌐_		0	1	0
2	0	1	0	⌐_		0	1	1
3	0	1	1	⌐_	⌐_	1	0	0
4	1	0	0	⌐_		1	0	1
5	1	0	1	⌐_		1	1	0
6	1	1	0	⌐_	⌐_	0	0	0
无效状态	1	1	1	⌐_		0	0	0

(6)状态转移图如图 6-34 所示。

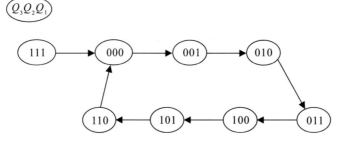

图 6-34 例题 6-3 状态转移图

（7）功能分析。由以上的状态转移图可知，该电路是一个七进制的异步计数器，具备自启动的能力。

本 章 小 结

（1）时序逻辑电路是一种重要的逻辑电路，与组合逻辑电路相比较，时序逻辑电路的输出状态不仅取决于同一时刻电路的输入状态，而且还取决于电路原状态，即与电路经历的时间顺序有关。

（2）寄存器由触发器组成，具有暂时存放、取出数据或代码，移位，保持，异步清零，同步清零等功能。

（3）计数器是时序电路的重要组成部分，它不仅可用来计数，也可用于定时、分频和数字运算。计数器是一种累积输入脉冲个数的逻辑电路，应用十分广泛，在电器设备中占重要地位。计数器的种类很多，按触发器翻转的先后次序可分成两类，同步计数器和异步计数器；若按计数器中计数长度的不同，可分成二进制计数器和任意进制计数器；若按计数器中数值增、减情况的不同来区分可分为加法计数器、减法计数器和双向计数器。

思 考 与 练 习

1. 时序逻辑电路的基本特点是什么？

2. 时序逻辑电路与组合逻辑电路有何区别？

3. 填空题。

（1）时序逻辑电路在任何时刻的输出不仅取决于该时刻的_____，而且还和它原来的_____有关，能够实现此功能是因为它含有_____单元电路。

（2）时序电路由_____电路和_____电路两大部分组成。

（3）描述时序电路功能的方法有_____，_____，_____和_____。

（4）各个触发器的输出状态改变是在同一时钟脉冲作用下同时发生的，这种时序电路称为_____时序电路；各触发器的时钟端无统一的时钟脉冲，这种时序电路称为_____时序电路。

（5）一个计数器的状态转换图如图 6 - 35 所示，这是一个模_____的计数器，由_____个触发器构成，并判断电路是否具有自启动能力。

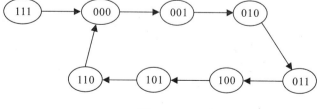

图 6 - 35

（6）根据计数器原计数脉冲 CP 的引入方式不同，计数器可分为_____计数器和_____计数器；根据计数制不同，计数器可分为_____计数器和_____计数器；根据计数器计数增减趋势，又可分为_____、_____和_____计数器。

4. 什么叫寄存器？它有何功能？

5. 单向和双向移位寄存器的输入输出有哪几种工作方式？

6. 什么是计数器？它有哪些功能？主要有哪些种类？

7. 简述异步二进制计数器和同步二进制计数器的计数过程，并说说其主要区别。

8. 简述异步十进制计数器的计数过程。

9. 已知电路及CP、A的波形如图6-36所示，设触发器的初态均为"0"，试画出输出端 B 和 C 的波形。

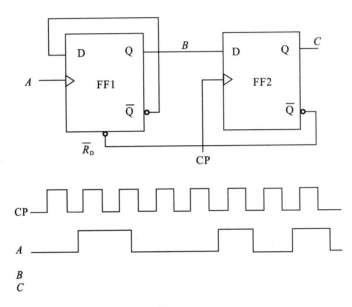

图 6-36

10. 分析图6-37所示同步时序逻辑电路。要求：

(1) 写出各级触发器的驱动方程（激励函数）；

(2) 写出各级触发器的状态方程；

(3) 列出状态转移表；

(4) 画出状态转移图；

(5) 描述逻辑功能。

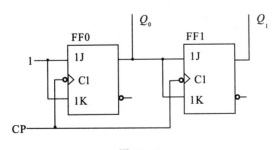

图 6-37

11. 分析图 6-38 的电路逻辑图，写出各触发器的驱动方程，画出状态转移图，判断能否自启动。

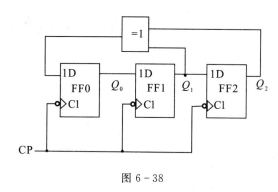

图 6-38

第 7 章　数/模和模/数转换

本章导言

目前是数字化时代，"数字化"已经进入了各行各业，也进入了人们的日常生活，如数字摄像机、数字照相机等，几乎所有的视频设备都实现了数字化。而我们面对的实际对象却都是一些模拟量，如：耳朵听到的声音、手感觉的温度、眼看到的图像等，要让计算机能认识和处理这些信号，就必须先把这些模拟信号转变成相应的数字信号，对数字信号进行处理后，还需要再转变成模拟信号。模数转换器和数模转换器正是架在模拟信号和数字信号之间的一座"桥梁"，本章就是介绍模数转换器和数模转换器的组成和工作原理。

教学目标

(1) 理解数/模和模/数转换的基本原理。

(2) 理解实现数/模和模/数转换电路的组成结构和工作原理。

(3) 熟悉 T 形电阻网络 D/A 转换器的电路结构、工作原理和特点。

(4) 熟悉逐次渐进型 A/D 转换器的电路结构、工作原理和特点。

7.1　概　　述

随着电子计算机的迅速发展，其在数字测量仪表、数字通信等方面的应用越来越广泛，应用数字技术来处理模拟信号的情况也越来越常见。然而，电子计算机只能处理数字信号，因此就涉及模拟信号与数字信号之间的相互转换的问题。我们把模拟信号转换成数字信号，称为模/数转换(或称为 A/D 转换)，实现 A/D 转换的电路称为 A/D 转换器(ADC, Analog to Digital Converter)；把数字信号转换成模拟信号，称为数/模转换(或称为 D/A 转换)，实现 D/A 转换的电路称为 D/A 转换器(DAC, Digital to Analog Converter)。

图 7 - 1 所示的方框图为典型的计算机信号处理系统。图中所示的连续变化的非电模拟量(如温度、压力、速度等)，通过传感器变换成模拟电信号，然后送入 ADC 转换成数字电信号，再经过数字计算机的处理，以数字电信号的形式输出，最后由 DAC 转换成模拟信号去驱动执行机构来完成预定的目标。

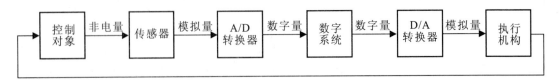

图 7 - 1　生产过程自动控制流程图

D/A 转换器和 A/D 转换器是数字设备与控制对象之间的接口电路，是计算机用于过程控制的重要部件，其基本要求是转换精度要高。本章主要介绍数/模和模/数转换的基本概念和典型转换电路的工作原理。

7.2　数/模转换(D/A 转换)

7.2.1　D/A 转换的原理

D/A 转换器的功能是将数字信号转换为模拟信号(电压或电流)。本节仅介绍常用的最基本的 DAC 电路。

1. 数模转换原理

DAC 转换的工作原理在于将不同的二进制数字信号与相应幅值的模拟信号建立联系。DAC 首先把输入的二进制代码的每一个码元根据所代表的位权转换为与其成比例的电压或电流模拟量,然后再将每一位二进制代码转换的模拟量相叠加,就得到与输入的二进制代码成比例的模拟量。输入的二进制代码既可以是原码也可以为补码或反码。如图 7 - 2 所示表达了相应二进制代码与模拟量之间的线性关系。

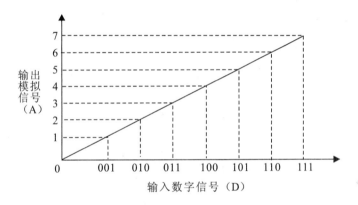

图 7 - 2　三位二进制代码的 DAC 转换图

因此数模转换就是将输入的二进制数字信号转换为相应的模拟信号,以电压或电流的形式输出。如果采用输出电压作为模拟信号的输出形式,那么 DAC 的输出电压 u_O 与输入数字信号 $D(D_{n-1}, D_{n-2}, D_{n-3}, \cdots, D_2, D_1, D_0)$ 之间的关系为

$$u_O = KU_{REF}D = KU_{REF}\sum_{i=0}^{n-1}2^id^i$$

其中 D 为输入的二进制代码,U_{REF} 为转换参考电压,K 为比例系数。因此,根据公式不难看出,输入的二进制代码值与输出的模拟信号的输出电压成正比。

2. 数模转换过程

输入的二进制代码首先使用存储器存储,然后再用存储的数字信号去控制相应的开关,使电阻译码网络输出模拟分量,并将模拟分量送至求和放大器进行累加。最后再将模拟量输出。整个过程如图 7 - 3 所示。

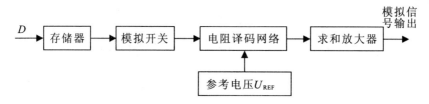

图 7-3   数模转换过程框图

7.2.2   T 型电阻网络 DAC

常使用的实现 D/A 转换的电路有多种，常用的就有 T 型电阻网络 DAC、权电阻网络 DAC、倒 T 型电阻网络 DAC 等。下面重点分析 T 型电阻网络 D/A 转换器的相关原理。

1. 电路结构

图 7-4 所示为 T 形电阻网络 D/A 转换器。电路由电阻 R 和 $2R$、运算放大器、模拟开关 $S_3 \sim S_0$ 组成。同时电路外接参考电压 U_{REF}。当输入的某位（例如第 i 位）二进制码元为 0（即 $D_i = 0$）时模拟开关 $S_i = 0$，如果输入的第 i 位二进制码元为 1（即 $D_i = 1$）时，模拟开关 $S_i = U_{REF}$。

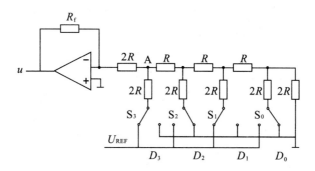

图 7-4   四位 T 型电阻网络 D/A 转换器

2. 工作原理

图 7-4 所示的电路图的工作原理具体分析如下。

（1）当输入的二进制变量为 1000（即 $D_3 D_2 D_1 D_0 = 1000$）时。

在图 7-4 中模拟开关 S_3 接通，其余模拟开关均接地。所以等效电路图如图 7-5 所示。

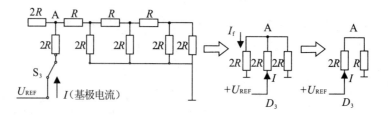

图 7-5   DAC 等效电路图

由图 7-5 可知

$$I = \frac{U_{REF}}{3R}$$

$$I_{f3} = \frac{1}{2}I = \frac{1}{2} \cdot \frac{U_{REF}}{3R}$$

考虑到通常模拟开关 S_3 的状态可能打开也有可能闭合，因此采用 D_3 的不同取值代表不同的状态时，上式可写成

$$I_{f3} = \frac{1}{2}I = \frac{1}{2} \cdot \frac{U_{REF}}{3R} \cdot D_3$$

输出电压为

$$u_O = -I_{f3}R_f = -\frac{U_{REF}R_f}{3R \times 2}$$

（2）当输入的二进制变量为 0100（即 $D_3 D_2 D_1 D_0 = 0100$）时。

在图 7-4 中模拟开关 S_2 接通，其余模拟开关均接地。所以等效电路图如图 7-6 所示。

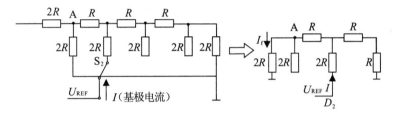

图 7-6　DAC 等效电路图

由图 7-6 可知

$$I_{f2} = \frac{1}{2^2}I = \frac{1}{4} \cdot \frac{U_{REF}}{3R} \cdot D_2$$

输出电压为

$$u_O = -I_{f3}R_f = -\frac{U_{REF}R_f}{3R \times 2^2}$$

（3）当输入的二进制变量为 0010（即 $D_3 D_2 D_1 D_0 = 0010$）时。

在图 7-4 中模拟开关 S_1 接通，其余模拟开关均接地。所以等效电路图如图 7-7 所示。

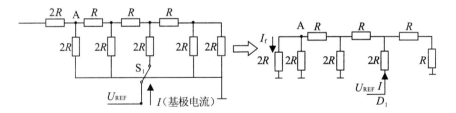

图 7-7　DAC 等效电路图

由图 7-7 可知

$$I_{f1} = \frac{1}{2^3}I = \frac{1}{8} \cdot \frac{U_{REF}}{3R} \cdot D_1$$

输出电压为

$$u_O = -I_{f3}R_f = -\frac{U_{REF}R_f}{3R \times 2^3}$$

（4）当输入的二进制变量为 0001（即 $D_3 D_2 D_1 D_0 = 0001$）时。

在图 7-4 中模拟开关 S_0 接通，其余模拟开关均接地。所以等效电路图如图 7-8 所示。

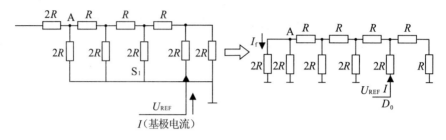

图 7-8　DAC 等效电路图

由图 7-8 可知

$$I_{f0} = \frac{1}{2^4} I = \frac{1}{16} \cdot \frac{U_{REF}}{3R} \cdot D_0$$

输出电压为

$$u_O = -I_{f3} R_f = -\frac{U_{REF} R_f}{3R \times 2^4}$$

因为此 T 形网络是线性网络，所以利用叠加原理，则流入反向输入端的电流为

$$I_{\Sigma} = I_{f3} + I_{f2} + I_{f1} + I_{f0}$$
$$= \frac{U_{REF}}{3R} \left(\frac{1}{2^1} D_3 + \frac{1}{2^2} D_2 + \frac{1}{2^3} D_1 + \frac{1}{2^4} D_0 \right)$$
$$= \frac{U_{REF}}{3R \times 2^4} (2^3 D_3 + 2^2 D_2 + 2^1 D_1 + 2^0 D_0)$$

其输出端的模拟电压为

$$u_O = -I_{\Sigma} R_f = -\frac{U_{REF} R_f}{3R \times 2^4} (2^3 D_3 + 2^2 D_2 + 2^1 D_1 + 2^0 D_0)$$

3. 主要指标

1）分辨率

分辨率用于描述 DAC 对于输入量的微小变化的敏感程度，即描述最小输出电压的能力。而所谓的最小输出电压是指输入数字量仅最低位为 1 时的输出电位，定义为最小输出电压与最大输出电压的比值，所以分辨率用 $\dfrac{1}{2^n - 1}$ 表示。DAC 的分辨率与其位数有关，位数越多，DAC 相应的分辨率就会越高。因此有时也直接采用输入二进制代码的位数作为 DAC 的分辨率。

2）转换误差

转换误差是描述 DAC 输出的模拟信号理论值与实际值之间差异的一项指标。这种误差主要是由于转换过程中的各种误差引起的。包括由于参考电压源偏差 ΔU_{REF} 导致的输出电压变化 Δu_O，这种误差被称为比例系数误差。此外还存在着由于求和放大器的零点漂移造成的输出电压误差，这种误差被称为漂移误差。

3）转换速度

转换速度是指从数字信号送入 D/A 转换器起，到输出电压达到稳定值所需的时间。电路输入的数字量变化越大，DAC 输出建立的时间就越长。根据输出建立的时间长短，DAC

分可为超高速型、高速型、中速型和低速型几种类型。

7.2.3　集成 DAC（DAC0832）

1. D/A 转换器 DAC0832 简介

DAC0832 是常用的集成 D/A 转换器芯片，它是用 CMOS 工艺制造的双列直插式单片八位 DAC，可以直接与 Z80、8080、8085、MCS51 等微处理器相连接。DAC0832 的逻辑框图和外引脚排列图分别如图 7-9(a)、(b) 所示。

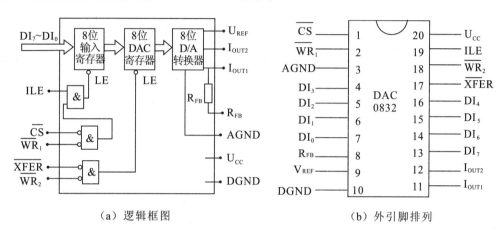

（a）逻辑框图　　　　　　　　　　（b）外引脚排列

图 7-9　DAC0832 的逻辑框图和外引脚排列

DAC0832 内部由一个八位输入寄存器、八位 DAC 寄存器、八位 D/A 转换器以及控制电路组成。DAC0832 采用双缓冲寄存器，这样可在输出的同时，采集下一个数字量，以提高转换速度。在使用时，可以连接成不同的工作方式。

DAC0832 芯片各引脚的名称和功能说明如下：

$DI_0 \sim DI_7$：8 位数字量输入端，其中 DI_0 为最低位（LSB），DI_7 为最高位（MSB）。

I_{OUT1}：D/A 输出电流 1 端，接运算放大器反相输入端，输出值与输入的数字量大小成正比。当 DAC 寄存器中全都为 1 时，I_{OUT1} 为最大；当 DAC 寄存器中全都为 0 时，I_{OUT1} 最小。

I_{OUT2}：D/A 输出电流 2 端，接地。输出值与输入的数字量的反码大小成正比。

I_{OUT2}：输出电流 2 端，$I_{OUT1} + I_{OUT2} =$ 常数。

R_{FB}：芯片内的反馈电阻，用来作为外接运放的反馈电阻。

U_{REF}：基准电压输入端，通常范围取 $-10 \sim +10$ V。

U_{CC}：电源电压输入端，一般为 $5 \sim 15$ V。

DGND：数字电路接地端。

AGND：模拟电路接地端，通常与 DGND 端相连。

$\overline{CS}$：片选信号输入端（低电平有效），与 ILE 共同作用，对 $\overline{WR_1}$ 信号进行控制。

ILE：输入寄存器的锁存（高电平有效）。当 ILE = 1，且 $\overline{CS}$ 和 $\overline{WR_1}$ 均为低电平时，8 位输入寄存器允许输入数据；当 ILE = 0 时，8 位输入寄存器锁存数据。

$\overline{WR_1}$：写信号 1（低电平有效），用来将输入数据位送入寄存器中，当 $\overline{WR_1} = 1$ 时，输入寄存器的数据被锁定；当 $\overline{CS} = 0$，ILE $= 1$ 时，在 $\overline{WR_1}$ 为有效电平的情况下，才能写入数字信号。

$\overline{WR_2}$：写信号 2（低电平有效），与 $\overline{XFER}$ 组合，当 $\overline{WR_2}$ 和 $\overline{XFER}$ 均为低电平时，输入寄存器中的 8 位 数据传送给 8 位 DAC 寄存器中；$\overline{WR_2} = 1$ 时 8 位 DAC 寄存器锁存数据。

$\overline{XFER}$：传递控制信号（低电平有效），用来控制 $\overline{WR_2}$，选通 DAC 寄存器。

2. DAC0832 与微机系统的连接

DAC0832 与 80X86 计算机系统连接的典型电路，如图 7-10 所示。

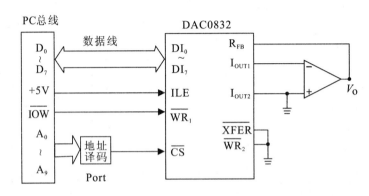

图 7-10　DAC0832 与 80X86 计算机系统的连接电路

在该图中，由于 DAC0832 的 $\overline{WR_2}$ 和 $\overline{XFER}$ 端同时为有效低电平，DAC0832 内部的 DAC 寄存器被选通（即一直工作于直通状态）。在该电路中，只有输入寄存器工作于受控状态，故 DAC0832 工作于单缓冲方式。

7.3　模/数转换（A/D 转换）

前面图 7-1 中已经说明了在计算机控制系统中，不仅需要将计算机输出的二进制数字信号通过 D/A 转换为模拟信号输出，进而去调整相关的设备状态。而且计算机系统也需要将检测器件的测量值输入到计算机中，因此必须将检测器件输入的模拟信号转换为数字信号。而能够实现将输入的模拟量转换为数字量的电路就是模数转换电路，即 ADC。

ADC 的种类主要有：直接型和间接型。直接型是直接将模拟电压转换成输出的二进制数字代码。直接型的电路实现方法有直接比较型和反馈比较型。间接型是将模拟电压转换成一个中间量（时间或频率），然后再将中间量转换成数字量。间接型的电路实现方式有电压 — 频率变换型和电压 — 时间变换型。在计算机控制系统中，经常使用的 ADC 电路就是逐次比较型 ADC。下面将分析逐次比较型 ADC 的电路结构和工作原理及特点。

7.3.1　A/D 转换的原理

1. A/D 转换框图

ADC 转换器的作用就是将输入端输入的在时间上连续变化的模拟量转换为输出端输出的在时间上离散的数字量。ADC 原理框图如图 7-11 所示。

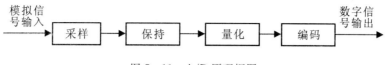

图 7-11 A/D 原理框图

根据以上框图，模拟信号的 A/D 转换需要经过四个过程：采样、保持、量化、编码。通常采样和保持是使用一个电路实现的，而量化和编码也是在同一过程中实现的。

2. A/D 转换的采样和保持

所谓采样就是指将时间上连续变化的模拟信号定时检测，然后分别取出各个检测时刻的值。这种被采集出来的在各个时刻上的值就被称为采样值。采样的作用就是将时间幅值上连续变化的模拟信号在时间上离散化。如图 7-12 所示。

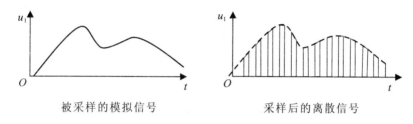

被采样的模拟信号   采样后的离散信号

图 7-12 A/D 模拟信号的采样

显然，采样间隔的选取就是一个关键的问题。如果设定的采样时间间隔过大（即采样频率过低），肯定就会丢失许多的信息，导致采样信息的失真。但是如果采样间隔过小（即采样频率过高），又会付出不必要的代价。那么如何设置采样间隔呢？根据香农的采样定理，只要当采样频率高于被采样信号最高频率的 2 倍时，采样出来的信号就能够完整地反应被采样信号的信息，即

$$f_s \geqslant 2f_{max}$$

其中 f_s 为采样频率，f_{max} 为输入的模拟信号中最高频率分量。通常 $f_s = (3 \sim 5)f_{max}$。

由于采样时间极其短暂，采样输出的值为一连串离散的窄脉冲。为了完成后续的量化和编码任务，就需要把采样下来的离散值进行保存。这就是保持。这些是保存的离散值是一些阶梯型脉冲信号。

3. A/D 转换的量化和编码

在经过如上所述的采样、保持电路之后，这些阶梯型脉冲信号就输入到量化和编码的电路中。要实现模数转换就必须要将这些离散的阶梯信号用一定位数的数字量来表示。数字量的大小都是以某个最小数量单位的整数倍来表示的。而数字量在表示电压时也必须将它转化为这个最小数量单位的整数倍。这个最小数量单位被称为量化单位，用 Δ 来表示。编码过程就是将量化后的结果用二进制代码表示的过程。最后将这些二进制代码输出，即为转换之后的 A/D 输出信号。

输入的采样信号为阶梯型脉冲信号，虽然这些信号在时间上是离散的，但在幅值上仍然是连续的，所以各个不同取值的幅值不一定都能被量化单位 Δ 整除，因此量化必然存在误差。通常量化后的数字量位数越多，量化误差就越小。量化的方法有两种。下面以输入电压最大值为 1 V，A/D 转换采样三位二进制代码表示为例，说明量化的两种方法。

1) 第 1 种量化方法

取 $\Delta = \dfrac{1}{2^3} = \dfrac{1}{8}$ V，即只要输入的模拟电压 u_1 在 $0\,\text{V} < u_1 < \dfrac{1}{8}$ V，那么对应的输出二进制代码就为 $d_2 d_1 d_0 = 000$（即 0Δ 对应于二进制代码 000）；如果输入的模拟电压 u_1 在 $\dfrac{1}{8}\,\text{V} < u_1 < \dfrac{2}{8}$ V，那么对应的输出二进制代码就为 $d_2 d_1 d_0 = 001$（即 1Δ 对应于二进制代码 001）；以此类推，如果输入的模拟电压 u_1 在 $\dfrac{7}{8}\,\text{V} < u_1 < 1$ V，那么对应的输出二进制代码就为 $d_2 d_1 d_0 = 111$（即 7Δ 对应于二进制 111）。这种量化方法的最大量化误差为 Δ。

2) 第 2 种量化方法

取 $\Delta = \dfrac{2 \times 1}{(2^{3+1} - 1)} = \dfrac{2}{15}$ V，即只要输入的模拟电压 u_1 在 $0\,\text{V} < u_1 < \dfrac{1}{15}$ V，那么对应的输出二进制代码就为 $d_2 d_1 d_0 = 000$（即 0Δ 对应于二进制代码 000）；如果输入的模拟电压 u_1 在 $\dfrac{1}{15}\,\text{V} < u_1 < \dfrac{3}{15}$ V，那么对应的输出二进制代码就为 $d_2 d_1 d_0 = 001$（即 1Δ 对应于二进制代码 001）；以此类推，如果输入的模拟电压 u_1 在 $\dfrac{13}{15}\,\text{V} < u_1 < 1$ V，那么对应的输出二进制代码就为 $d_2 d_1 d_0 = 111$（即 7Δ 对应于二进制 111）。这种量化方法的最大量化误差为 $\dfrac{\Delta}{2}$。

显然第 2 种量化方法的精度高于第 1 种。所以在实际电路中经常使用第 2 种量化方法。两种量化方法的对比如图 7-13 所示。

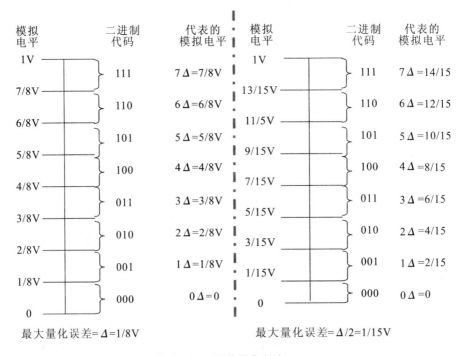

图 7-13　两种量化方法

7.3.2　逐次逼近型 ADC

1. 采样保持电路

采样和保持是两个不同的过程，但是通常是在采样保持电路中一次完成的。如图 7-14 为采样保持电路。电路由场效应 MOS 管、电容、运算放大器等元件组成。其中图中 VT 为 MOS 管，电容 C 为保持元件，A 为运算放大器。

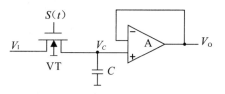

图 7-14　采样 — 保持电路

在采样脉冲 $S(t)$ 持续的时间内，场效应管 VT 导通，输入的模拟量 u_I 对电容 C 进行充电，如果电容 C 的充电时间远小于采样脉冲 $S(t)$ 持续时间，那么电容 C 的电位与模拟量 V_I 电位相同，即 $V_I = V_C$。然后随着采样脉冲持续时间的结束，场效应管 VT 截止。VT 截止之后，开关断开，电容 C 的电位仍然保持原来的电位 V_C，直到下一个采样脉冲 $S(t)$ 到来。输入一连串采样脉冲序列后，取样保持电路的缓冲放大器输出电压 u_O。

2. 逐次逼近型 ADC

逐次逼近型 ADC 是属于直接型的 A/D 转换器，也是目前使用最多的一种 A/D 转换器。逐次逼近转换过程和用天平称物重非常相似。天平称重物过程是，从最重的砝码开始试放，与被称物体进行比较，若物体重于砝码，则该砝码保留，否则移去。再加上第二个次重砝码，由物体的重量是否大于砝码的重量决定第二个砝码是留下还是移去。照此一直加到最小一个砝码为止。将所有留下的砝码重量相加，就得到此物体的重量。仿照这一思路，逐次逼近型 A/D 转换器，就是将输入模拟信号与不同的参考电压作多次比较，使转换所得的数字量在数值上逐次逼近输入模拟量对应值。

图 7-15 为逐次逼近型 ADC 电路结构图，电路由电压比较器、D/A 电路、数码寄存器、控制电路和输入输出电路以及时钟 CP、参考电压源等组成。图中输入的模拟量为 u_I，输出为 n 位二进制代码。

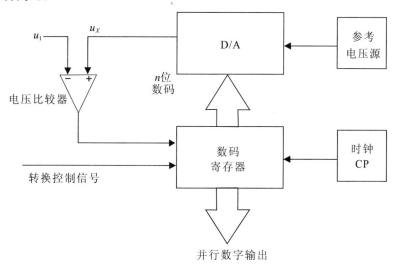

图 7-15　逐次逼近型 ADC 原理框图

转换之前首先将 n 位寄存器全部清零，开始转换时控制电路先将寄存器的最高位置 1（即 $d_{n-1} = 1$），其余位全部为 0。这组二进制代码被 D/A 电路转换为对应的模拟电压 u_X 后与输入的模拟电压 u_1 对比。根据对比的结果，有以下可能性。

（1）如果 $u_1 > u_X$，表明寄存器中的二进制代码不够大，则应该将最高位保留为 1，同时将次高位置 1，然后将最高位和次高位均为 1 的二进制码通过 D/A 转换为模拟电压 u_X 后与输入的模拟电压 u_1 对比。

（2）如果 $u_1 < u_X$，表明寄存器中的二进制代码过大，则应该将此位清零（也同时说明最高位在转换后的代码 $d_{n-1} = 0$）；然后继续将寄存器的次高位置 1（即 $d_{n-2} = 1$），其余位全部为 0，再通过 DAC 转换为相应的模拟电压 u_X 后与输入的模拟电压 u_1 对比。

采用以上步骤进行逐位的对比，直到确定最低位的二进制码为止。下面通过一个实际的例子来具体说明转换过程。图 7-16 是三位逐次逼近型 ADC 的电路原理图。图中 FFA、FFB、FFC 为三位数码寄存器，触发器 FF1～FF5 结成环形计数器，数码寄存器和触发器都是同步时序电路。门电路 G_1～G_5 组成控制电路，门电路 G_6～G_8 组成输出电路。

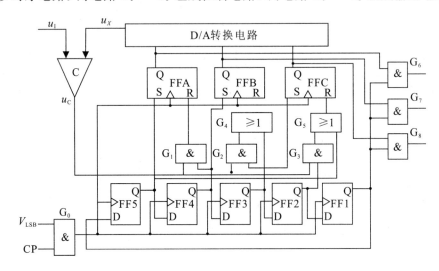

图 7-16 三位逐次逼近型 ADC 电路原理图

当输入端输入模拟量 $u_1 = 4.8$（V）时，在转换开始之前将环形计数器 $Q_5 Q_4 Q_3 Q_2 Q_1 = 10000$，并且 $Q_A Q_B Q_C = 000$，转换过程步骤如下。

（1）当第一个时钟 CP 脉冲到达后，环形计数器右移一位，即 $Q_5 Q_4 Q_3 Q_2 Q_1 = 01000$，并且随着时钟的到达，寄存器 FFA 翻转为 1（即 $Q_A = 1$）、FFB 和 FFC 置零（即 $Q_B Q_C = 00$）。D/A 电路的输入变量为 $d_2 d_1 d_0 = 100$，由 D/A 电路转换为模拟电压 $u_X = 6$（V）。显然 $u_1 < u_X$，于是比较器输出 $u_C = 1$。

（2）当第二个时钟 CP 脉冲到达后，环形计数器右移一位，即 $Q_5 Q_4 Q_3 Q_2 Q_1 = 00100$，并且寄存器 FFA 输出 $Q_A = 0$（表示最高位确定为 0），FFB 翻转为 1（即 $Q_B = 1$），FFC 仍输出 $Q_C = 0$。D/A 电路的输入变量为 $d_2 d_1 d_0 = 010$，由 D/A 电路转换为模拟电压 $u_X = 5.5$（V）。显然 $u_1 > u_X$，于是比较器输出 $u_C = 0$。

（3）当第三时钟 CP 脉冲到达后，环形计数器右移一位，即 $Q_5 Q_4 Q_3 Q_2 Q_1 = 00010$，并且寄存器 FFA 输出维持原状态（即 $Q_A = 1$），FFB 也维持原状态（即 Q_B 被确定为 1），FFC

仍为输出 $Q_C = 0$。

3. 主要指标

1）分辨率

A/D 转换的分辨率是指 ADC 对于输入量的微小变化的敏感程度，表示 A/D 转换器所能分辨的最小模拟输入量。显然 ADC 输出的二进制位数越多，量化误差就越小，相应的转换精度也就越高。例如，最大输出电压为 5 V 的 8 位 A/D 转换器的分辨率为：$5\ \text{V}/2^8 = 19.6\ \text{mV}$。注意：分辨率仅仅表示 ADC 的理论精度。

2）转换速度

转换速度用完成一次转换所需的时间来表示，指从启动信号开始到转换结束，得到稳定数字量的时间。转换时间越短，表明转换速度越快。通常转换器的转换速度由大到小依次为并联比较型 A/D 转换器 ＞ 逐次逼近型 A/D 转换器 ＞ 双积分型 A/D 转换器。

3）转换精度

转换精度是指在输入端实际输入的模拟值与理论输入的模拟值之间的偏差。

7.3.3　集成 ADC(ADC0809)

ADC0809 是 CMOS 单片型逐次逼近型 A/D 转换器，它由 8 路模拟开关、地址锁存与译码器、比较器、8 位开关树型 D/A 转换器组成，用逐次逼近法进行转换。图 7-17 是它的逻辑框图和外引线排列图。

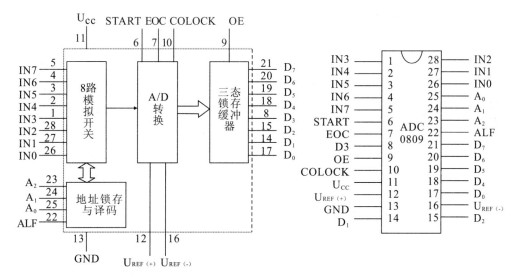

图 7-17　ADC0809 的逻辑框图和外引线排列

各引线的功能如下：

IN0～IN7：8 路模拟量输入端。

D_7～D_0：8 位数字量输出端。

A_0～A_2：3 位通道地址输入端，用于选通 8 路模拟输入中的一路。

ALF：地址锁存允许输入端（高电平有效），当 ALF 为高电平时，允许 A_0、A_1、A_2 所示的通道被选中。

　　START：启动信号输入端，当 START 为高电平时开始 A/D 转换。

　　OE：输出允许信号（高电平有效），用来打开三态输出锁存器，将数据送到数据总线。当 A/D 转换结束时，此端输入一个高电平，才能打开输出三态门，输出数字量。

　　EOC：转换结束信号，它在 A/D 转换开始时由高电平变为低电平，转换结束后由低电平变为高电平。

　　U_{CC}：电源电压，一般为 +5V。

　　COLOCK：外部时钟信号输入端，改变外接 RC 元件，可改变时钟频率，从而决定 A/D 转换的速度。要求时钟频率不高于 640 kHz。

本 章 小 结

　　(1) D/A 转换器是沟通数字量与模拟量之间的桥梁。它常用线性电阻网（如 T 型电阻网）来分配数字量各位的权，使输出电流和输入数字量成正比，然后用运算放大器将各电流求和，并转换为电压输出。

　　(2) A/D 转换器是沟通模拟量与数字量之间的桥梁。它包含采样、保持、量化、编码 4 个组成部分，它的数字基础是采样定理。

　　逐次逼近型 A/D 转换器是最常见的一种 A/D 转换器。

思 考 与 练 习

　　1. 填空题

　　(1) A/D 转换的过程有＿＿＿＿、＿＿＿＿和＿＿＿＿＿＿。采样频率至少是模拟信号中频谱最高频率的＿＿＿＿倍。

　　(2) A/D 转换中量化的方式有＿＿＿＿＿＿和＿＿＿＿两种量化法。

　　(3) D/A 转换是将输入的＿＿＿＿信号转换成与之成正比的＿＿＿＿或＿＿＿＿。

　　(4) 把＿＿＿＿信号到＿＿＿＿信号的转换过程称为数/模转换或＿＿＿＿，并把实现＿＿＿＿转换的电路称为数/模转换器，或简称为＿＿＿＿。

　　(5) 把＿＿＿＿信号到＿＿＿＿信号的转换过程称为模/数转换或＿＿＿＿，并把实现＿＿＿＿转换的电路称为模/数转换器，或简称为＿＿＿＿。

　　(6) D/A 转换器和 A/D 转换器是＿＿＿＿与＿＿＿＿之间的接口电路，是计算机用于过程控制的重要部件。

　　(7) D/A 转换器由＿＿＿＿、＿＿＿＿、＿＿＿＿和＿＿＿＿等部分组成。

　　(8) 一般的 A/D 转换过程是通过＿＿＿＿、＿＿＿＿、＿＿＿＿、＿＿＿＿ 4 个步骤来完成的。

　　(9) 根据采样定理，最低的采样频率 f_S 应为模拟信号 u 中最高调频 f_{max} 的＿＿＿＿倍，即必须满足＿＿＿＿。

　　(10) A/D 转换的方法有多种，常见的有＿＿＿＿、＿＿＿＿、＿＿＿＿等。

　　2. 图 7-18 是权电阻 D/A 转换器电路。

　　(1) 试求输出模拟电压 u_0 和输入数字量的关系式；

（2）若 $n=8$，并选最高位（MSB）权电阻 $R_7=10\text{ k}\Omega$，试求其他各位权电阻的阻值。

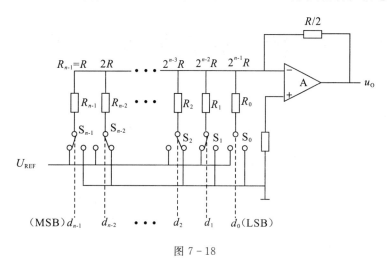

图 7－18

3. 某倒 T 形电阻 D/A 转换器，其输入数字信号为 8 位二进制数 10101101，$U_{REF}=-15\text{ V}$，试求：

（1）$R_f=R/3$ 时的输出模拟电压；

（2）$R_f=R$ 时的输出模拟电压。

4. 已知某 D/A 转换器的最小分辨电压 U_{LSB} 为 2.442 mV，最大满刻度输出电压 $U_{om}=15\text{ V}$，试求该电路输入数字量的位数 n 为多少？其基准电压 U_{REF} 是多少？

第8章　数字电子技术的应用举例

本章导言

学习模拟电子技术和数字电子技术到底有什么作用？本章通过几个实际例子来展示学习模拟电子技术和数字电子技术的重要性，强调学习好这两门课程将对今后在电子产品的设计中起到的重要作用。本章通过实例介绍，引导学生熟悉小型电子产品的设计思路、方法，进一步使学生掌握所学的电子技术知识和原理。

教学目标

(1) 熟悉数字电子技术的专业基础知识。

(2) 掌握专业基础知识的综合应用方法和技巧。

(3) 通过实例教学提高学生的动脑动手能力。

应用1　交通信号控制系统的设计与安装调试

1. 十字交叉路口交通信号控制系统设计时需考虑的因素

十字交叉路口的交通信号控制系统平面布置如图 8-1 所示。该系统在设计时需要考虑的因素有：

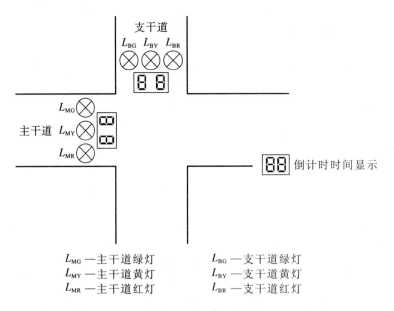

L_{MG} —主干道绿灯　　　　L_{BG} —支干道绿灯
L_{MY} —主干道黄灯　　　　L_{BY} —支干道黄灯
L_{MR} —主干道红灯　　　　L_{BR} —支干道红灯

图 8-1　十字交叉路口的交通信号控制系统平面布置图

(1) 主干道和支干道各有红、黄、绿三色信号灯。信号灯正常工作时有四种可能状态，且四种状态必须按如图 8-2 所示的工作流程自动转换。

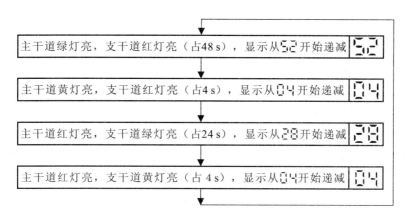

图 8 - 2 信号灯正常工作的工作流程图

（2）因为主干道的车辆多，故放行时间应比较长，设计放行时间为 48 s；支干道的车辆少，放行时间比较短，设计放行时间为 24 s。每次绿灯变红之前，要求黄灯亮 4 s；此时，另一干道的红灯状态不变，黄灯为间歇闪烁。

（3）在主干道和支干道均设有倒计时数字显示，作为时间提示，以便让行人和车辆直观掌握通行时间。数字显示变化的情况与信号灯的状态是同步的。

为保证十字路口交通的安全畅通，一般都采用自动控制的交通信号灯来指挥车辆的通行。红灯（R）亮，表示禁止通行，黄灯（Y）亮，表示警示；绿灯（G）亮表示允许通行。近几年来，在灯光控制的基础上又增设了数字显示，作为时间提示，便于行人更直观地准确把握时间，以利人车通行。

2. 十字交叉路口交通信号控制系统框图及逻辑电路的设计

交通信号控制系统电路框图如图 8 - 3 所示，逻辑电路图如图 8 - 4 所示。

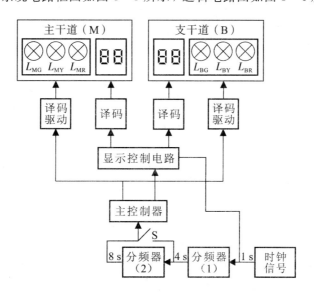

图 8 - 3 交通信号控制系统电路框图

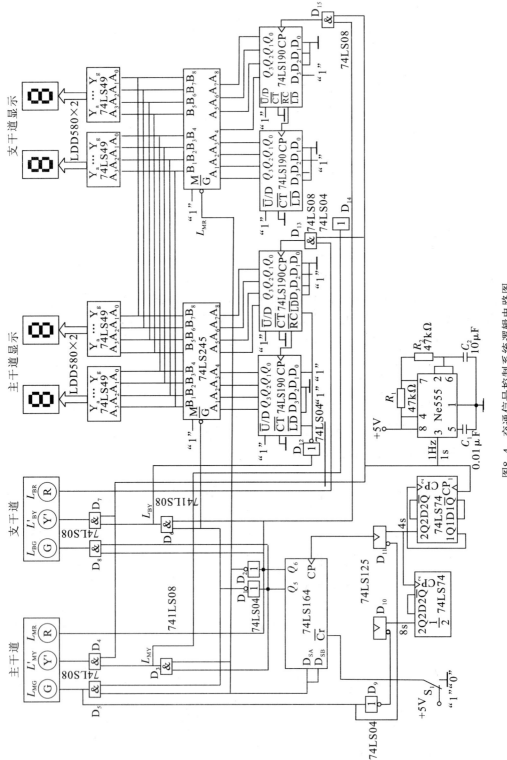

图8-4 交通信号控制系统逻辑电路图

3. 交通信号控制系统的电路分析

(1) 时钟信号源：由 NE555 时基电路组成，用于产生 1 Hz 的标准秒信号。

(2) 分频器：由两片 74LS74 构成。第一片 74LS74 对 1 Hz 的秒信号进行四分频，获得周期为 4 s 的信号，另一片 74LS74 对 4 s 的信号进行二分频，获得周期为 8 s 的信号。周期为 4 s、8 s 的信号分别送到主控制器的时钟信号输入端，用于控制信号灯处在不同状态的时间。

(3) 主控制器及信号灯的译码驱动电路。

① 主控制器：主控制器是由一片 74LS164（MSI 八位并行输出串行移位寄存器）构成的十四进制扭环形计数器，是整个电路的核心，用于定时控制两个方向红、黄、绿信号灯的亮与灭，同时控制数字显示电路进行有序的工作。

十四进制扭环形计数器定时控制各色信号灯亮与灭及持续的时间，十四进制扭环形计数器的状态转换表如表 8-1 所示。

表 8-1　十四进制扭环形计数器的状态转换表

输入 CP 顺序	计数器的状态						
	Q_0	Q_1	Q_2	Q_3	Q_4	Q_5	Q_6
0	0	0	0	0	0	0	0
1	1	0	0	0	0	0	0
2	1	1	0	0	0	0	0
3	1	1	1	0	0	0	0
4	1	1	1	1	0	0	0
5	1	1	1	1	1	0	0
6	1	1	1	1	1	1	0
7	1	1	1	1	1	1	1
8	0	1	1	1	1	1	1
9	0	0	1	1	1	1	1
10	0	0	0	1	1	1	1
11	0	0	0	0	1	1	1
12	0	0	0	0	0	1	1
13	0	0	0	0	0	0	1
14	0	0	0	0	0	0	0

令扭环形计数器中 Q_5Q_6 的四种状态 00、01、11、10 分别代表主干道和支干道交通灯的四种工作状态：主干道绿灯亮、支干道红灯亮；主干道黄灯亮、支干道红灯亮；主干道红灯亮、支干道绿灯亮；主干道红灯亮、支干道黄灯亮。

② 信号灯的译码驱动电路：由若干个门电路组成，用于对主控制器中 Q_5Q_6 的四种状态进行译码并直接驱动红、黄、绿三色信号灯。

③ 令灯亮为"1"，灯灭为"0"，则信号灯译码驱动电路的真值表如表 8-2 所示。

表 8－2 交通信号灯译码驱动电路的真值表

主控制器状态		主干道			支干道		
Q_5	Q_6	L_{MG}	L_{MY}	L_{MR}	L_{BG}	L_{BY}	L_{BR}
0	0	1	0	0	0	0	1
1	0	0	1	0	0	0	1
1	1	0	0	1	1	0	0
0	1	0	0	1	0	1	0

由此真值表，可得出各信号灯的逻辑表达式为

$$L_{MC} = \overline{Q_5}\,\overline{Q_6} \qquad L_{MY} = Q_5\overline{Q_6} \qquad L_{MH} = Q_6$$

$$L_{BG} = Q_5 Q_6 \qquad L_{BY} = \overline{Q_5}Q_6 \qquad L_{BR} = \overline{Q_6}$$

由于黄灯要间歇闪烁，所以将 L_{MY}、L_{BY}，与 1s 的标准秒信号 CP 相"与"，即可得

$$L_{MY} = L_{MY}\,CP \qquad L_{BY} = L_{BY}\,CP$$

根据主控制器及信号灯译码驱动电路的工作原理，可以得到主干道和支干道信号灯工作的时序图，如图 8－5 所示。

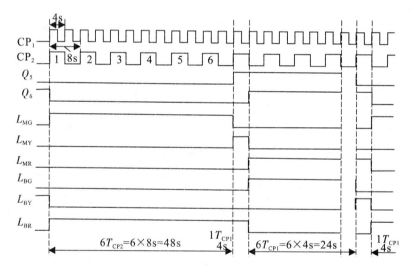

图 8－5　主干道和支干道信号灯工作的时序图

因为主干道要放行 48 s，所以，当 $Q_5Q_6 = 00$ 时，将周期为 8 s 的时基信号 CP_2 送入扭环形计数器的 CP 端；又因为支干道要放行 24 s，黄灯亮 4 s，所以当 Q_5Q_6 处于 10、11、01 三种状态时，将周期为 4 s 的时基信号 CP 送入扭环形计数器的 CP 端。

（4）数字显示控制电路：数字显示控制电路是由四片 74LS190 组成的两个减法计数器组成，用于进行倒计时数字显示的控制。

当主干道绿灯亮、支干道红灯亮时，对应主干道的两片 74LS190 构成的五十二进制减法计数器开始工作。从数字"52"开始，每来一个秒脉冲，显示数字减 1，当减到"0"时，主干道红灯亮而支干道绿灯亮。同时，主干道的五十二进制减法计数器停止计数，支干道的两片 74LS190 构成的二十八进制减法计数器开始工作，从数字"28"开始，每来一个秒脉冲，显示数字减 1。减法计数前的初始值，是利用另一个道路上的黄灯信号对 74LS190 的

LD 端进行控制实现的。当黄灯亮时，减法电路置入初值；当黄灯灭而红灯亮时，减法计数器开始进行减计数。

（5）显示电路部分：显示电路部分是由两片 74LS245 和四片 74LS49 集成芯片及四块 LED 七段数码管 LDD580 构成的，用于进行倒计时数字的显示。

主干道、支干道的减法计数器是分时工作的，而任何时刻两方向的数字显示均为相同的数字。采用两片 74LS245（八总线三态接收 / 发送器）就可以实现这个功能。当主干道减法计数器计数时，对应于主干道的 74LS245 工作，将主干道计数器的工作状态同时送到两个方向的译码显示电路。反之，当支干道减法计数器开始计数时，对应于支干道的 74LS245 开始工作，将支干道计数器的工作状态同时送到两个方向的译码显示电路。

4. 整机电路的工作过程

当电路接通电源后，信号电路处于四种工作状态中的某一状态是随机的。可通过清零开关 S_1 置信号灯处在"主干道绿灯亮、支干道红灯亮"的工作状态，数字显示为 52；此时，周期为 8 s 的时基信号 CP_2 送到主控制器 74LS164 的 CP 端，经过 6 个脉冲，即 48 s 的时间，信号灯自动转换到"主干道黄灯亮、支干道红灯亮"的工作状态，数字显示经过 48 s 后，减到 4；此时，周期为 4 s 的时基信号 CP_1 送到主控制器 74LS164 的 CP 端，经过 1 个 CP 脉冲即 4 s 时间，信号灯自动转换到"主干道红灯亮、支于道绿灯亮"的状态，数字显示预置为 28；此时，周期为 4 s 的时基信号 CP_1，继续送到 74LS164 的 CP 端，经过 6 个脉冲即 24 s 的时间，信号灯自动转换到"主干道红灯亮、支干道黄灯亮"状态，数字显示经过 24 s 后，减到 4；此时，周期为 4 s 的时基信号 CP_1 送到 74LS164 的 CP 端，经过 1 个脉冲即 4 s 的时间，信号灯自动转换到"主干道绿灯亮、支干道红灯亮"状态，数字显示预置为 52，下一个周期开始。由此可见，信号灯在四种状态之间是自动转换的，数字显示也随着信号灯状态的变化而自动进行变化。

5. 整机电路的安装与调试

交通信号控制系统的电路元器件的名称、型号及数量如表 8 - 3 所示。只要安装无误，该电路通电后即可正常工作。

表 8 - 3　交通信号控制电路所用元器件的名称、型号及数量

序号	名　称	型号	数量	序号	名　称	型号	数量
1	八位并行输出串行移位寄存器	74LS164	1 个	7	时基电路	NE555	1 个
2	十进制同步加/减计数器	74LS190	4 个	8	七段 LED 显示器	LDD580	4 个
3	双上升沿 D 触发器	74LS74	2 个	9	六反相器	74LS04	2 个
4	四线-七段译码/驱动器	74LS49	4 个	10	二输入四与门	74LS08	2 个
5	八总线接收/发送器	74LS245	2 个	11	二输入四或门	74LS32	1 个
6	四总线缓冲器	74LS125	1 个	12	电阻、电容		若干

该电路只实现了交通信号灯的自动控制，但是交通指挥功能尚不完善，还可以加上一些控制功能：

　　(1) 手动控制。在某些特殊情况下，往往要求信号灯处在某一特定的状态不变，所以要增加手动控制功能。利用电子数字逻辑实验箱上的开关 S_1，当开关接高电平时，将周期为 4 s、8 s 的时基信号轮流输入 74LS164 的 CP 端，实现自动控制。当开关接低电平时，送单脉冲至 74LS164 的 CP 端，每送一个单脉冲，74LS164 右移一位，直到所需的状态。

　　(2) 夜间控制。夜间的车辆比较少，为节约能源，保障安全，要求信号灯在夜间工作时只有黄灯闪烁，并且关闭数字显示系统。

　　(3) 任意改变主干道、支干道的放行时间。如可以设置主干道的放行时间为 60 s，支干道的放行时间为 30 s，黄灯闪烁的时间为 5 s。改变分频器的分频系数即可实现这个功能，将 1 Hz 的标准秒信号经一个上升沿触发的 5 分频器分频得到一个周期为 5 s 的信号，再经过 2 分频得到周期为 10 s 的信号，将周期为 5 s 和 10 s 的信号轮流送入 74LS164 的 CP 端即可。其中，5 分频器可利用 74LS290 来实现。

应用 2　多路竞赛抢答器的设计与安装调试

1. 多路竞赛抢答器电路的设计

　　多路竞赛抢答电路的设计框图如图 8-6 所示，电路由抢答器按键电路、8 线-3 线优先编码器、RS 锁存器、译码显示驱动电路、门控电路、0 变 8 变号电路和音乐提示电路共 7 部分组成。

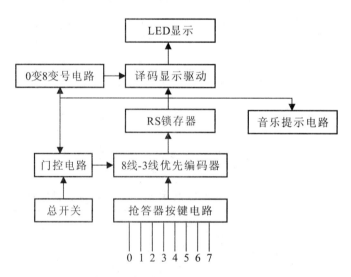

图 8-6　多路竞赛抢答器电路的总体设计参考框图

　　当主持人按下再松开"清除/开始"总开关时，门控电路使 8 线-3 线优先编码器开始工作，等待数据输入，此时优先按动开关的组号立即被锁存，并由数码管进行显示，同时电路发出音乐信号，表示该组抢答成功。与此同时，门控电路输出信号，使 8 线-3 线优先编码器处于禁止工作状态，对新的输入数据不再接受。

　　按照此设计方案设计的多路竞赛抢答器电路如图 8-7 所示。

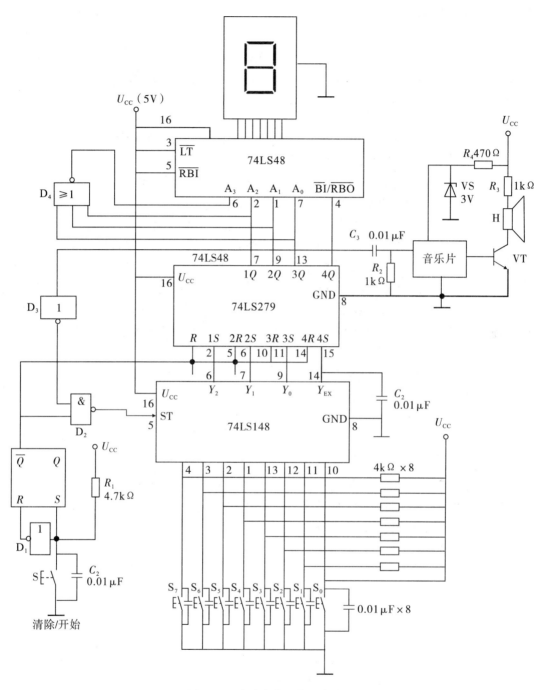

图 8 - 7　多路竞赛抢答器电路图

2. 多路竞赛抢答器各部分电路的功能

　　(1) 门控电路：门控电路采用基本 RS 触发器组成，接收由裁判控制的总开关信号，非门的使用可以使触发器输入端的 R、S 两端输入信号反相，保证触发器能够正常工作，禁止无效状态的出现。门控电路接收总开关的信号，其输出信号经过与非门 D_2 和其他信号共同控制 8 线 - 3 线优先编码器的工作。基本 RS 触发器可以采用现成的产品，也可以用两个与非门进行首尾连接来组成。

（2）8 线-3 线优先编码器：8 线-3 线优先编码器 74LS148 完成抢答电路的信号接收和封锁功能，当抢答器按键中的任一个按键 S_n 按下使 8 线-3 线优先编码器的输入端出现低电平时，8 线-3 线优先编码器对该信号进行编码，并将编码信号送给 RS 锁存器 74LS279。8 线-3 线优先编码器的优先扩展输出端 Y_{EX} 上所接电容 C_2 的作用是为了消除干扰信号。

（3）RS 锁存器：RS 锁存器 74LS279 的作用是接收编码器输出的信号，并将此编码信号锁存，再送给译码显示驱动电路进行数字显示。

（4）译码显示驱动电路：译码显示驱动电路 74LS48 将接收到的编码信号进行译码，译码后的七段数字信号驱动数码管显示抢答成功的组号。

（5）抢答器按键电路：抢答器按键电路采用简单的常开开关组成，开关的一端接地，另一端通过 4 kΩ 的上拉电阻接高电平，当某个开关被按下时，低电平被送到 8 线-3 线优先编码器的输入端，8 线-3 线优先编码器对该信号进行编码。每个按键旁并联一个 0.01 μF 的电容，其作用是为了防止按键过程中产生的抖动所形成的重复信号。

（6）音乐提示电路：音乐提示电路采用集成电路音乐片，它接受锁存器输出的信号作为触发信号，使音乐片发出音乐信号，经过晶体管放大后驱动扬声器发出声音，表示有某组抢答成功。

（7）显示数字的 0 变 8 变号电路：因为人们习惯于用第一组到第八组表示 8 个组的抢答组号，而编码器是对 0～7 这 8 个数字编码，若直接显示，会显示出 0～7 这 8 个数字，用起来不方便。采用或非门组成的变号电路，将 RS 锁存器输出的"000"变成"1"送到译码器的 A_3 端，使第"0"组的抢答信号变成四位信号"1000"，则译码器对"1000"译码后，使显示电路显示数字"8"。若第"0"组抢答成功，数字显示的组号是"8"而不是"0"，符合人们的习惯。由于采用了或非门，所以对"000"信号加以变换时，不会影响其他组号的正常显示。

3. 多路竞赛抢答器电路的工作过程

在抢答开始前，裁判员合上"清除/开始"总开关 S，使基本 RS 触发器的输入 $S = 0$，由于有非门 D_1 的 0 作用，使触发器的输入 $R = 1$，则触发器的输出 $Q = 1$，$\overline{Q} = 0$，使与非门 D_2 的输出为 1，74LS148 编码器的 ST 端信号为 1；ST 端为选通输入端，高电平有效，使集成 8 线-3 线优先编码器处于禁止编码状态，使输出端 Y_2、Y_1、Y_0 和 Y_{EX} 均被封锁。同时，触发器的输出 $\overline{Q} = 0$，使 RS 锁存器 74LS279 的所有 R 端均为零，此时锁存器 74LS279 清零，使七段译码驱动器 74LS48 的消隐输入端 $\overline{BI}/\overline{RBO}$ 清 0，数码管不显示数字。

当裁判员将"清除/开始"总开关 S 松开后，基本 RS 触发器的输入 $S = 1$、$R = 0$，触发器的输出 $Q = 0$、$\overline{Q} = 1$，使 RS 锁存器 74LS279 的所有 R 端均为高电平，锁存器解除封锁并维持原态，使七段译码驱动器 74LS48 的消隐输入端 $\overline{BI}/\overline{RBO}$ 清 0，数码管仍不显示数字。此时，RS 锁存器 4Q 端的信号 0 经非门 D_3 反相变为 1，使与非门 D_2 的输入端全部输入 1 信号，则与非门 2 的输出为 0，使集成 8 线-3 线优先编码器 74LS148 的选通输入端 ST 的输入信号为 0，74LS148 允许编码。从此时起，只要有任意一个抢答键按下，则编码器的对应该抢答键的输入端信号为 0，编码器按照 BCD842 码对其进行编码并输出，编码信号经 RS 锁存器 74LS279 将该编码锁存，并送入 BCD 七段译码驱动器进行译码和显示。

与此同时，74LS148 的 Y_{EX} 端信号由 1 翻转为 0，经 RS 锁存器 74LS279 的 4S 端输入后在 4 Q 端出现高电平，使 BCD 七段译码驱动器 74LS48 的消隐输入端 $\overline{BI}/\overline{RBO}$ 置 1，数码管显示该组数码。

另外，RS 锁存器 4 Q 端的高电平经非门 D_3 取反，使与非门 D_2 的输入为低电平，则与非门 D_2 的输出为 1，使 74LS148 的选通输入端 ST 为 1，编码器被禁止编码，实现了封锁功能。数码管只能显示最先按动开关的对应数字键的组号，实现了优先抢答功能。

多路竞赛抢答器电路的工作状态如表 8 - 4 所示。

表 8 - 4　多路竞赛抢答器电路的工作状态表

	门控电路			RS 锁存器								编码器		译码器	数码管
	S	R	$\overline{Q}$	$1R$	$1S$	$2R$	$2S$	$3R$	$3S$	$4R$	$4S$	ST	Y_{EX}	$\overline{BI}/\overline{RBO}$	
清除	0	1	0	0	×	0	×	0	×	0	×	1	1	0	灭
开始	1	0	1	1	1	1	1	1	1	1	1	1	0	0	灭
按键	1	0	1	1	Y_2	1	Y_1	1	Y_0	1	1	1	0	1	显示

此外，当 74LS148 的 Y_{EX} 端信号由 1 翻转为 0 时，经 RS 锁存器 74LS279 的 4S 端输入后在 4 Q 端出现高电平，触发音乐电路工作，发出音响。注意音乐集成电路的电源一般为 3 V，当电压高于此值时，电路将发出啸叫声，因此在电路中选用了一个 3 V 的稳压管稳定电源电压；R_4 为稳压管的限流电阻，音乐电路的输出经晶体管 VT 进行放大，驱动扬声器发出音乐。R_2、C_3 组成的微分电路为音乐电路提供触发信号，同时起到电平隔离的作用。

4. 多路竞赛抢答器电路的安装与调试

多路竞赛抢答器的元器件清单如表 8 - 5 所示。按照电路图中的元器件参数选择元器件，安装并焊接到电路板上，连接各个开关和显示器连线，只要安装和焊接无误，这个电路无须调试就可以正常工作，这也是数字电路的特点。

表 8 - 5　多路竞赛抢答器元器件清单

序号	名称	型号	数量	序号	名称	型号	数量
1	8 线 - 3 线优先编码器	74LS48	1 个	8	音乐片	KD - 9300	1 个
2	RS 锁存器	74LS279	1 个	9	电阻	4.7 kΩ	12 个
3	七段译码/驱动器	74LS48	1 个	10	电容器	0.01 μF	11 个
4	共阴极数码管	BS205	1 个	11	晶体管	9013	1 个
5	二输入四与非门	74LS00	2 个	12	扬声器	8 Ω/2 W	1 个
6	四输入双与非门	74LS20	1 个	13	面包板连线		若干
7	三输入三或非门	74LS27	1 个	14	常开开关		9 个

这个多路竞赛抢答器只实现了抢答成功后音乐提示和抢答组号的显示，功能还不够完善，还可以加上倒计时提示和记分显示电路，请大家自己研究设计，这里略加提示：

（1）倒计时提示电路：可采用振荡电路产生的振荡信号，作为加减计数器的计数脉冲，抢答开始时就进行预置时间，可以控制抢答电路的工作时间。

（2）记分显示电路：可以用三位数码显示输出，采用加减计数器控制驱动电路，驱动三位数码管显示分数。

应用3 八路智力竞赛抢答器的制作

在各种比赛中，常常要用到智力竞赛抢答器。自己制作一个八路智力竞赛抢答器，其实很简单。如图8-8所示，就是一个八路智力竞赛抢答器的电路图，只要按照图中的元器件规格和型号选取元器件，并按照电路图正确安装，电路就能正常工作。CD40147是一个10线-4线优先编码器，只要任意两个按键不是同时按下（两个按键同时按下几乎是不可能

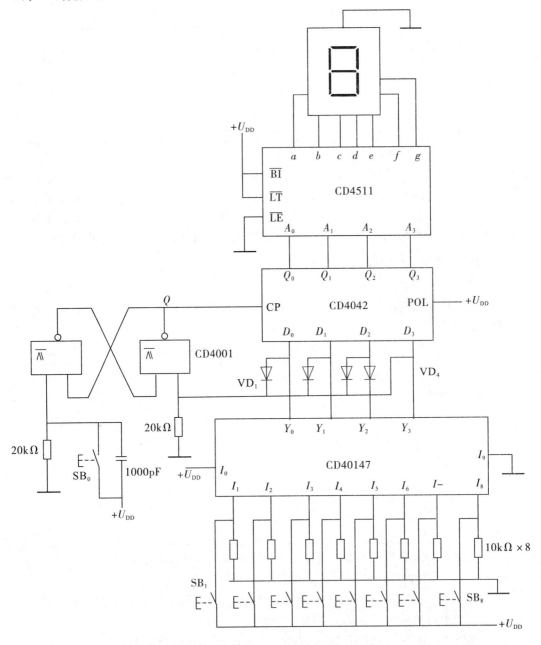

图8-8 八路智力竞赛抢答器电路图

的），CD40147 就会对抢先按下按键的选手号码进行编码。CD4042 是锁存 D 触发器，将 CD40147 输出的四位编码存储起来，保证当抢先按下按键的选手放开按键时，也能显示出抢先按下按键的选手号码。CD4511 是 BCD 码 4 线-7 线译码/驱动器，将接收的四位编码转换为七段 LED 数码管所需要的信号。CD4001 是二输入或非门，当主持人没有按下 SB_0 时，CD4001 输出的信号使 CD4042 锁存 D 触发器处于不接受信号的状态，LED 数码管显示原来的号码。当主持人按下 SB_0 时，CD4001 输出的信号使 CD4042 锁存 D 触发器处于接受信号的状态，此时选手开始抢答，抢先按下按键的选手号码会被编码并被锁存器接受，经过译码器译码后，驱动 LED 数码管显示抢先按键的选手号码。这个八路智力竞赛抢答器没有清零功能和抢答成功声音报警功能，请读者开动脑筋，为其加上一个清零开关和声响电路，那么这个八路智力竞赛抢答器就是一个非常实用的电子产品了。

应用 4　555 集成时基电路的应用设计

1. 555 集成时基电路的结构与引脚功能

555 时基集成电路的电源电压范围比较宽，双极型 555 的电源电压可取 5~18V，CMOS 型 555 的电源电压可取 3~18 V。555 集成时基电路的输出有缓冲器，因而有较强的带负载能力。555 双极型集成时基电路最大的灌电流和拉电流都在 200 mA 左右，因而可直接驱动 TTL 或 CMOS 电路中的各种电路，包括能直接驱动蜂鸣器、小型继电器、喇叭和小型电动机等。在实训电路中使用的电源电压一般为 5 V。

如图 8-9 所示，是 555 集成时基电路的内部结构图和引脚排列图。电路中有由三个 5 kΩ 的电阻构成的电阻分压器，两个电压比较器 A_1 和 A_2，一个基本 RS 触发器，一个开关晶体管 VT。电阻分压器为两个比较器 A_1 和 A_2 提供基准电平，在引脚 5 悬空的情况下，比较器 A_1 的基准电平为 $2U_{CC}/3$，比较器 A_2 的基准电平为 $U_{CC}/3$。如果在引脚 5 上外接电压，则可改变两个比较器 A_1 和 A_2 的基准电平。当引脚 5 不需要外接电压时，一般是通过一个 0.01 μF 的电容接地，以抑制交流干扰。2 脚是低电平触发信号输入端，6 脚是高电平触发信号输入端，4 脚是直接清 0 端(低电平有效)，3 脚是输出端，8 脚是电源端。

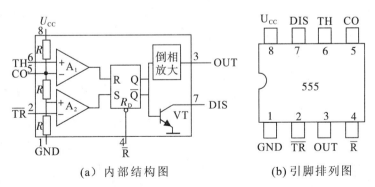

(a) 内部结构图　　　　　　　(b) 引脚排列图

图 8-9　555 集成时基电路内部结构和引脚功能

2. 用 555 集成时基电路制作秒信号发生器

用 555 集成时基电路设计制作的秒信号发生器电路如图 8-10 所示。

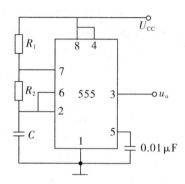

图 8-10 用 555 集成时基电路制作的秒信号发生器电路图

图中各元件参数可取如下数值：

$$R_1 = 47 \text{ k}\Omega \qquad R_2 = 47 \text{ k}\Omega \qquad C = 10 \text{ }\mu\text{F}$$

根据理论估算，此脉冲信号发生器的信号周期为

$$T = 0.7(R_1 + 2R_2) C$$

所以该脉冲信号发生器的频率约为 1 Hz，正好可以作为一个秒信号发生器。

根据电路工作原理，充电回路的支路是 R_1、R_2、C，放电回路的支路是 R_2、C，将电路略作修改，增加一个电位器 RP 和两个引导二极管，就构成一个占空比可调的多谐振荡器。

3. 用 555 集成时基电路制作自动延时电路

用 555 构成的自动延时电路如图 8-11 所示。

根据脉宽的计算公式，有

$$t_w = 1.1RC$$

所以在图 8-11 中，若取各元件的数值如下：$R = 1 \text{ M}\Omega$，$C = 330 \text{ }\mu\text{F}$，则每当 2 脚的输入端输入一个低电平信号时，输出端 3 脚就会输出一个脉宽为 363 s 的延时脉冲，用这个脉冲去控制照明灯电路，就可以实现灯亮一段时间后自动关闭。也可以利用此电路去控制一个需要下降沿触发的电路，如实现矿山爆破的延时，以保证爆破点火人员的安全。

4. 用 555 集成时基电路制作将正弦波变换成方波的电路

若要将正弦波信号变换为同频率的方波脉冲信号，可以用 555 集成时基电路构成的施密特触发器电路来实现，电路如图 8-12 所示。

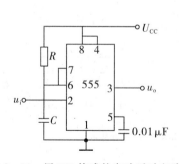

图 8-11 用 555 构成的自动延时电路图

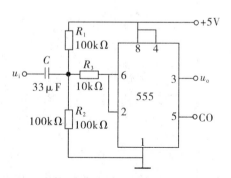

图 8-12 正弦波变换成方波电路图

从输入端将正弦波信号输入，3 脚就可以输出一个和输入信号同频率的方波脉冲信号。

应用 5　数字电子钟的设计与安装调试

1. 数字电子钟系统框图及逻辑电路的设计

数字电子钟电路可划分为五部分：脉冲信号发生器、分频器、计数器、译码显示电路和校时电路，其电路框图如图 8 - 13 所示。按照这个框图设计的电子钟逻辑电路原理图如图 8 - 14 所示。

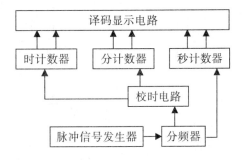

图 8 - 13　数字电子钟的电路框图

2. 数字电子钟的电路结构与功能

（1）脉冲信号发生器：石英晶体振荡器的振荡频率稳定，其产生的信号频率为 100 kHz，通过整形缓冲级 D_3 输出矩形波信号。

（2）分频器：石英晶体振荡器产生的信号频率很高，要得到 1 Hz 的秒脉冲信号，则需要进行分频。图 8 - 14 采用 5 个中规模计数器 74LS90，将其串接起来组成 10^5 分频器。每块 74LS90 的输出脉冲信号为输入信号的十分频，则 100 kHz 的输入脉冲信号通过 5 级分频正好获得秒脉冲信号，秒信号送到计数器的时钟脉冲 CP 端进行计数。

首先，将 74LS90 连成十进制计数器（共需 5 块），再把第一级的 CP_1 接脉冲发生器的输出端。第一级的 Q_d 端接第二级的 CP_1，第二级的 Q_d 端接第三级的 CP_1…第五级的输出 Q_d 就是秒脉冲信号。

（3）计数器：秒计数器采用两块 74LS90 接成六十进制计数器，如图 8 - 15 所示。分计数器也采用两块 74LS90 接成六十进制计数器。时计数器则采用两块 74LS90 接成二十四进制计数器，如图 8 - 16 所示。秒脉冲信号经秒计数器累计，达到 60 时，向分计数器送出一个分脉冲信号。分脉冲信号再经分计数器累计，达到 60 时，向时计数器送出一个时脉冲信号。时脉冲信号再经时计数器累计，达到 24 时进行复位归零。

（4）译码显示电路：时、分、秒计数器的个位与十位分别通过每位对应一块七段显示译码器 CC4511 和半导体数码管，随时显示出时、分、秒的数值。

（5）校时电路：在图 8 - 15 中设有两个快速校时电路，它是由基本 RS 触发器和与或非门组成的控制电路。如图 8 - 14 所示，电子钟正常工作时，开关 S_1、S_2 合到 S 端，将基本 RS 触发器置"1"，分、时脉冲信号可以通过控制门电路，而秒脉冲信号则不可以通过控制门电路。当开关 S_1、S_2 合到 R 端时，将基本 RS 触发器置"0"，封锁控制门，使正常的计时信号不能通过控制门，而秒脉冲信号则可以通过控制门电路，使分、时计数器变成了秒计数器，实现了快速校准。

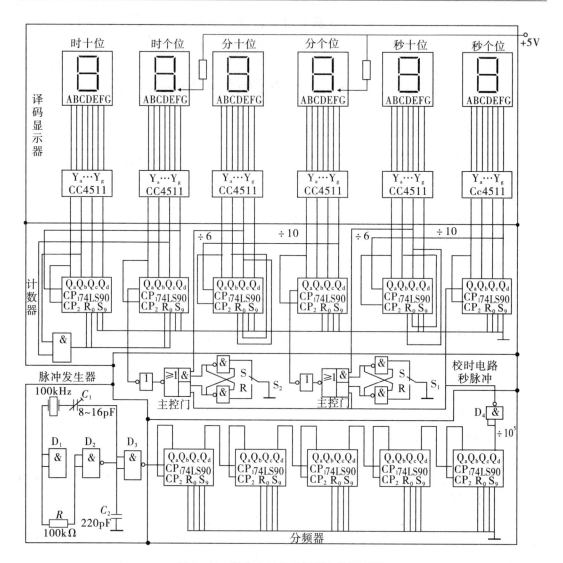

图 8 - 14 数字电子钟的逻辑电路原理图

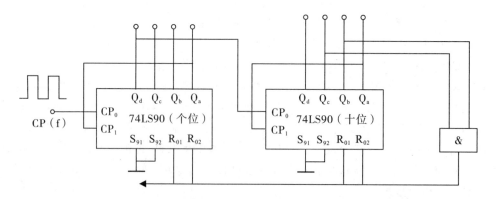

图 8 - 15 74LS90 接成六十进制计数器

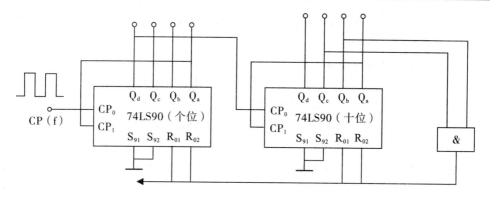

图 8 - 16　74LS90 接成二十四进制计数器

　　该电路还可以附加一些功能，如进行定时控制、增加整点报时功能等。整点报时功能的参考设计电路如图 8 - 17 所示。此电路每当"分"计数器和"秒"计数器计到 59 min 50 s 时，便自动驱动音响电路，在 10 s 内自动发出 5 次鸣叫声，每隔 1 s 叫一次，每次叫声持续 1 s。并且前 4 声的音调低，最后一响的音调高，此时计数器指示正好为整点（"0"分"0"秒）。音响电路采用射极跟随器推动扬声器发声，晶体管的基极串联一个 1 kΩ 限流电阻，是为了防止电流过大烧坏扬声器，晶体管选用高频小功率管，如 9013 等，报时所需的 1 kHz 及 500 Hz 音频信号分别取自前面的多级分频电路。

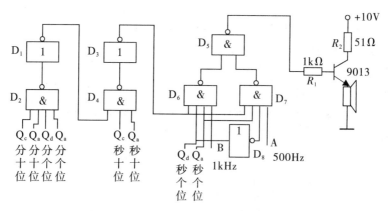

图 8 - 17　整点报时功能的参考设计电路

3. 整机电路的安装与调试

　　数字电子钟所用的集成电路及其他元器件的名称、型号及数量如表 8 - 6 所示。

表 8 - 6　数字电子钟电路所用元器件的名称、型号及数量

序号	名称	型号	数量	序号	名称	型号	数量
1	二-五-十进制计数器	74LS90	11 个	6	双二路 2 - 2 输入与或非门	74LS51	1 个
2	七段显示译码器	CC4511	6 个	7	电阻	680 kΩ	2 个
3	半导体共阴极数码管	BS202	6 个	8	电阻	100 kΩ	1 个
4	二输入四与非门	74LS00	2 个	9	石英晶体振荡器	1 MHz	1 个
5	六反相器	74LS04	1 个	10	电容、可变电容	220 pF、8～16 pF	各 1 个

将数字电子钟的各个元器件按照电路安装和焊接好，电路检查无误后，即可通电进行调试。调试可按照下列步骤进行：

（1）用数字频率计测量晶体振荡器的输出频率，用示波器观察波形。

（2）将 1 MHz 信号分别送入分频器的各级输入端，用示波器检查分频器是否工作正常；若都正常，则在分频器的输出端即可得到"秒"信号。

（3）将"秒"信号送入秒计数器，检查秒计数器是否按 60 进位；若正常，则可按同样的办法检查分计数器和时计数器；若不正常，则可能是接线问题，需检查电路或更换集成块。

（4）各计数器在工作前应先清零。若计数器工作正常而显示有误，则可能是该级译码器的电路有问题，或计数器的输出端 Q_d、Q_c、Q_b、Q_a 有损坏。

（5）安装调试完毕后，将时间校对正确，该电路就可以准确地显示时间。

应用 6　用 555 集成时基电路制作触摸和声控双功能延时灯

晚上要去卫生间时，当卧室离卫生间的灯开关比较远时就很不方便，当离开卫生间后，如果马上将灯关掉，则要回到卧室就不太方便。利用 555 集成时基电路制作一个触摸和中控双功能延时灯，就可以解决这个问题。半夜起来要到卫生间去时，只要用手触摸一下放在合适位置上的铜片，或者咳嗽一下，就可以将卫生间的灯点亮。灯点亮一段时间后，又会自动熄灭。

电路如图 8 - 18 所示，VTH 是双向晶闸管，用作自动开关，555 和 R_2、C_4 组成单稳态定时电路，改变 R_2、C_4 的值，就会改变灯亮时间的长短。VT_1 和 VT_2 构成两级放大电路，分别对触摸信号和声音信号加以放大。传声器可采用驻极体传声器，当咳嗽声或者是击掌声传到传声器时，传声器将声音信号变成电信号，经过 VT_1 和 VT_2 放大后触发 555 集成时基电路，使 555 电路置位，输出端 3 脚输出高电平，触发晶闸管导通，灯被点亮；同样，若是触摸金属片 A，人体感应的交流信号经过 R_4、R_5 加到 VT_1 的基极，使 VT_1 导通，使 555 置位。

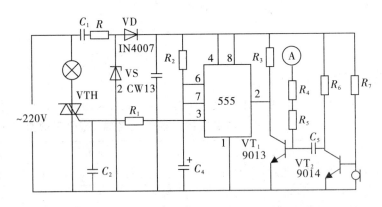

图 8 - 18　555 集成时基电路制作的触摸和声控双功能延时灯电路

经过一段时间后，555 又回到 0 态，其输出端 3 脚变为低电平，双向晶闸管 VTH 关断，灯熄灭。按照图中 R_2、C_4 的参数，延时时间大约在 1 min 左右，可以根据需要，改变 R_2、C_4 的大小，从而改变灯亮时间的长短。其电路中各个元件的参数为：$R = 500\ \Omega$、$R_1 =$

330 Ω、$R_2 = 1$ MΩ、$R_3 = 20$ kΩ、$R_4 = 4.7$ MΩ、$R_5 = 4.7$ MΩ、$R_6 = 10$ kΩ、$R_7 = 10$ kΩ、$C_1 = 0.22$ μF、$C_2 = 0.01$ μF、$C_3 = 220$ μF、$C_4 = 47$ μF、$C_5 = 0.022$ μF。

这个电路也可以用在楼道里作为楼道灯的自动开关,不过需要将金属片的传感信号换成光敏电阻的传感信号。这样在白天,即使楼道里有声音,灯也不会亮。想一想,怎样将光敏电阻接到电路中,才能实现白天灯不亮,晚间无光时,只要有声音,灯就会自动亮起来?

应用 7　图书馆借阅人数自动统计电路

每天到图书馆借书的人次有多少?如果采用人工统计则非常麻烦,采用施密特触发器和红外光电对管组成如图 8-19 所示的电路,就可以实现无接触形式的自动统计电路,当然,如果将该电路的输出信号再输入到一个计数器显示电路,就可以实现实时显示了。

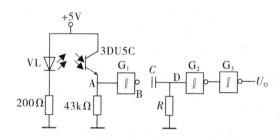

图 8-19　图书馆借阅人数自动统计电路

在该电路中,VL 是一个红外发光二极管,3DU5C 是一个硅光敏晶体管,它们组成了一个红外线光电开关。施密特触发器 G_1 用于消除抖动尖脉冲,并对输出信号进行整形,G_2 和 R、C 构成单稳态电路,用于获得等宽的光电脉冲,G_3 用作缓冲级并对波形进行倒相。

当电路接通电源后,VL 发出红外光,3DU5C 硅光敏晶体管受到光照而处于导通状态,A 点为高电平,B、D 点及输出电压 U_0 都为低电平。在某一个时刻,当有人通过 VL 和 3DU5C 之间时,光线被阻挡,3DU5C 无光照而处于截止状态,B、D 点随之跳变为高电平,G_2、G_3 被触发,输出 U_0 变为高电平。随后电容 C 开始被充电,D 点电位逐渐降低,当电位降到 G_2 的低触发电平时,G_2 的输出电压反转,G_3 的输出电压也随之反转,输出 U_0 又变为低电平。这样,每次光被遮挡,在电路的输出端就得到一个完整的脉冲信号。将此脉冲信号送到一个十进制计数器电路中,再配上编码器、译码器和七段 LED 数码管,就可以实现借阅人次的自动统计和实时显示。

第9章　实验技能训练项目

实验技能训练项目一　门电路逻辑功能及测试

一、实验目的

（1）熟悉数字逻辑实验箱的使用方法。

（2）掌握逻辑函数的实现方法。

（3）了解集成逻辑门电路的使用注意事项。

二、实验设备及器件

（1）数字逻辑实验箱一个；

（2）74LS00 二输入四与非门一片，74LS02 二输入四或非门一片。

三、实验原理电路

1. 与非门、或非门的逻辑功能测试

与非门、或非门的基本逻辑功能测试如图 9-1 所示。

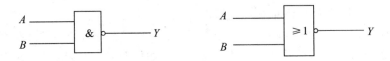

图 9-1　门电路基本逻辑功能测试

2. 逻辑函数的实现

门电路的应用如图 9-2 所示。

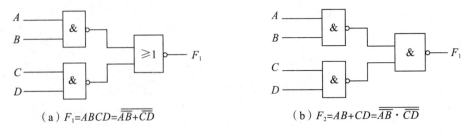

（a）$F_1 = ABCD = \overline{\overline{AB} + \overline{CD}}$　　　　　　（b）$F_2 = AB + CD = \overline{\overline{AB} \cdot \overline{CD}}$

图 9-2　门电路的应用

四、实验测试电路

1. 与非门、或非门逻辑功能测试

与非门、或非门逻辑功能测试接线图如图 9-3 所示。

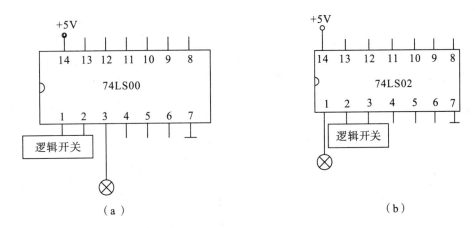

（a）　　　　　　　　　　　　　　（b）

图 9-3　与非门、或非门逻辑功能测试接线图

2. 逻辑函数的实现

与非门逻辑函数实现的接线图如图 9-4 所示。

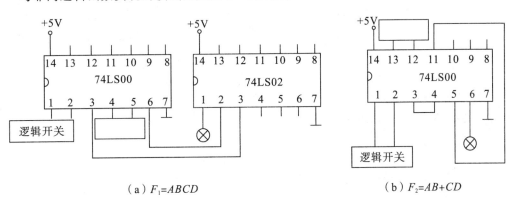

（a）$F_1=ABCD$　　　　　　　　　　　（b）$F_2=AB+CD$

图 9-4　与非门逻辑函数实现的接线图

五、实验内容与步骤

1. 与非门和或非门逻辑功能测试

用 74LS00 二输入四与非门、74LS02 二输入四或非门进行实验。按图 9-3 接线，按表 9-1 用开关改变输入端 A、B 的状态，借助逻辑指示灯或者万用表，把测试结果填入表 9-1 中。

2. 门电路的应用

将需要实现的函数 $F_1 = ABCD$、$F_2 = AB + CD$ 的表达式进行变化如下：

$$F_1 = ABCD = \overline{\overline{AB} + \overline{CD}}, \quad F_2 = AB + CD = \overline{\overline{AB} \cdot \overline{CD}}$$

表 9 - 1　与非门真值表和或非门真值表

(a)			(b)		
A	B	Y	A	B	Y

实现电路如图 9 - 2、9 - 4 所示。观察结果是否正确(验证真值表即可)。

六、实验注意事项

(1) 实验时要正确选择集成电路的型号,勿将芯片的位置插错。

(2) 接线时输出端不能直接接电源或地,也不能接开关输出。

(3) 实验时,不要忘记接电源,也不能将芯片的电源端接反。

(4) TTL 电路的电源电压为 5 V±0.5 V,千万不能接成 15 V。

(5) CMOS 电路的电源电压为 3~18 V,一般取 10 V 左右。CMOS 的噪声容限与 U_{CC} 成正比,干扰大时 U_{CC} 可适当取大些。

七、实验结论

(1) 与非门的逻辑功能如表 9 - 1 所示。只有当输入端全为 1 时,输出才为低电平。

(2) 或非门的逻辑功能如表 9 - 1 所示。只有当输入端全为 0 时,输出才为高电平。

八、实验报告

(1) 整理实验数据,填写实验表格。

(2) 回答思考题中提出的问题。

(3) 总结收获和体会。

九、思考题

试说明在下列情况下,用万用表测量如图 9 - 5 所示的 TTL 与非门电路 u_{i2} 端得到的电压值是多少,并用实验验证之。

(1) u_{i1} 悬空。

(2) u_{i1} 接低电平(0.2 V)。

(3) u_{i1} 接高电平(3.2 V)。

(4) u_{i1} 经 51 Ω 电阻接地。

(5) u_{i1} 经 20 kΩ 电阻接地。

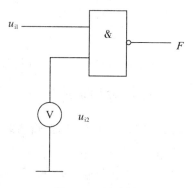

图 9 - 5　思考题

实验技能训练项目二　TTL 门电路参数测试训练

一、实验目的

（1）熟悉 TTL 各种门电路的逻辑功能及测试方法。

（2）熟悉万用表的使用方法。

（3）熟悉数字逻辑实验箱的使用方法。

（4）了解集成逻辑门电路的使用注意事项。

二、实验设备及器件

（1）数字逻辑实验箱一个；

（2）数字万用表一块；

（3）74LS00 二输入四与非门两片。

三、实验原理电路

1. 与非门的逻辑功能测试

TTL 与非门电路的基本逻辑功能测试如图 9 - 6 所示。

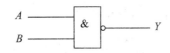

图 9 - 6　TTL 与非门电路的基本逻辑功能测试

2. 与非门的参数测试

TTL 与非门的静态参数测试电路图如图 9 - 7 所示。

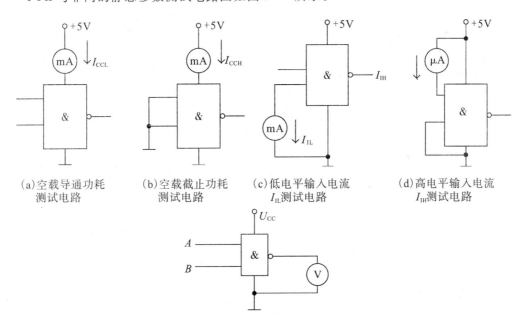

(a)空载导通功耗　　(b)空载截止功耗　　(c)低电平输入电流　　(d)高电平输入电流
　　测试电路　　　　　测试电路　　　　　I_{IL}测试电路　　　　　I_{IH}测试电路

(e)输出高电平、低电平测试电路

图 9 - 7　TTL 与非门的静态参数测试电路图

四、实验测试电路

1. 与非门的逻辑功能测试

与非门的逻辑功能测试接线图如图 9-8 所示。

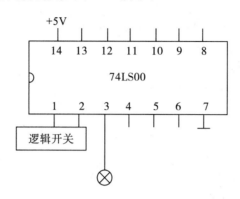

图 9-8　与非门的逻辑功能测试接线图

2. 与非门的参数测试

与非门的参数测试接线图如图 9-9 所示。

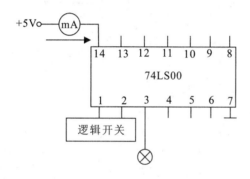

（a）空载导通、截止功耗测试

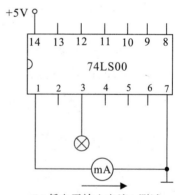

（b）低电平输入电流 I_{IL} 测试

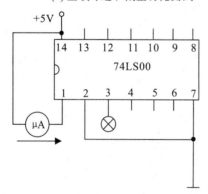

（c）高电平输入电流 I_{IH} 测试

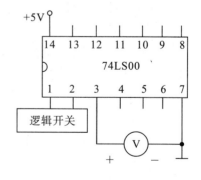

（d）输出高电平、低电平测试

图 9-9　与非门的参数测试接线图

五、实验内容与步骤

1. 与非门逻辑功能测试

用 74LS00 二输入四与非门进行实验，其引脚图见图 9 - 8。

（1）按图 9 - 8 接线。

（2）按表 9 - 2 的要求用开关改变输入端 A、B 的状态，借助逻辑指示灯或者万用表，把测试结果填入表 9 - 2 中。

表 9 - 2　与非门的逻辑功能测试数据记录表

A	B	Y

2. 与非门的参数测试

（1）空载导通功耗测试。

参照图 9 - 9(a) 接线，测试电流 I_{CCL} 的值。

（2）空载截止功耗测试。

参照图 9 - 9(a) 接线，测试电流 I_{CCH} 的值。

（3）低电平输入电流 I_{IL} 测试。

当一输入端接地而其余输入端悬空时，流过这个输入端的电流称为输入短路电流 I_{IL}，产品规范值 $I_{IL} \leqslant 1.6$ mA。参照图 9 - 9(b) 接线，测试电流 I_{IL} 的值。

（4）高电平输入电流 I_{IH} 测试。

高电平输入电流又称为输入漏电流或输入交叉漏电流。它是指某一输入端接高电平，而其他输入端接地时的输入电流。一般 $I_{IH} < 50$ μA。参照图 9 - 9(c) 接线，测试电流 I_{IH} 的值。

（5）输出高电平、低电平测试。

输出高电平 U_{OH} 是指一个（或几个）输入端是低电平时的输出电平。U_{OH} 典型值约为 3.5 V，产品规范值 $U_{OH} \geqslant 2 \sim 4$ V，标准高电平 $U_{SH} = 2 \sim 4$ V。

输出低电平 U_{OL} 是指输入全为高电平时的输出电平。产品规范值 $U_{OL} \leqslant 0.4$ V，标准低电平 $U_{SL} = 0.4$ V。参照图 9 - 9(d) 接线，测试输出电压值。

六、实验注意事项

（1）使用电压表和电流表时，应参考测试参数的规范值及测试电路，正确选择量程。

（2）插接集成块时，要认清定位标记，不得插反。

（3）TTL 与非门对电源电压的稳定性要求较高，只允许在 +5 V 上有 ±10% 的波动。源电压超过 +5.5 V 时，易使器件损坏；低于 4.5 V 时，易导致器件的逻辑功能不正常。电源极性绝对不允许接错。

（4）TTL 与非门不用的输入端允许悬空（但最好接高电平），不能接低电平。

（5）TTL 与非门的输出端不允许直接接电源电压或地，也不能并联使用。

（6）输入端通过电阻接地，电阻值的大小将直接影响电路所处的状态。当 $R \leqslant 680\ \Omega$ 时，输入端相当于逻辑"0"；当 $R \geqslant 4.7\ \mathrm{k}\Omega$ 时，输入端相当于逻辑"1"。对于不同系列的器件，要求的阻值不同。

七、实验结论

（1）与非门的逻辑功能如表 9-2 所示。只有当输入端全为 1 时，输出才为低电平。

（2）TTL 集成与非门的参数如下。

① 空载导通功耗 $P_{on} = U_{CC} \times I_{CCL} = 4.92\ \mathrm{V} \times 2.9\ \mathrm{mA} = 14.268\ \mathrm{mW}$。

② 空载截止功耗 $P_{off} = U_{CC} \times I_{CCH} = 4.92\ \mathrm{V} \times 2.41\ \mathrm{mA} = 11.857\ \mathrm{mW}$。

③ 低电平输入电流 $I_{IL} = 0.24\ \mathrm{mA}$。

④ 高电平输入电流 $I_{IH} = 2\ \mu\mathrm{A}$。

⑤ 输出高电平 $U_{OH} = 4.34\ \mathrm{V}$；输出低电平 $U_{OL} = 0.17\ \mathrm{V}$。

由以上可知，在导通时，空载功耗要大于截止时的功耗。由于高电平输入时输入级的多发射极三极管为倒置状态，所以，输入高电平时的输入电流远远小于低电平时的输入电流，且两种电流的方向相反。一般来讲，输出高电平的值约为 4.5 V，输出低电平的值约为 0.2 V。

八、思考题

（1）与非门不用的输入端应如何处理？为什么？

（2）查阅有关资料，对 TTL 器件和 CMOS 器件的性能作一比较。

实验技能训练项目三　组合逻辑电路的设计

一、实验目的

（1）熟悉并掌握组合逻辑电路的设计。

（2）掌握测试组合逻辑电路功能的基本方法。

二、实验设备及器件

（1）数字实验箱一个；

（2）74LS08、74LS32、74LS04、74LS00 集成电路各一块；

（3）万用表一块。

三、实验内容

（1）设计一个二选一选择器。设输入变量为 A、B，输出为 F，X 为选择变量。当 $X = 0$ 时，$F = A$；当 $X = 1$ 时，$F = B$。

（2）设计一个故障指示电路，具体要求如下：

① 两台电动机同时工作时，绿灯亮；

② 一台电动机发生故障时，黄灯亮；

③ 两台电动机同时发生故障时，红灯亮。

四、实验数据及分析处理

1. 二选一选择器

对二选一选择器的实验数据进行记录，如表 9-3 所示。

表 9-3　二选一选择器数据记录表

X	A	B	F
0	0	0	0
	0	1	0
	1	0	1
	1	1	1
1	0	0	0
	0	1	1
	1	0	0
	1	1	1

2. 故障指示电路

对故障指示电路的实验测试数据进行记录，如表 9-4 所示。

表 9-4　故障指示电路数据记录表

A	B	F_a	F_b	F_c
0	0	1	0	0
0		0	1	0
1	0	0	1	0
1	1	0	0	1

实验技能训练项目四　触发器的应用

一、实验目的

（1）掌握集成 D 触发器和 JK 触发器的逻辑功能及触发方式。

（2）熟悉用触发器构成分频器的方法。

（3）了解触发器的相互转换。

二、实验设备及器件

（1）数字逻辑电路实验箱一个；

（2）74LS74 双 D 触发器一片，74LS112 双 JK 触发器一片；

（3）74LS04 反相器一片。

三、实验原理电路

实验原理电路如图 9-10 所示。

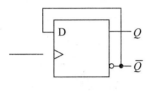 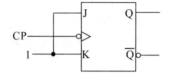 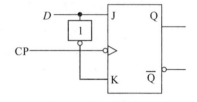

（a）D触发器构成二分频器　　　　（b）JK触发器构成二分频器　　　　（c）JK触发器转换为D触发器

图 9-10　原理电路

四、实验测试电路

实验测试电路如图 9-11 所示。

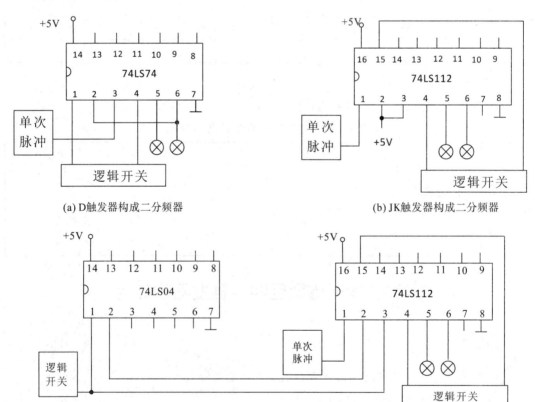

图 9-11　实验测试电路

五、实验内容与步骤

1. 74LS74D 触发器的逻辑功能测试

（1）直接置位（S_D）端和复位（R_D）端的功能测试。

利用逻辑开关改变 $\overline{R_D}$、$\overline{S_D}$ 的逻辑状态（D、CP 状态随意），观测相应的 Q、$\overline{Q}$ 状态，从而总结出两个输入控制端的功能。

（2）D 与 CP 端的功能测试。

从 CP 端输入单个脉冲，按表 9-5 改变开关状态，将测试结果记入表 9-5 中。

表 9-5　测试结果

输　　入				输出 Q^{n+1}	
D	$\overline{R_D}$	$\overline{S_D}$	CP	原状态 $Q^n = 0$	原状态 $Q^n = 1$
0	1	1	0→1		
	1	1	1→0		
1	1	1	0→1		
	1	1	1→0		

2. 74LS112 JK 触发器的逻辑功能测试

（1）直接置位（$\overline{S_D}$）端和复位（$\overline{R_D}$）端的功能测试同 74LS74。

（2）功能测试。

CP 端加单脉冲，按表 9-6 利用开关改变各端状态，将测试结果记入表 9-6 中。

表 9-6　测试结果

输　　入					输　出 Q^{n+1}	
J	K	$\overline{R_D}$	$\overline{S_D}$	CP	原状态 $Q^n = 0$	原状态 $Q^n = 1$
0	0	1	1	0→1		
				1→0		
0	1	1	1	0→1		
				1→0		
1	0	1	1	0→1		
				1→0		
1	1	1	1	0→1		
				1→0		

3. 用触发器构成分频器

（1）参照测试图 9-11(a)、(b) 接线。CP 脉冲输入 1 Hz 的秒脉冲，观察输出 Q 端的信号周期。

（2）参照测试图，接成一个二分频器，将前级的输出作为后一级的 CP 输入信号，则可以得到四分频器。

4. 触发器的相互转换

参照测试图 9-11(c)接线。观察此时触发器的功能，得出结论。

六、实验注意事项

在实验中首先应该对使用的门电路、触发器进行功能测试，确认正常后再搭接复杂的电路，这样才不容易出错。注意，判断触发器的触发方式很重要。

七、实验结论

（1）D 触发器的逻辑功能表如表 9-5 所示。

（2）JK 触发器的逻辑功能表如表 9-6 所示。

（3）$Q^{n+1} = \overline{Q^n}$，即构成二分频器。

（4）$Q^{n+1} = J\,\overline{Q^n} + \overline{K}Q^n = D\,\overline{Q^n} + \overline{\overline{D}}Q^n = D$，所以 JK 触发器转换为 D 触发器。

实验技能训练项目五　译码器与编码器

一、实验目的

（1）掌握中规模集成电路译码器和编码器的工作原理及逻辑功能。

（2）学习译码器的扩展。

二、实验设备及器件

（1）数字逻辑电路实验箱 1 个。

（2）74LS138 3 线-8 线译码器 1 片，74LS139 2 线-4 线译码器 1 片，74LS148 8 线-3 线编码器一片。

（3）74LS04 六反相器 1 片。

三、实验原理电路

实验原理电路如图 9-12 所示。

四、实验测试电路

实验测试电路如图 9-13 所示。

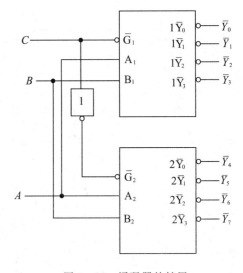

图 9-12　译码器的扩展

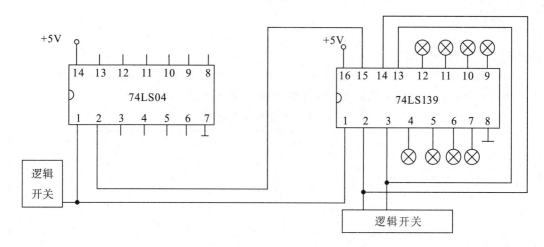

图 9 - 13　测试电路

五、实验内容与步骤

实验主要进行编码器逻辑功能测试、译码器逻辑功能测试、观察译码显示器件的功能及译码器的扩展。

(1) 参照图 9 - 12 用 74LS139 中的两个 2 线 - 4 线译码器构成一个 3 线 - 8 线译码器。

(2) 选作：如图 9 - 14 所示，用两个 3 线 - 8 线译码器构成 4 线 - 16 线译码器。

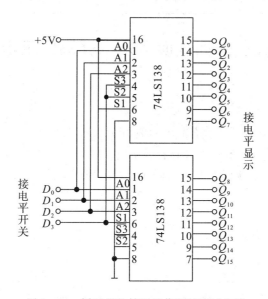

图 9 - 14　译码器的扩展选作题的测试电路

六、实验注意事项

(1) 注意集成电路输入控制端和输出控制端的信号。

(2) 74LS138 集成块搭接中注意输出信号的处理。

(3) 74LS139 扩展时注意控制端的处理。

七、实验结论

（1）填写表 9-7 如下。

（2）七段译码显示器件输入为四位二进制码，输出为驱动七段发光二极管的七位信号，用以显示四位二进制码所表示的十进制数的数字形状。

表 9-7 实验数据记录表

输 入									输 出				
$\overline{S}$	$\overline{I_0}$	$\overline{I_1}$	$\overline{I_2}$	$\overline{I_3}$	$\overline{I_4}$	$\overline{I_5}$	$\overline{I_6}$	$\overline{I_7}$	$\overline{Y_2}$	$\overline{Y_1}$	$\overline{Y_0}$	$\overline{Y_S}$	$\overline{Y_{EX}}$
1	×	×	×	×	×	×	×	×					
0	1	1	1	1	1	1	1	1					
0	×	×	×	×	×	×	×	0					
0	×	×	×	×	×	×	0	1					
0	×	×	×	×	×	0	1	1					
0	×	×	×	×	0	1	1	1					
0	×	×	×	0	1	1	1	1					
0	×	×	0	1	1	1	1	1					
0	×	0	1	1	1	1	1	1					
0	0	1	1	1	1	1	1	1					

实验技能训练项目六 译码显示电路

一、实验目的

（1）进一步理解译码显示电路的原理及应用；

（2）熟悉 74LS161、74LS48 和数码管各管脚功能。

（3）掌握 8421BCD 七段译码器和数码显示器的使用方法。

二、实验设备及器件

（1）直流稳压电源一台；

（2）双踪示波器一台；

（3）万用表一块；

（4）基本逻辑电路实验板一块（包括：74LS00 2 输入四与非门、74LS161 4 位二进制码计数器、74LS48 BCD-7 段译码器、数码管、发光二极管、导线若干）。

三、实验原理

实验原理图如图 9-15 所示。

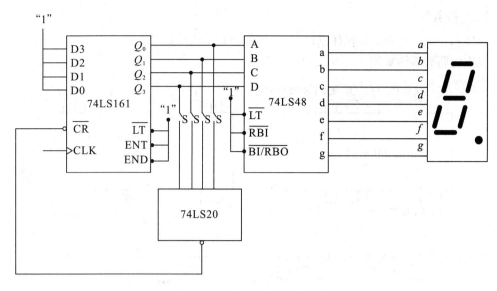

图 9-15　实验原理图

四、实验内容

1. 74LS161 功能试验

按图 9-15 所示正确接线，并将测量结果填入表 9-8。

（1）异步置"0"功能：接好电源和地，将清除端接低电平，无论其他各输入端的状态如何，测试计数器的输出端 $Q_3 \sim Q_0$ 如果操作无误均为 0。

（2）计数位功能：将 $\overline{CR}$、$\overline{LD}$、CET、CEP 端均接高电平，CLK 端输入脉冲，记录输出端状态。如果操作准确，每输入一个 CP 脉冲，计数器就进行一次加法计数。计数器输入 16 个脉冲时，输出端 $Q_3 \sim Q_0$ 变为 0000，此时进位输出端 TC 输出一个高电平脉冲。

表 9-8　实验数据记录表

脉冲数	二进制码				译码器输出	数码管显示
	Q_3	Q_2	Q_1	Q_0	$a\ b\ c\ d\ e\ f\ g$	
1						
2						
3						
4						
5						
6						
7						
8						
9						

2. 选做项目

合理利用上述电路，实现任意进制（十进制以内）的计数及数码显示。

集成电路管脚图如图 9 – 16 所示。

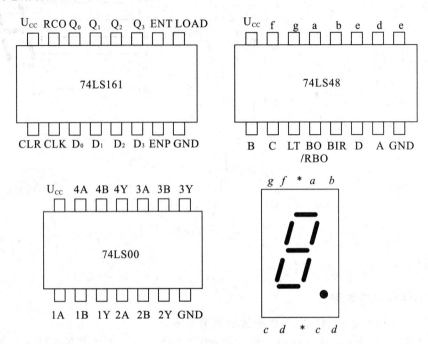

图 9 – 16 集成电路引脚图

实验技能训练项目七 半加器和全加器

一、实验目的

(1) 掌握中规模集成电路数据选择器的工作原理及逻辑功能。

(2) 熟悉利用译码器或者数据选择器构成任意逻辑函数的方法。

(3) 掌握全加器和半加器的实现方法。

二、实验设备及器件

(1) 数字逻辑电路实验箱一个；

(2) 74LS138 3 线 – 8 线译码器一片，74LS151 8 选 1 数据选择器一片；

(3) 74LS20 四输入二与非门一片，74LS00 二输入四与非门一片。

三、实验原理电路

实验原理电路如图 9 – 17 及图 9 – 18 所示。

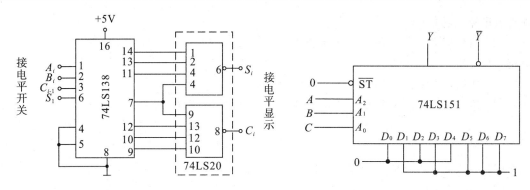

图 9-17　译码器实现函数全加器　　　　图 9-18　数据选择器实现函数 $F=AB+C$

四、实验测试电路

实验测试电路如图 9-19 和图 9-20 所示。

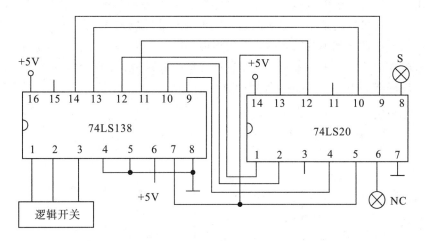

图 9-19　译码器实现全加器的测试图

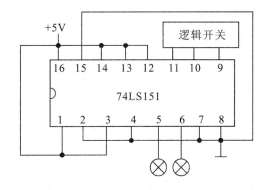

图 9-20　数据选择器实现函数 $F=AB+C$ 的测试图

五、实验内容与步骤

(1) 用译码器 74LS138 实现全加器。参照原理图 9-17 和测试电路图 9-19 搭接电路，并观察电路的功能。

(2) 用数据选择器实现函数 $F = AB + C$。参照原理图 9-18 和测试电路图 9-20 搭接电路，并观察电路的功能。

(3) 选做：用译码器 74LS138 实现全加器。

(4) 选做：用 8 选 1 数据选择器实现函数 $F = ABC + D$。

六、实验注意事项

(1) 注意集成电路输入控制端和输出控制端的信号；

(2) 74LS138 集成块搭接中注意输出信号的处理；

(3) 74LS20 使用时注意 NC 端的处理。

七、实验结论

(1) 用译码器实现逻辑函数，首先要将函数转换为最小项的表达式。74LS138 为输出低电平有效，故将出现的最小项对应的输出端作为与非门的输入，得到的结果即为函数。

(2) 用数据选择器实现逻辑函数，方法相似，只是将出现的最小项对应的数据端接入高电平，未出现的接低电平，将地址端作为自变量的输入端，则可以实现。

(3) 用译码器 74LS138 实现全加器的方法如图 9-21 所示。

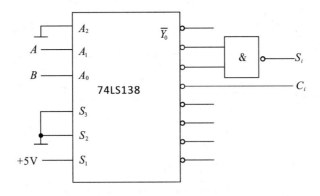

图 9-21　选做：译码器构成半加器的原理电路图

(4) 用 8 选 1 数据选择器实现函数 $F = ABC + D$ 时：

$$F = ABC + D$$
$$= ABCD + ABC\overline{D} + \overline{A}\,\overline{B}\,\overline{C}D + \overline{A}\,\overline{B}CD + \overline{A}B\overline{C}D$$
$$+ \overline{A}BCD + A\overline{B}\,\overline{C}D + A\overline{B}CD + AB\overline{C}D$$

将 ABC 输入 8 选 1 数据选择器的地址端，则 $A = A_2$，$B = A_1$，$C = A_0$，而 8 选 1 数据选择器的输出表达式为

$$L = \overline{A_2}\,\overline{A_1}\,\overline{A_0}D_0 + \overline{A_2}\,\overline{A_1}A_0D_1 + \overline{A_2}A_1\overline{A_0}D_2 + \overline{A_2}A_1A_0D_3$$
$$+ A_2\,\overline{A_1}\,\overline{A_0}D_4 + A_2\,\overline{A_1}A_0D_5 + A_2A_1\overline{A_0}D_6 + A_2A_1A_0D_7$$
$$= \overline{A}\,\overline{B}\,\overline{C}D_0 + \overline{A}\,\overline{B}CD_1 + \overline{A}B\,\overline{C}D_2 + \overline{A}BCD_3 + A\overline{B}\,\overline{C}D_4$$
$$+ A\overline{B}CD_5 + AB\overline{C}D_6 + ABCD_7$$

比较 F 和 L 两式中最小项的对应关系。设 $F = L$，由此得

$$\begin{cases} D_0 = D_1 = D_2 = D_3 = D_4 = D_5 = D_6 = D \\ D_7 = 1 \end{cases}$$

这样，就可以用 8 选 1 数据选择器实现函数 $F = ABC + D$。

实验技能训练项目八　集成 JK 触发器逻辑功能测试

一、实验目的

(1) 学会集成 JK 触发器 CT74LS112 芯片的正确使用。

(2) 熟悉巩固集成 JK 触发器的逻辑功能。

二、实验设备及器件

(1) ZH - 12 型通用电学实验台一台。

(2) CT74LS112（自带指示发光二极管）芯片一块。

(3) 开关和导线。

三、实验原理

CT74LS112 芯片是双 JK 下降沿触发器，当 $\overline{R}_D = 0$ 时，有清除功能；当 $\overline{R}_D = 1$ 时，能在时钟脉冲的作用下，按 JK 触发器的功能工作。

四、实验内容和方法

1. JK 触发器 $\overline{S}_D$、$\overline{R}_D$ 的功能

根据 CT74LS112 芯片引脚（图 9 - 22）连接线路。

① 电源：16 管脚接电源 +5V，8 管脚接地；

② 1、2、3 管脚接任意电平；

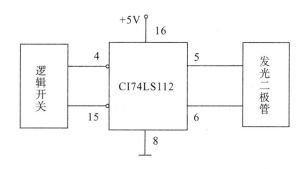

图 9 - 22　线路图

③ $\overline{S}_D$、$\overline{R}_D$ 按表 9 - 9 依次接数据逻辑电平，并把相关结果填入表 9 - 9。

表 9 - 9 功能表

CP	J	K	$\overline{S}_D$	$\overline{R}_D$	Q
×	×	×			
×	×	×			

2. JK 触发器的逻辑功能

根据 CT74LS112 芯片引脚（图 9 - 23）连接线路。

① 4 管脚（$\overline{S}_D$）、15 管脚（$\overline{R}_D$）接电源 +5 V 或悬空，即为 1；

② 电源：16 管脚接电源 +5 V，8 管脚接地；

③ 1 管脚接单次脉冲源，2、3 管脚按表 9 - 10 依次接数据逻辑电平，并把相关结果填入表格（每次测试前触发器先置 0）；4、5、6 管脚接指示发光二极管。

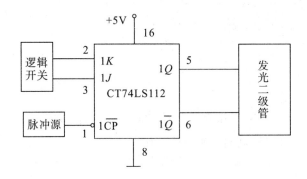

图 9 - 23　CT74LS112 芯片引脚连线图
表 9 - 10　功　能　表

J	K	CP	Q_n+1
0	0	⊓	
0	1	⊓	
1	0	⊓	
1	1	⊓	

五、实验报告

（1）总结实验结果；

（2）整理实验表格，分析实验数据。

六、思考与问答

（1）$\overline{R}_\mathrm{D}$ 在电路中的作用是什么？

（2）在 CP＝1 期间，改变 J、K 的状态，输出结果如何？

实验技能训练项目九　计数器

一、实验目的

（1）熟悉中规模集成电路计数器的逻辑功能、使用方法及应用。

（2）掌握构成任意进制计数器的方法。

（3）了解译码和显示器件的使用。

二、实验设备及器件

（1）数字逻辑电路实验箱一个。

（2）74LS00 二输入四与非门一片。

（3）74LS161 同步加法二进制计数器一片。

（4）74LS193 同步预置四位二进制双时钟可逆计数器一片。

三、实验原理电路

实验原理电路如图 9-24 及 9-25 所示。

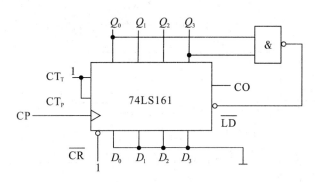

图 9-24　用 74LS161 实现十进制计数器

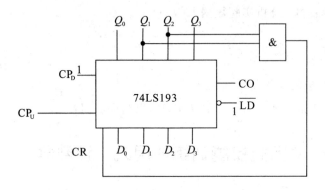

图 9-25　用 74LS193 实现六进制计数器

四、实验测试电路

实验测试电路如图 9-26 及图 9-27 所示。

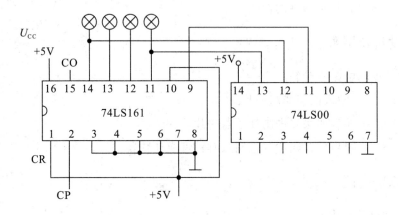

图 9-26　用 74LS161 实现十进制计数器测试电路

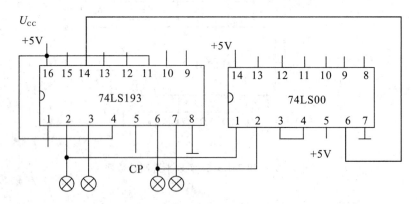

图 9-27　用 74LS193 实现六进制计数器测试电路

五、实验内容与步骤

（1）测试 74LS161、74LS193 的功能，用数码显示管显示。

（2）用置数法将 74LS161 构成一个十进制计数器，如图 9-24、图 9-26 所示。

（3）用清零法将 74LS193 构成一个六进制计数器，如图 9-25、图 9-27 所示。

（4）利用 74LS161、74LS193 构成一个六十进制的计数器，并用数码显示管显示。

六、实验注意事项

（1）注意集成块各脚功能的有效状态。

（2）实现其他进制计数器的时候注意中断状态和反馈线的处理。

七、实验结论

（1）将 Q_D、Q_C、Q_B、Q_A 对应数码显示的 $DCBA$ 四个输入端即可得到输出显示。将 CP 脉冲接 1 Hz 的秒脉冲，即可观察到计数状况。

（2）由于它是同步置数的二进制计数器，所以选择的置数清零态为 1001。置数端低电平有效，所以用与非门对 Q_D、Q_A 进行与非运算后输出给置数端。

（3）由于它是异步置零的二进制计数器，所以选择的清零态为 0110。清零端高电平有效，所以用与门对 Q_B、Q_C 进行与运算后输出给置数端。本次实验只给出与非门，所以用两次与非运算完成。

（4）用前两次实验的电路，将 74LS161 作为低位，它的清零端只有当十进制满十进一时会输入上升沿信号，用它可以作为高位片 74LS193 的 CP 时钟，即可构成六十进制的计数器。

实验技能训练项目十　编码器和译码器及应用

一、实验目的

（1）熟悉常用集成逻辑电路的功能和使用方法。

（2）熟悉常用编码器和译码器的逻辑功能和特点。

（3）掌握集成电路中编码器和译码器的基本扩展方法。

二、实验设备及器件

（1）通用数字实验箱一个。

（2）74LS147 两块，74LS138、74LS20 集成逻辑电路各一块。

（3）稳压电源一台。

（4）万用表一块。

三、实验内容

1. 编码器实验

（1）在数字实验箱中插入集成十进制编码器 74LS147，并接上＋5V 的电源与地线。

（2）将数字实验箱的逻辑开关分别接到集成编码器 74LS147 的信号输入端，再将集成编码器 74LS147 的四个输出端接至数字实验箱的 LED 发光二极管处，检测输出状态。电路连接图如图 9－28 所示。

（3）通过测试输入变量的各种状态，记录其对应的输出状态到表 9－11。

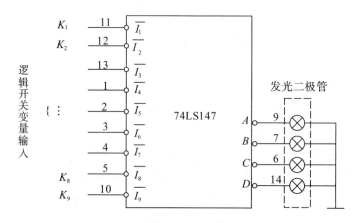

图 9－28　集成十进制编码器

表 9－11　74LS147 优先编码器功能表

输　入									输　出			
$\overline{I_9}$	$\overline{I_8}$	$\overline{I_7}$	$\overline{I_6}$	$\overline{I_5}$	$\overline{I_4}$	$\overline{I_3}$	$\overline{I_2}$	$\overline{I_1}$	D	C	B	A
1	1	1	1	1	1	1	1	1	1	1	1	1
0	×	×	×	×	×	×	×	×				
1	0	×	×	×	×	×	×	×				
1	1	0	×	×	×	×	×	×				
1	1	1	0	×	×	×	×	×				
1	1	1	1	0	×	×	×	×				
1	1	1	1	1	0	×	×	×				
1	1	1	1	1	1	0	×	×				
1	1	1	1	1	1	1	0	×				
1	1	1	1	1	1	1	1	0				

2. 译码器实验

（1）在数字实验箱中插入集成译码器 74LS138，并接上＋5 V 的电源与地线。

（2）将数字实验箱的逻辑开关分别接到集成编码器 74LS147 的三个信号输入端，再将集成译码器 74LS138 的四个输出端接至数字实验箱的 LED 发光二极管组，检测输出状态。

电路连接图如图 9-29 所示。

（3）通过测试输入变量的各种状态，记录其对应的输出状态到表 9-12。

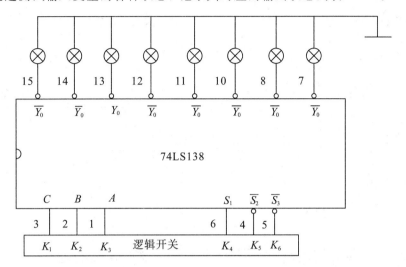

图 9-29　74LS138 译码器电路

表 9-12　74LS138 译码器功能表

输　入					输　　出							
S_1	$\overline{S_2}+\overline{S_3}$	A	A	A	$\overline{Y}_7$	$\overline{Y}_6$	$\overline{Y}_5$	$\overline{Y}_4$	$\overline{Y}_3$	$\overline{Y}_2$	$\overline{Y}_1$	$\overline{Y}_0$
×	1	×	×	×	1	1	1	1	1	1	1	1
0	×	×	×	×	1	1	1	1	1	1	1	1
1	0	0	0	0								
1	0	0	0	1								
1	0	0	1	0								
1	0	0	1	1								
1	0	1	0	0								
1	0	1	0	1								
1	0	1	1	0								
1	0	1	1	1								

3. 译码器扩展试验

将两片集成译码器分别作为低位片和高位片，利用高位译码器的使能端作为输入，则可以用两片 74LS138 3 线-8 线扩展成为一个 4 线-16 线译码器。

（1）在数字实验箱中插入两片集成译码器 74LS138，并接上+5 V 的电源与地线。

（2）将数字实验箱的逻辑开关分别并联接到集成译码器 74LS138 的地址段，再将低位和高位译码器输出端作为 4 线-16 线译码器的输出端。为了完成片选功能，将千位的输入值（即 A_3）作为片选端并联到高位片的使能端 S_1 和低位片的使能端 $\overline{S_2}$ 和 $\overline{S_3}$。电路连接如图 9-30 所示。

（3）通过测试输入变量的各种状态，记录其对应的输出状态到功能表内。

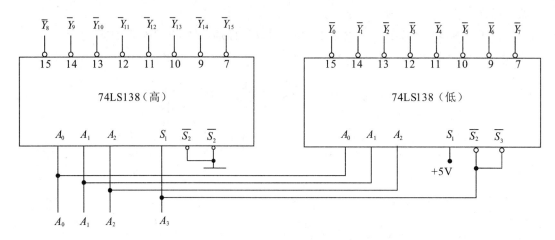

图 9 - 30 两片 74LS138 组成 4 线 - 16 线译码器

实验技能训练项目十一 移位寄存器

一、实验目的

(1) 熟悉寄存器的电路结构和工作原理。

(2) 掌握集成移位寄存器 74LS194 的逻辑功能和使用方法。

(3) 熟悉用移位寄存器构成计数器的方法。

二、实验设备及器件

(1) 数字逻辑电路实验箱一个。

(2) 74LS74 双 D 触发器两片，74LS04 六反相器一片。

(3) 74LS194 四位双向通用移位寄存器一片。

三、实验原理电路

实验原理电路图如图 9 - 31 及图 9 - 32 所示。移位寄存器如图 9 - 33 所示。

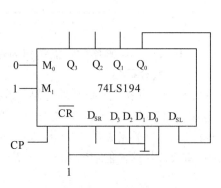

图 9 - 31 环形计数器逻辑电路图

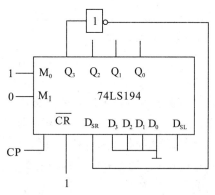

图 9 - 32 扭环形计数器逻辑电路图

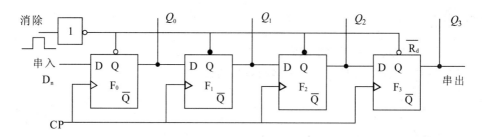

图 9-33　串行输入，串、并行输出单向移位寄存器

四、实验测试电路

实验测试电路图如图 9-34 及图 9-35 所示。

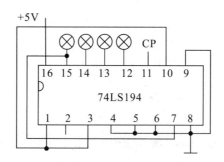

图 9-34　环形计数器实验测试电路图

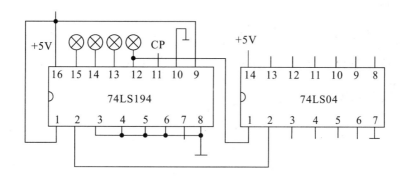

图 9-35　扭环形计数器实验测试电路图

五、实验内容与步骤

（1）验证 74LS194 的功能，观察左移、右移功能。

（2）将 74LS194 构成一个环形计数器。如图 9-31、9-32 所示，判断计数器的模，画出状态转换图。

（3）将 74LS194 构成一个扭环形计数器。如图 9-32、9-35 所示，判断计数器的模，画出状态转换图。

（4）选作：利用两块 74LS74（四个 D 触发器）构成一个单向的移位寄存器。如图 9-33 所示。测试电路图略。

六、实验注意事项

（1）注意集成块功能端有效的状态。

（2）使用移位寄存器的时候注意左移和右移的方向。

七、实验结论

（1）各计数器的状态转换图如图 9 - 36 与图 9 - 37 所示。

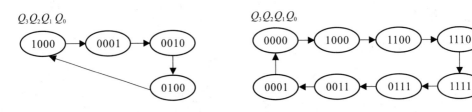

图 9 - 36　图 9 - 34 中环形计数器状态转换图　　图 9 - 37　图 9 - 35 中扭环形计数器状态转换图

（2）选作题目构成的是可以串入串出、可以并行输出的单向（右移）移位寄存器。

实验技能训练项目十二　集成译码器

一、实验目的

熟悉集成译码器逻辑功能及其应用。

二、实验设备及器件

（1）直流稳压电源一台；

（2）面包板一块；

（3）74LS138 一个；

（4）74LS04 两个；

（5）74LS20 一个；

（6）$1k\Omega$ 电阻八个；

（7）LED 八个。

三、实验内容

1）译码器功能

（1）按图 9 - 38 连接电路（引脚排列查阅第 3 章图 3 - 43 和附图 B6）。

（2）按表 9 - 13 所示，从 $A_2 \sim A_0$ 输入编码信号，验证输出端 $VD_7 \sim VD_0$ 的亮暗状态（亮表示有效，暗表示无效），即输出译码状态。

表 9 – 13　74LS138 功能表

输　入　端						输　出　端							
G_1	$\overline{G_{2A}}$	$\overline{G_{2B}}$	A_2	A_1	A_0	$\overline{Y_7}$	$\overline{Y_6}$	$\overline{Y_5}$	$\overline{Y_4}$	$\overline{Y_3}$	$\overline{Y_2}$	$\overline{Y_1}$	$\overline{Y_0}$
0	×	×	×	×	×	1	1	1	1	1	1	1	1
×	1	×	×	×	×	1	1	1	1	1	1	1	1
×	×	1	×	×	×	1	1	1	1	1	1	1	1
1	0	0	0	0	0	1	1	1	1	1	1	1	0
1	0	0	0	0	1	1	1	1	1	1	1	0	1
1	0	0	0	1	0	1	1	1	1	1	0	1	1
1	0	0	0	1	1	1	1	1	1	0	1	1	1
1	0	0	1	0	0	1	1	1	0	1	1	1	1
1	0	0	1	0	1	1	1	0	1	1	1	1	1
1	0	0	1	1	0	1	0	1	1	1	1	1	1
1	0	0	1	1	1	0	1	1	1	1	1	1	1

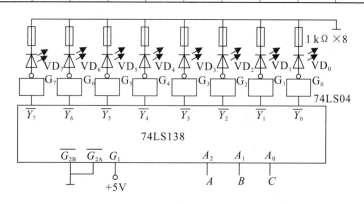

图 9 – 38　译码器功能实验

（3）依次改变 3 个控制端 G_1、$\overline{G_{2A}}$、$\overline{G_{2B}}$ 中的某一个，观察电路能否进行译码工作。

2）译码器实现组合逻辑功能

译码器与门电路通过适当组合，可以实现组合逻辑功能。用 74LS138 实现三人多数表决器电路，$Y = ABC + AB\overline{C} + A\overline{B}C + \overline{A}BC = \text{m}_3 + \text{m}_5 + \text{m}_6 + \text{m}_7$。

（1）按图 9 – 39 连接电路（74LS20 引脚排列查阅书末附图 A7）。

（2）按表 9 – 14 三人表决真值表从 $A_2 \sim A_0$ 端

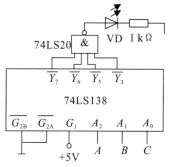

图 9 – 39　74LS138 实现三人
多数表决组合逻辑

输入 A_2、A_1、A_0 三人表决信号（1 接 +5 V，0 接地），验证组合逻辑功能 VD 亮表示表决通过。

表 9 - 14　三人表决真值表

输　入			输　出	输　入			输　出
A_2	A_1	A_0	Y	A_2	A_1	A_0	Y
0	0	0	0	1	0	0	0
0	0	1	0	1	0	1	1
0	1	0	0	1	1	0	1
0	1	1	1	1	1	1	1

四、实验报告

（1）画出 74LS138 引脚排列图，简述引脚功能，列出真值表。

（2）分析用 74LS138 实现三人多数表决组合逻辑的工作原理。

五、实验思考题

（1）若 74LS138 三个控制端 G_1、$\overline{G_{2A}}$、$\overline{G_{2B}}$ 中有一个控制端控制电平无效，电路能否译码工作？

（2）可否用 74LS138 的 $A_2 \sim A_0$ 依次与三人表决信号 C、B、A 连接？

（3）74LS138 输出端是低电平有效还是高电平有效？8 个输出端能否同时为 0 或同时为 1？

实验技能训练项目十三　集成显示译码器

一、实验目的

熟悉集成显示译码器及其应用。

二、实验设备及器件

（1）直流稳压电源一台；

（2）面包板一块；

（3）74LS47、74LS48 各一个；

（4）CC4511 四个；

（5）共阳数码管一个；

（6）共阴数码管四个；

（7）51Ω 电阻七个。

三、实验内容

74LS47/48 为译码/显示驱动电路（BCD 码输入，7 段译码显示输出）。其中，74LS47 输出低电平有效，驱动共阳数码管；74LS48 输出高电平有效，驱动共阴数码管。

1) 74LS 47 驱动共阳数码管

(1) 按图 9-40(a) 连接电路(74LS47/48 引脚排列查阅书末附图 B8)。

(2) 从 $A_3 \sim A_0$ 输入 0~9(BCD 码门接+5 V，0 接地)，共阳数码管将显示 0~9 数码。

2) 74LS48 驱动共阴数码管

(1) 按图 9-40(b) 连接电路。与图 9-40(a) 相比，74LS47 改为 74LS48，共阳数码管改为共阴数码管，com 端接地。

(2) 从 $A_3 \sim A_0$ 输入 0~9 BCD 码，共阴数码管将显示 0~9 数码。

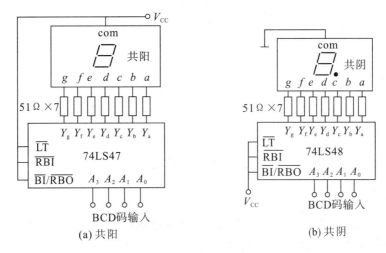

图 9-40　显示译码实验电路

3) CC4511 驱动 4 位显示电路

图 9-41 所示电路的工作原理如下：4 位显示数码从 $D_3 \sim D_0$ 公共通道输入，当某位 LE 有效时，该位显示的 BCD 码被置入。4 位 LE 由双 2 线-4 线译码器 CC4556(引脚排列见图 9-42)译码选通，两位地址码 $1A_1$、$1A_0$ 有 4 种状态：00~11，在 1INH = 0 条件下，可分别选通传送 4 位显示数码。

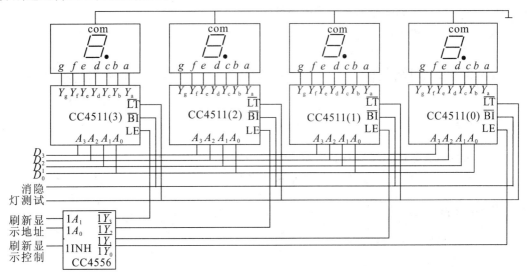

图 9-41　CC4511 组成 4 位显示电路

(1) 按图 9 – 41 连接电路(CC4511 引脚排列查阅书末附图 B9)。

(2) 置 CC4556 禁止输出控制端 1 INH = 0，地址输入端 $1A_1 1A_0$ = 00，此时 $\overline{1Y_0}$ = 0，$\overline{1Y_1} = \overline{1Y_2} = \overline{1Y_3}$ = 1，选通第 0 位 CC4511，从 $D_3 \sim D_0$ 输入第 0 位显示 BCD 码；然后，$1A_1 1A_0$ = 01，输入第 1 位显示 BCD 码。依此类推，置入 4 位显示数码。最后置 1INH = 1，$\overline{1Y_0} = \overline{1Y_1} = \overline{1Y_2} = \overline{1Y_3}$ = 1，CC4511 将保持原有置入数码显示。

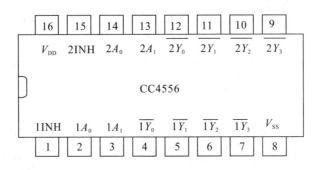

图 9 – 42 CC4556 引脚排列图

(3) 置消隐控置端 $\overline{BI}$ = 0，4 位全灭；置灯测试端 $\overline{LT}$ = 0，4 位全亮(显示 8)。

四、实验报告

(1) 画出 74LS47/48、CC4511、CC4556 引脚排列图，简述引脚功能。

(2) 画出图 9 – 40、图 9 – 41 电路图。

(3) 简述图 9 – 42 显示电路输入显示数码的操作步骤。

五、实验思考题

(1) 为何图 9 – 40(a) 中 74LS47 输出有限流电阻，而图 9 – 41 中 CC4511 输出无限流电阻？

(2) 能否用公共通道传送由 74LS47/48 组成的 4 位显示电路的显示数码？

(3) 如何检测数码管显示笔段是否完好？

(4) 如何使数码管显示闪烁？

实验技能训练项目十四 集成数据选择器和电路模拟开关

一、实验目的

(1) 熟悉集成数据选择器及其应用。

(2) 熟悉多路模拟开关及其应用，理解多路模拟开关与数据选择器的区别。

二、实验设备及器件

(1) 直流稳压电源一台；

(2) 直流电压表(万用表)一个；

(3) 面包板一块；

（4）74LS151、CC4051 各一个；

（5）发光二极管一个；

（6）1 kΩ 电阻七个、kΩ 级电阻若干。

三、实验内容

1）用数据选择器实现组合逻辑功能。

三人多数表决逻辑：$Y = ABC + AB\overline{C} + A\overline{B}C + \overline{A}BC = m_3 + m_5 + m_6 + m_7$。

（1）按图 9 - 43 连接电路（74LS151 引脚排列查阅书末附图 B10）。

（2）按三人表决真值表 9 - 14 从 A_2、A_1、A_0 端输入 A、B、C 三人表决信号，验证组合逻辑功能（VD 亮表示表决通过）。

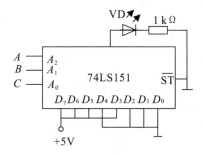

图 9 - 43　74LS151 实现三人多数表决器组合逻辑图

2）模拟开关实验

（1）按图 9 - 44 连接电路（$\pm1V$、$\pm2V$、3 V、4 V 可用 kΩ 级电阻分压获得，不必精确）。

（2）$A_2A_1A_0$ 依次输入地址码 000～111，验证输出端电压依次为 IO_0～IO_7 端口电压。

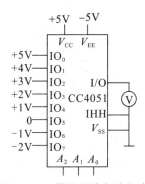

图 9 - 44　模拟开关实验电路

四、实验报告

（1）画出 74LS151 和 CC4051 引脚排列图，简述引脚功能。

（2）画出图 9 - 43、图 9 - 44 电路图。

（3）分析用 74LS151 实现 3 人多数表决组合逻辑的工作原理。

五、实验思考题

（1）简述数据选择器和多路模拟开关的区别。

（2）多路模拟开关能否传送负的模拟电压？有什么条件？

实验技能训练项目十五　集成寄存器

一、实验目的

（1）熟悉数码寄存器功能及其应用。

（2）熟悉移位寄存器功能及其应用。

二、实验设备及器件

（1）直流稳压电源一台；

（2）面包板一块；

（3）74LS373、74LS164 各一个；

（4）共阳数码管一个；

（5）发光二极管八个；

（6）22 Ω 电阻八个。

三、实验内容

1）数码寄存器

（1）按图 9 - 45 连接电路（74LS377 引脚图查阅书末附图 B11）。

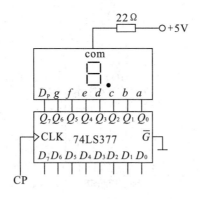

图 9 - 45　数码寄存器

（2）按表 9 - 15 先置入 $D_7 \sim D_0$ 数码，然后发出 CP 脉冲 0→1（先接地后接＋5V），观察数码管显示数码状态。

2）移位寄存器

（1）按图 9 - 46 连接电路（74LS164 引脚图查阅书末附图 B12）。

（2）从 74LS164 $D_{SA} D_{SB}$ 端（短接）输入串行数据 D_S ＝10101101。输入操作时，先在

$D_{SA}D_{SB}$ 端输入一位数据，然后 CP 从 $0 \to 1$，依次将 D_S 的 8 位数据串入完毕。观察并记录 $Q_0 \sim Q_7$ 端发光二极管亮暗状态(亮表示 1，暗表示 0)，判断是否接输入时数据逐位移动。

表 9－15　共阳数码管

D_7	D_6	D_5	D_4	D_3	D_2	D_1	D_0	显示数码及小数点亮暗状态
1	1	0	0	0	0	0	0	
1	1	1	1	1	0	0	1	
1	0	1	0	0	1	0	0	
1	0	1	1	0	0	0	0	
1	0	0	1	0	0	0	1	
0	0	0	1	0	0	1	0	
0	0	0	0	0	0	1	0	
0	1	1	1	1	0	0	0	
0	0	0	0	0	0	0	0	
0	0	0	1	0	0	0	0	

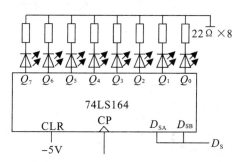

图 9－46　串入并出移位寄存器

四、实验报告

(1) 画出 74LS377、74LS164 引脚排列图并简述引脚功能。

(2) 画出图 9－45、图 9－46 电路图。

(3) 按实验结果填写表 9－15。

(4) 画出图 9－46 时序波形图(设未串入数据时，$Q_7 \sim Q_0 = 0$)。

五、实验思考题

(1) 若用 74LS373 替代图 9－45 中的 74LS377，电路应如何连接？数据输入如何操作？

(2) 74LS373 的门控端 G 与 74LS377 的门控端 $\overline{G}$ 有何区别？74LS 377 的门控端 $\overline{G}$ 与 74LS 373 的输出允许端OG有何区别？

(3) 为什么图 9－46 中 74LS164 的 $D_{SA}D_{SB}$ 要短接，可否让串入信号从其中一端输入？

实验技能训练项目十六 集成计数器

一、实验目的

熟悉集成计数器的功能及其应用。

二、实验设备及器件

(1) 直流稳压电源一台；

(2) 面包板一块；

(3) 74LS161、74LS192 各一个；

(4) 74UPO、74M10 各一个；

(5) 发光二极管六个；

(6) 1 kΩ 电阻六个。

三、实验内容

1) 74LS161 构成模 12 加法计数器

(1) 按图 9-47(a) 和图 9-47(b) 分别连接电路(引脚图查阅图 3-38 和书末附图 B13)。

(2) 依次从 CP 端输入触发脉冲(上升沿，0→1)，观察并记录 $VD_3 \sim VD_0$ 显示状态(亮表示 1，暗表示 0)。

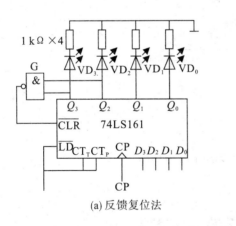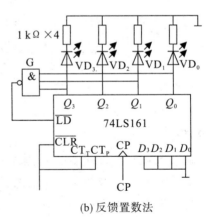

(a) 反馈复位法   (b) 反馈置数法

图 9-47 74LS161 构成模 12 加法计数器

2) 74LS192 构成十进制加减计数器

(1) 按图 9-48 连接电路(74LS192 引脚图查阅书末附图 B14)。

(2) 加减控制端置 1，依次从 CP 端输入触发脉冲(上升沿，0→1)，观察并记录 $VD_5 \sim VD_0$ 显示状态(亮表示 1，暗表示 0) 。

(3) 加减控制端置 0，重复上述操作。

四、实验报告

(1) 画出 74LS161、74LS192 引脚排列图并简述引脚功能。

(2) 画出图 9-47、图 9-48 电路并简述其工作原理。

(3) 根据实验结果填写表 9-16、表 9-17(加减计数应分别填写)。

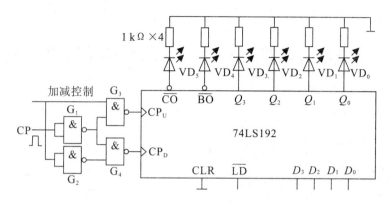

图 9-48　74LS192 构成十进制加减计数器

表 9-16　模 12 加法计数器状态转换表

CP	Q_3 Q_2 Q_1 Q_0
0	
1	
2	
3	
4	
5	
6	
7	
8	
9	
10	
11	
12	
13	
14	
15	
16	

表 9-17　十进制加减计数器状态转换表

CP	Q_3 Q_2 Q_1 Q_0	$\overline{CO}/\overline{BO}$
0		
1		
2		
3		
4		
5		
6		
7		
8		
9		
10		

(4) 画出图 9-48 十进制加减计数器时序波形图。

五、实验思考题

(1) 图 9-48 中可否取消发光二极管电流限流电阻或取较小的值？

(2) 为什么图 9-47(a)是计数到 1100 反馈，而图 9-47(b)只要计数到 1011 反馈？

(3) 为什么图 9-47(b)中 $D_3 \sim D_0$ 接地，而图 9-47(a)中 $D_3 \sim D_0$ 不接地？

(4) 简述图 9-48 加减计数控制原理。

实验技能训练项目十七　集成顺序脉冲发生器

一、实验目的

熟悉集成顺序脉冲发生器的功能及其应用。

二、实验设备及器件

(1) 直流稳压电源一台；

(2) 面包板一块；

(3) CC4017 一个；

(4) 发光二极管十个。

三、实验内容

(1) 按图 9-49 连接电路(CC4017 引脚图查阅书末附图 B15)。

(2) 依次从 CP 端输入触发脉冲(上升沿，0→1)，观察 $VD_0 \sim VD_9$ 显示状态(亮表示 1，暗表示 0)。

(3) CP 脉冲(下降沿，1→0)依次从 INH 端输入，CP 端接高电平，再次观察 $VD_0 \sim VD_9$ 显示状态。

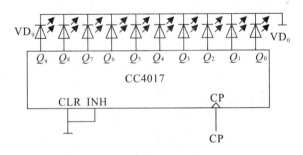

图 9-49　顺序脉冲发生器

四、实验报告

(1) 画出 CC4017 引脚排列图并简述引脚功能。

(2) 画出图 9-49 的电路图和时序波形图。

五、实验思考题

(1) CC4017 同时完成了哪几种时序电路功能？

(2) 如何理解 CC4017 有两个 CP 脉冲输入端？

实验技能训练项目十八　多谐振荡器

一、实验目的

熟悉多谐振荡器的组成和参数调节。

二、实验设备及器件

(1) 直流稳压电源一台；

(2) 面包板一块；

(3) 示波器一台；

(4) 74LS00、CC40106 各一个；

(5) 线性电位器(33 kΩ)两台；

(6) 二极管(1N4148)两个；

(7) 晶振 32768 Hz 一个；

(8) 1 nF 电容一个、100 pF 电容两个；

(9) 电阻(10 kΩ、220 kΩ、2.2 MΩ)。

三、实验内容

1) 由门电路组成的多谐振荡器

(1) 按图 9-50 连接电路(74LS00 引脚图查阅第 3 章图 3-38)，其中 $R_S = 220$ kΩ，$R_{P1} = R_{P2} = 33$ kΩ，$R = 10$ kΩ，$C = 1$ nF，u_I 接高电平。

(2) 先将 R_{P2} 调至中点，调节 R_{P1}，用示波器观察振荡波形并测量振荡频率变化范围。

(3) 再调节 R_{P2}(R_{P1} 调至最大)，用示波器观察振荡波形并测量占空比变化范围。

(4) u_I 接地，用示波器观察振荡情况。

2) 由施密特电路组成的多谐振荡器

(1) 按图 9-51 连接电路，其中 $R = 10$ kΩ，$R_P = 33$ kΩ，$C = 1$ nF。

(2) 调节 R_P，用示波器观察振荡波形并测量振荡频率变化范围。

3) 石英晶体多谐振荡器

(1) 按图 9-52 连接电路，其中 $R_F = 2.2$ MΩ，$C_1 = C_2 = 100$ pF。

(2) 用示波器观察振荡波形并测量振荡频率。(注：若有频率计用于实验更好)

四、实验报告

(1) 画出图 9-50、图 9-51、图 9-52 电路。

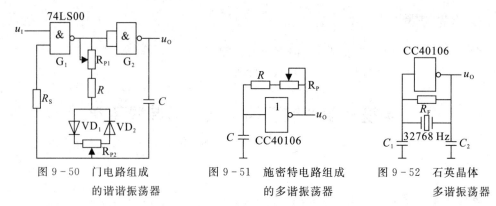

图 9-50　门电路组成
的谐谐振荡器

图 9-51　施密特电路组成
的多谐振荡器

图 9-52　石英晶体
多谐振荡器

（2）计算理论电路振荡频率，与实测值进行比较。

五、实验思考题

（1）如何控制图 9-50 电路的振荡？若需要用低电平作为控制信号，应选择何种门电路？

（2）图 9-50 中的两个二极管起什么作用？

（3）CC4069 和 CC40106 同为 CMOS 六反相器，能否用 CC4069 代替图 9-51 和图 9-52 中的 CC40106？

（4）图 9-52 中的 R_F 有什么作用？

实验技能训练项目十九　秒信号发生器

一、实验目的

（1）熟悉典型的秒信号产生电路。

（2）熟悉分频功能。

二、实验设备及器件

（1）直流稳压电源一台；

（2）面包板一块；

（3）CC4013、CC4060 各一个；

（4）32768 Hz 晶振一个；

（5）发光二极管两个；

（6）100 pF 电容两个；

（7）2.2 MΩ 电阻一个；

（8）1 kΩ 电阻两个。

三、实验内容

（1）按图 9-53 连接电路（CC4013 引脚图查阅书末附图 B16，CC4060 引脚图查阅书末附图 B17）。

（2）观察 VD_1、VD_2 闪烁情况，VD_1 为 2 Hz 闪烁，VD_2 为秒闪烁。

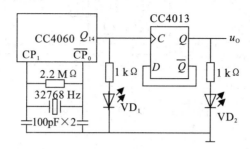

图 9 - 53　秒信号发生电路

四、实验报告

（1）画出 CC 4013 和 CC4060 引脚图，简述其引脚功能。

（2）画出图 9 - 53 电路，简述其工作原理。

五、实验思考题

（1）CC4060 在图 9 - 53 电路中起了什么作用？

（2）图 9 - 53 秒信号的精度取决于什么？

实验技能训练项目二十　集成单稳态电路

一、实验目的

熟悉集成单稳态电路功能及其应用。

二、实验设备及器件

（1）直流稳压电源一台；

（2）双踪示波器一台；

（3）面包板一块；

（4）CC4098、CC4069 各一个；

（5）100 kΩ 电阻一个、10 kΩ 电阻两个、5.1 kΩ 电阻一个；

（6）10 μF 电容一个、100 μF 电容两个。

三、实验内容

（1）按图 9 - 54 连接电路（CC4098 引脚图查阅图书末附图 B18），其中 $R_1 = 10\ \text{k}\Omega$，$R_2 = 5.1\ \text{k}\Omega$，$C_1 = C_2 = 100\ \mu\text{F}$。

（2）双踪示波器同时观察 u'_O 和 u_O 波形。

（3）分别测量输入脉冲 u_1、延时脉冲 u'_O 和输出脉冲 u_O 宽度。

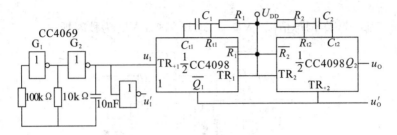

图 9 - 54　单稳态脉冲延时电路

四、实验报告

（1）画出 CC4098 引脚排列图并简述其引脚功能。

（2）画出图 9 - 54 电路，并简述其工作原理。

（3）画出 u_1、u'_O、u_O 时序波形图。

（4）理论计算输入脉冲 u_1、延时脉冲 u'_O 和输出脉冲 u_O 宽度，并与实测值比较。

五、实验思考题

若单稳态电路输入脉冲为 u'_O，且输出保持其负脉冲形式，试重画连接电路及时序波形图。

实验技能训练项目二十一　　555 定时器电路及应用

一、实验目的

（1）熟悉 555 定时器的工作原理和典型应用。

（2）掌握定时元件参数对输出信号周期及脉宽的影响。

二、实验设备及器件

（1）通用数字实验箱一个。

（2）555 定时器一片，电阻和电容若干。

（3）双踪示波器一台。

（4）稳压电源一台。

（5）万用表一块。

三、实验内容

1. 555 定时器构成多谐振荡器

（1）在通用数字实验箱中插入一块 555 定时器，并接入＋5 V 的电源与地线。

（2）按照图 9 - 55（a）连接电路，电路元件参数为：$R_1 = 1$ kΩ，$R_2 = 4.7$ kΩ，$C = 0.01$ μF。用示波器观察输出端的波形，计算占空比。

（3）当电路元件参数为：$R_1 = 33$ kΩ，$R_2 = 33$ kΩ，$C = 0.01$ μF，用示波器观察输出

端的波形，计算占空比。

2. 555 定时器构成单稳态电路

（1）在通用数字实验箱中插入一块 555 定时器，并接入＋5 V 的电源与地线。

（2）按照图 9-55(b) 连接电路，电路元件参数为：$R = 10\ \text{k}\Omega$，$C = 6200\ \text{pF}$。用示波器观察输出端波形，计算输出脉冲宽度。

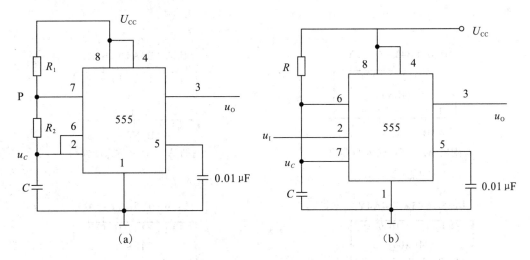

图 9-55　555 定时器构成多谐振荡电路和单稳态电路

附录 A 常用移位寄存器芯片引脚及功能介绍

附图 A1 四 2 输入与非门

功能：$Y = \overline{AB}$

附图 A2 四 2 输入或非门

功能：$Y = \overline{A+B}$

附图 A3 六非门

功能：$Y = \overline{A}$

附图 A4 六反相缓冲/驱动器（OC 门）

功能：$Y = \overline{A}$

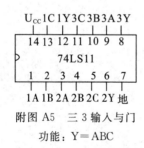

附图 A5 三 3 输入与门

功能：$Y = ABC$

附图 A6 六施密特非门

功能：$Y = \overline{A}$

附图 A7 二 4 输入与非门

功能：$Y = \overline{ABCD}$

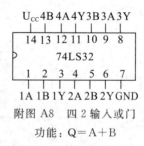

附图 A8 四 2 输入或门

功能：$Q = A + B$

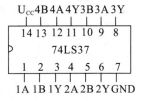

附图 A9　四 2 输入与非门（OC 门）

功能：$Y = \overline{AB}$

附图 A10　3、2 输入与或非门

功能：$1Y = \overline{1A \cdot 1B \cdot 1C + 1D \cdot 1E \cdot 1F}$

$2Y = \overline{2A \cdot 2B + 2C \cdot 2D}$

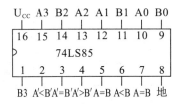

$A' = B' \quad A > B \quad A < B$

其中：$A' < B'$、$A' = B'$、

$A' > B'$ 为级连输入

附图 A11　四位数字比较器

附图 A12　四 2 输入异或门

功能：$Y = A \oplus B$

附表 A1　74LS74 功能表

输入			输出		
$\overline{S_D}$	$\overline{R_D}$	CP	D	Q	$\overline{Q}$
0	1	×	×	1	0
1	0	×	×	0	1
0	0	×	×	1	1
1	1	↑	1	1	0
1	1	↑	0	0	1
1	1	0	×	保持	

附图 A13　双 D 触发器

附表 A2　74LS90 功能表

输　入				输　出			
$R_{0(1)}$	$R_{0(2)}$	$R_{9(1)}$	$R_{9(2)}$	Q_D	Q_C	Q_B	Q_A
1	1	0	×	0	0	0	0
1	1	×	0	0	0	0	0
×	×	1	1	1	0	0	1
×	0	×	0	计数			
0	×	0	×	计数			
0	×	×	0	计数			
×	0	0	×	计数			

附图 A14　四位二进制

计数器（可预置"0"、"9"）

附表 A3　74LS112 功能表

输　入					输　出	
Sd	Rd	CP	J	K	Q	Q
0	1	×	×	×	1	0
1	0	×	×	×	0	1
0	0	×	×	×	1	1
1	1	↓	0	0	保持	
1	1	↓	1	0	1	0
1	1	↓	0	1	0	1
1	1	↓	1	1	计数	
1	1	1	×	×	保持	

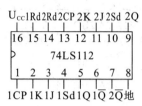

附图 A15　双 JK 触发器

附表 A4　74LS123 功能表

输　入			输　出	
Cr	A	B	Q	$\overline{Q}$
0	×	×	0	1
×	1	×	0	1
×	×	0	0	1
1	0	↑	⊓	⊔
1	↓	1	⊓	⊔
↑	0	1	⊓	⊔

附图 A16　双可再触发单
稳态多谐振荡器

附图 A17　四三态输出总线缓冲门
功能：C＝0 时，Q＝A；
　　　C＝1 时，Q＝高阻

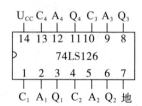

附图 A18　四三态输出总线缓冲门
功能：C＝1 时，Q＝A；
　　　C＝0 时，Q＝高阻

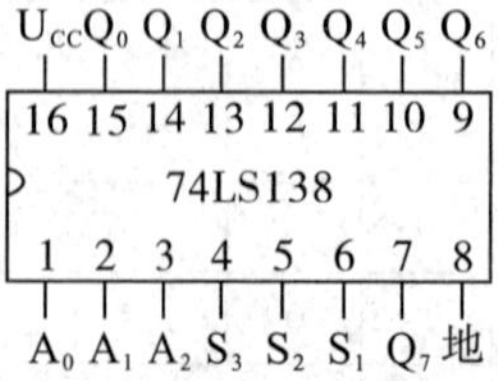

74LS138　3/8 译码器的功能

S_1＝0 或 S_2＝S_3＝1 时：
　　Q_0～Q_7 均为高电平。
S_1＝1 及 S_2＝S_3＝1 时：
　　$A_0 A_1 A_2$ 的八种组合状态
分别在 Q_0～Q_7 端译码输出。

附图 A19　3/8 译码器

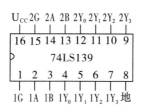

附图 A20　2/4 译码器

附表 A5　74LS139 2/4 译码器的功能

G	B	A	Y_0	Y_1	Y_2	Y_3
1	×	×	1	1	1	1
0	0	0	0	1	1	1
0	0	1	1	0	1	1
0	1	0	1	1	0	1
0	1	1	1	1	1	0

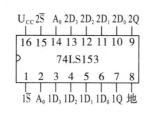

附图 A21　双四选一数据选择器

附表 A6　74LS153 功能表

输入				输出
$\overline{S}$	A_1	A_0	D	Q
1	×	×	×	0
0	0	0	D_0	D_0
0	0	1	D_1	D_1
0	1	0	D_2	D_2
0	1	1	D_3	D_3

附图 A22　四位同步可预
置二进制计数器

附表 A7　74LS161 功能表(模十六)

清零	使能	置数	时钟	数据	输出
$\overline{Cr}$	P　T	$\overline{LD}$	Cp	D C B A	$Q_D\,Q_C\,Q_B\,Q_A$
0	× ×	×	↑	× × × ×	0 0 0 0
1	× ×	0	↑	d c b a	d c b a
1	1 1	1	↑	× × × ×	计数
1	0 ×	1	×	× × × ×	保持
1	× 0	1	×	× × × ×	保持

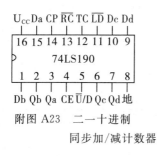

附图 A23　二一十进制
同步加/减计数器

附表 A8　74LS190 功能表

置数	加/减	片选	时钟	数据	输出
$\overline{LD}$	$\overline{U}/D$	$\overline{CE}$	CP	Dn	Qn
0	×	×	×	0	0
0	×	×	×	1	1
1	0	0	↑	×	加计数
1	1	0	↑	×	减计数
1	×	0	1	×	保持

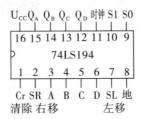

附图 A24 四位并行存取双向移位寄存器

附表 A9 74LS194 功能表

序	输 入					输 出				功能
	Cr	S1 S0	SL SR	A B C D	CP	Q_A	Q_B	Q_C	Q_D	
1	0	× ×	× ×	× × × ×	×	0	0	0	0	清零
2	1	× ×	× ×	× × × ×	1	Q_{An}	Q_{Bn}	Q_{Cn}	Q_{Dn}	保持
3	1	1 1	× ×	D_A D_B D_C D_D	↑	D_A	D_B	D_C	D_D	送数
4	1	1 0	1 ×	× × × ×	↑	Q_B	Q_C	Q_D	1	左移
5	1	1 0	0 ×	× × × ×	↑	Q_B	Q_C	Q_D	0	
6	1	0 1	× 1	× × × ×	↑	0	Q_A	Q_B	Q_C	右移
7	1	0 1	× 0	× × × ×	↑	0	Q_A	Q_B	Q_C	
8	1	0 0	× ×	× × × ×	×	Q_{An}	Q_{Bn}	Q_{Cn}	Q_{Dn}	保持

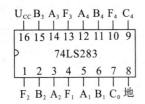

附图 A25 四位二进制全加器

74LS283 功能

	A_4	A_3	A_2	A_1
	B_4	B_3	B_2	B_1
+				C_0
C_4	F_4	F_3	F_2	F_1

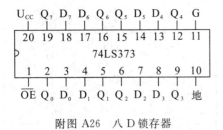

附图 A26 八 D 锁存器

附表 A10 74LS373 功能表

输 入			输 出
$\overline{OE}$	G	D	Q
0	1	1	1
0	1	0	0
0	0	×	Q_0
1	×	×	高阻

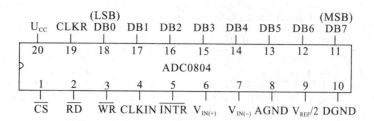

附图 A27　八位 A/D 转换

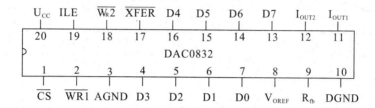

附图 A28　八位 D/A 转换电路

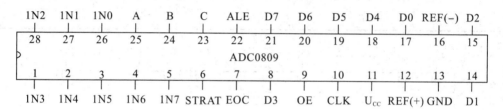

附图 A29　八通道 A/D 转换

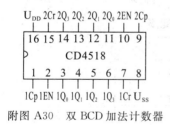

附图 A30　双 BCD 加法计数器

附图 A31　四 2 输入或非门

（CMOS）功能：$Q = \overline{A + B}$

附图 A32　二 4 输入与非门

（CMOS）功能：$Q = \overline{ABCD}$

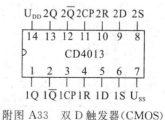

附图 A33　双 D 触发器（CMOS）

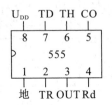

附图 A34　双 JK 主从触发器(CMOS)　　　　　附图 A35　555 定时器

附表 A11　555 定时器功能表

输　入			输　出	
阈值 TH	触发 TR	复位 Rd	放电 TD	OUT
$\times$	$\times$	0	0	导通
$<\frac{2}{3}V_{CC}$	$<\frac{1}{3}V_{CC}$	1	1	截止
$>\frac{2}{3}V_{CC}$	$>\frac{1}{3}V_{CC}$	1	0	导通
$<\frac{2}{3}V_{CC}$	$>\frac{1}{3}V_{CC}$	1	不变	不变

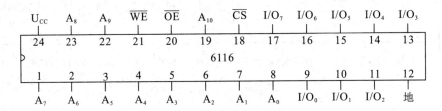

附图 A36　16K CMOS 随机存储器

附表 A12　6116 功能表

$\overline{CS}$	$\overline{OE}$	$\overline{WE}$	$I/O_0 \sim I/O_7$
0	0	1	读出
0	1	0	写入
1	$\times$	$\times$	高阻

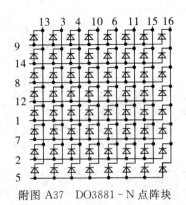

附图 A37　DO3881－N 点阵块　　　　　附图 A38　运算放大器

附录 B　常见组合逻辑电路引脚

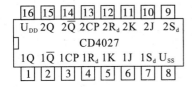

附图 B1　CC4027 引脚图

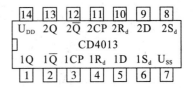

附图 B2　CC4013 引脚图

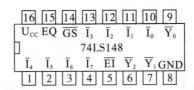

附图 B3　74LS148 引脚图

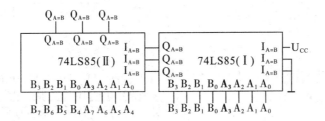

附图 B4　两片 74LS85 级联组成 8 位数据数值比较器

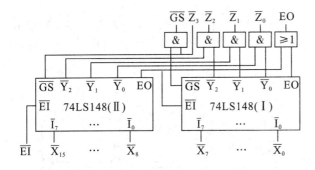

附图 B5　两片 74LS148 扩展 16 线-4 线编程器

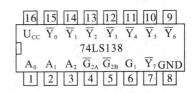

附图 B6　74LS138

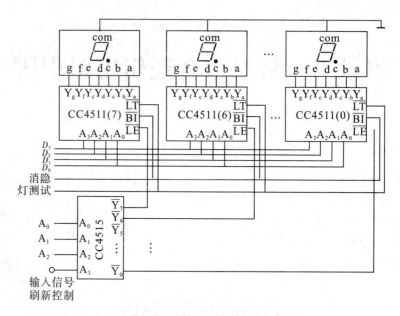

附图 B7　CC5411 组成 8 位显示电路

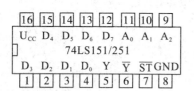

附图 B8　74LS48 引脚图

附图 B9　CC4511 引脚图

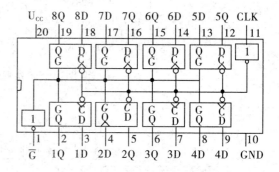

附图 B10　74LS151/251 引脚图

附图 B11　74LS377 逻辑结构引脚图

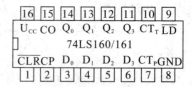

附图 B12　74LS164 引脚图

附图 B13　74LS160/161 引脚图

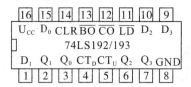

附图 B14　74LS192/193 引脚图

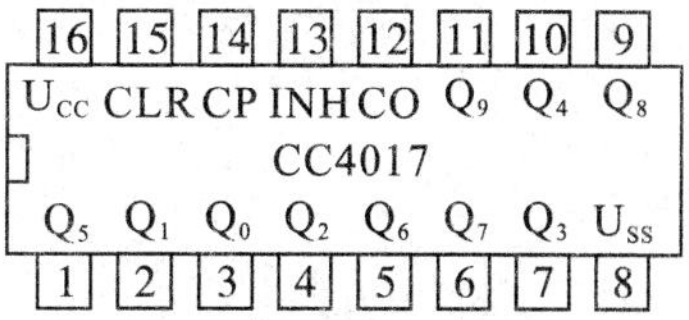

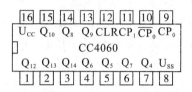

附图 B15　CC4017 引脚图

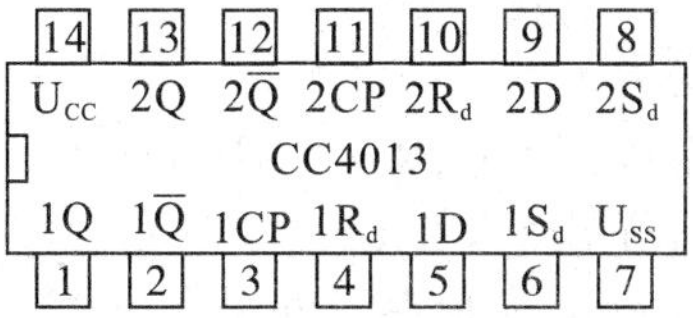

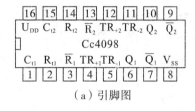

附图 B16　CC4013 引脚图

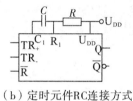

附图 B17　CC4060 引脚图

（a）引脚图　　　　（b）定时元件RC连接方式

附图 B18　CMOS 单稳态电路 CC4098

参 考 文 献

[1] 余孟尝．电子技术．北京：高等教育出版社，2012．

[2] 张龙兴．电子技术基础．2 版．北京：高等教育出版社，2007．

[3] 姜桥．电子技术基础．北京：人民邮电出版社，2009．

[4] 彭克发．电子技术基础．北京：中国电力出版社，2007．

[5] 程勇，方元春．数字电子技术基础．北京：人民邮电出版社，2013．

[6] 张志良．数字电子技术基础．北京：机械工业出版社，2007．

[7] 赵景波．数字电子技术应用基础．北京：人民邮电出版社，2009．

[8] 毛炼成，谈进．数字电子技术基础．北京：人民邮电出版社，2009．

[9] 王成安，毕秀梅．数字电子技术及应用．北京：机械工业出版社，2009．

[10] 彭克发，冯思泉．数字电子技术．北京：北京理工大学出版社，2011．

[11] 王小娟．数字电子介绍实践．北京：电子工业出版社，2015．